U0050106

餐旅資訊系統

Information System in Hospitality Industry

顧景昇◎著

自 序

企業界資訊科技廣泛運用資訊科技，以提升營業績效，在傳統的旅館事業也不例外；近幾年來，餐旅人才的培育向高等教育延伸，許多大專院校陸續投入培養人才的行列中。相關科系的學生除了學習旅館或餐飲管理的技能及專業知識之外，對於資訊科技功能或資訊系統的操作，也受到重視，各學校也將學習資訊科技應用視爲教學的內容之一。

撰寫一本教材是不容易的，原因是學習餐旅管理的學生大多非常敬畏「資訊」二字，一聽到這個字眼便以爲是要學習艱深的電腦硬體介紹，所以必須考慮處理學習者的學習焦慮；另一方面，爲了避免讓教材像是操作手冊，但又必須逐步地說明觀念，所以必須考慮編寫的方式。在這二大因素考慮之下，本書採用餐旅服務涉及的管理架構，輔以相關的系統操作步驟或資料爲佐證，依序說明旅館業如何運用資訊科技、資訊系統如何「輔助」旅館服務人員服務旅客，以及協助管理者制定管理決策。

這本書得以完成，最要感謝靈知科技（股）公司董事長林吉財先生慷慨相助，林董事長本著提升教育的使命，授權並惠予提供該公司軟體做爲本書說明參考，在此致上最高的敬意；同時也要感謝授權與本書之各公司，您的協助有助於餐旅教育品質的提升。此外，也要感謝揚智文化協助不計成本出版本書，鄧宏如小姐在整本書的編排上，提供寶貴意見，也一併致謝。

最後感謝並期待採用這本書的所有讀者，能提供您寶貴的意見(聯絡方式：edward_ku@seed.net.tw)，做爲未來修正本書的參考。

顧景昇 謹識

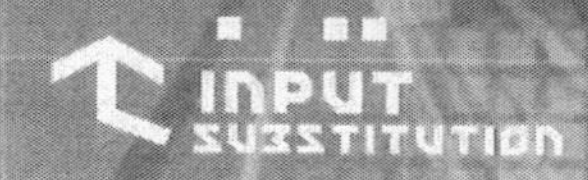

目錄

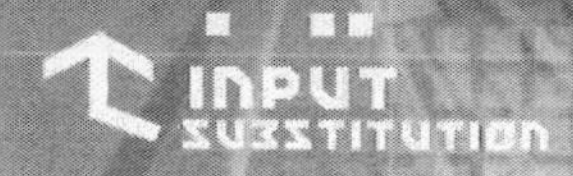
INPUT
SUBSTITUTION

Chapter 1 旅館商品與特性

學習目標

在我國，旅館事業的發展與經濟成長密切相關，旅館經營的方式隨國際化的程度而有長足的進步，旅館商品資訊也隨著旅館事業的發展而呈現不同的風貌。

在本章中，首先介紹旅館的發展，並說明旅館商品與特性，學習者可以藉由瞭解不同型態旅館所提供的商品資訊，同時可以藉由國內外相關旅館網站的說明，更加瞭解旅館產品的變化。

其次，本章說明旅館思考商品策略時所考慮的因素，讓學習者瞭解旅館如何呈現商品策略與商品的資訊，以及對於旅客的重要性；最後介紹我國觀光旅館的分佈情況及營運上的分析，並說明資訊科技對旅館業的衝擊。

林老闆原本經營土地開發工作，由於國內經濟起飛、國人旅遊行爲的轉變及政府實施週休二日等因素，他看準國人注重休閒時代的來臨，於是在台東購買一筆土地，預備開發經營溫泉旅館。林老闆首先瞭解開發溫泉旅館的相關法令，並參考了交通部觀光局網站的觀光旅館營運分析報告，瞭解旅館經營的各項支出成本與收益的層面，計畫投資經營具備花東地區傳統文化特色的溫泉旅館。

但是他本人沒有經營旅館的經驗，在朋友的推薦下，林老闆決定與國內旅館顧問公司共同規劃溫泉旅館。他蒐集了許多旅館的規劃設計，並拜訪旅館管理公司，準備與管理顧問公司共同擬定休閒旅館設計的初步藍圖，並共同討論旅館經營的方向。

在這些初步對旅館的瞭解中，林老闆謹愼地評估及規劃旅館的未來。在管理顧問公司初步提供的旅館營運標準作業程序中，林老闆瞭解旅館商品的特性及對溫泉旅館的產品需求。

旅館管理公司同時建議林老闆可以善用資訊科技所帶來的益處，除了在訂房業務及促銷商品上發揮功能之外，同時可以針對旅客的需求，提供個人化的服務，讓傳統的旅館事業經營，提升產品與服務的價值創新。

在管理顧問的建議之下，林老闆由網路上蒐集了一些著名旅館的資訊，在蒐集資訊的過程中，林老闆已經感受到旅館商品資訊呈現的型態，與商品資訊吸引旅客的方式；林老闆帶著興奮且好奇的心情，準備親自體驗這些旅館獨到的產品、設施及服務，並將設施優點應用設計到經營的溫泉旅館中。

旅館事業在我國的起步較慢，直到希爾頓[1]國際連鎖旅館（

註1台北希爾頓飯店已經改由凱撒飯店營運。

Hilton）引進之後，對我國旅館事業不論在旅館商品的提升、作業流程的改進及服務觀念上，具有相當大的助益。旅館業係屬服務性的事業之一，提供旅客住宿、餐飲、休閒與會議等設施之場所，與觀光整體產業中之的餐飲服務業、旅行業、航空業等事業，均具有舉足輕重的地位。

隨著時代的進步、交通工具的發達及經濟的成長，人們在商務活動上日趨頻繁，同時亦渴望能充分地休閒度假與體驗大自然的風貌。無論爲了何種目的，在旅途中，選擇舒適的旅館住宿環境，讓旅途中充分的休息，或是將旅館成爲休閒度假的地點，體驗住宿的樂趣，成爲現代人重要的考慮之一。旅館成爲旅遊活動中相當重要行程考慮關鍵之一。

對旅館業經營者而言，旅館業必須隨著時代潮流趨勢，隨時掌握消費者的習性，同時瞭解旅館經營趨勢的改變、調整經營方式，更新設備，並不斷提升服務水準，發展獨特的商品價值或服務模式，才能在激烈競爭中保持優勢。

第一節　旅館的起源與定義

旅館[2]（Hotel）一詞，來自法語的Hotel，其原意係指在法國大革命前，許多貴族利用市郊的私人別墅，盛情接待朋友，亦即在鄉間招待貴賓用的別墅稱爲Hotel。後來歐美各國就沿用此一名詞，東南亞許多國家的獨幢別墅（Villa）最初也用作招待貴賓或度假之

註2Hotel在本書中翻譯為旅館、酒店或飯店，均代表相同的意思。某些企業也會使用賓館（如中泰賓館）、客棧（六福客棧）等不同的名稱。

用。

隨著經濟起飛、飛行器的發展，在商務需求殷切的驅動下，現代美國所經營的旅館規模，有從極簡單的組織，演變成爲擁有二、三千間客房的旅館。美國芝加哥希爾頓旅館即是由前史蒂文斯旅館改造，擁有三千個房間，爲世界上最大的旅館之一（吳勉勤，1998；李欽明，1998）。

具現代化設備的旅館出現，是在西元1800到1920年之間，美、英、法等國相繼建造旅館，由中小型演變至大型規模的飯店。旅館設備擴充上日新月異，許多美國旅館爲符合現代生活的需要，不斷地改善設備；近來美國許多經營旅館的企業，除了在其所在地區經營之外，同時也在其他城市投資興建新的旅館、或是透過連鎖經營的方式、或收購現成旅館，不斷擴展旅館業務體系。

由於接待業務日趨繁雜，簡單的住宿設備逐漸擴張，逐漸演進到飯店、客棧的設立，大部分業者以原有設備和人力，來兼營這種事業，其中都是以供應餐食和飲料爲主，偶有提供簡單住宿的設備，此類經營模式爲我國古代最早的住宿型態。

各國對旅館的定義，最早始於1915年美國在俄亥俄州召開一次旅館業大會，會中通過了對「旅館」的定義：「凡是一所大廈或其他建築物，曾公開宣導並爲眾所周知，專供旅客居住和飲食而收取費用的，在人口不到一千人的鄉鎮裡有五間以上的臥室，不到一萬人的城市裡有十五間以上的臥室，超過一萬人口的市鎮有二十五間以上的臥室。且在同一場所或其附近設有一間或一間以上的餐廳或會客室，以提供旅客飲食者，即被認定是旅館」。且規定「任何私人商號、公司均得利用一所大樓或其他建築經營餐旅業務，但必須爲有關主管機關登記核准，始得稱爲旅館」。

延伸旅館業大會對於旅館的定義，旅館專爲供應旅客們日常生活所需的居住、飲食及相關休閒的設施，使每一位賓客都能得到舒適的休憩。隨著時空變化及經濟成長，旅館經營的基本條件，除了應具有標準的設備之外，應特別注重對旅客周到的服務。客人對旅館的需求已不再侷限於住宿或餐點的提供，相對地，旅館進而擴充其服務功能，包括會議及宴會場所、購物、娛樂設施、健康中心等，旅館成爲社交中心，或成爲城市的象徵。除此之外，讓每位客人感受到「賓至如歸」的感覺；服務成爲旅館經營中一項不可或缺的無形性產品。衡量旅館發展的趨勢，旅館業漸漸被定義爲：「專爲公眾提供住宿、餐飲及其他有關服務的建築物或設備，業者透過提供這些商品過程而獲得利潤。」（Webster，1973；吳勉勤，1998；李欽明，1998）。

依我國現行法令，交通部觀光局將旅館業區分兩部分：第一部分爲觀光旅館業，另一部分爲旅館業。觀光旅館業[3]係指經營觀光旅館，接待觀光旅客住宿及提供服務之事業。觀光旅館業在區分爲國際觀光旅館與觀光旅館[4]。而對旅館業之定義爲：「旅館業係指觀光旅館業以外，提供不特定人休息、住宿服務之營利事業。」

在相關規定中，觀光旅館業與旅館業的差異，除了考慮建築設備標準之不同外，將實行的評鑑標準也將考量旅館的服務設計，這對提升旅館業服務品質助益甚大。

依照旅館業督導權責劃分，也可以由旅館業申請設立的過程與目的事業主管機關之不同而區分；觀光旅館業之申請設立採許可制，旅館業採登記制申請設立。而旅館事業主管機關部分的區分：國際觀光旅館爲交通部觀光局；觀光旅館依地區分屬台北市政府交通

註3請見「發展觀光條例」第二條第七項。

註4請見「觀光旅館業管理規則」規定之建築及設備標準部分。

局、高雄市政府建設局。旅館業目的事業主管機關在中央爲交通部觀光局之旅館業查報督導中心；在省（市）部分屬於台北市政府交通局、高雄市政府建設局；在縣（市）屬於各縣市政府之觀光課或其他兼辦觀光事務的課組。

第二節　旅館商品與特性

旅館的基本功能是提供旅行者、商務人士，作爲家外之家，所以其機能應與「家」相同。爲營造一個具有「家」的氣息的旅館，投資者或經營者莫不將旅館內部設備加以設計，讓旅客進入旅館內，即感受到有回到家中的感覺。

現代化的旅館事業乃是一種綜合性、多角化經營的企業體，其內包含多種附屬設施（如會議室、夜總會等），在資訊科技不斷創新的今日，旅館業者應用許多資訊科技的優點，除了提供旅客住宿休閒功能外，也同時提供住宿安全的保障；同時更新許多客房內的設備，並結合旅館內各項設施，讓旅客在客房內就可以享受娛樂的設施，或是滿足商務的便利；此外，結合異質性產品促銷，以吸引更多客人前來消費。

旅館業是強調以人服務人的傳統產業，透過硬體設備與軟體服務的結合，滿足旅客在旅遊過程中基本住宿需求，隨著競爭情況的轉變，不同經營理念與市場定位將呈現不同的服務文化與競爭策略，相對地在營運績效上亦有所差距。初學者首先應對旅館販售商品之特性初步的瞭解。

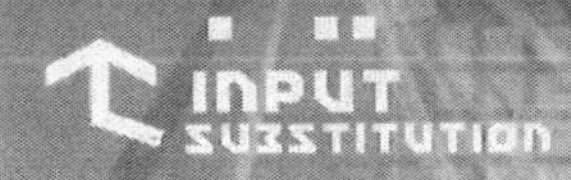

一、無形與有形商品

旅館銷售的商品分爲有形商品與無形服務兩種，分別說明如下（阮仲仁，1991；姚德雄，1997；吳勉勤，1998；李欽明，1998；Chan、 Frank and Pine，1998；Kandampully and Suhartanto，2000）：

（一）無形商品

旅館的無形商品乃指服務（service）而言，旅館提供的商品除了實體產品使顧客感到滿意、舒適之外，對傳遞商品的服務人員益顯重要，商品服務需靠人的行爲來完成，並達到「賓至如歸」的目標，是經營旅館首重要務。旅館既屬服務業之一種，即應自旅客訂房開始，就提供親切的服務，直至旅客離開旅館爲止。

以香港半島酒店< http://www.peninsula.com >爲例，在半島酒店裡，無論是服務或是設備沒有一項會令旅客失望的。當旅客完成check in之後，飯店人員會帶領客人至房間內，並介紹房間所有的設備及使用方法，然後再送上迎賓水果和及熱毛巾。而房內大理石的建材衛浴設備，提供第凡內香皂，浴缸前還有隱藏式電視，所有看得到的金屬設備一律都擦得亮麗如新。

旅館業除了硬體商品的提供住宿滿足之外，也會在許多細微的地方關心顧客；例如，若適逢旅客過生日時，該旅館都將致贈賀卡或貼心的小禮物，雖然僅僅是一份小小的心意，對旅客而言，卻有一種溫馨與受到重視的感覺。

（二）有形商品

1.外在環境

外在環境是指旅館建築主體之外觀與其周遭環境（如停車方便性、附屬設施多樣性等）及內部設計（如氣氛、實用性、衛生安全等）。例如，半島酒店不論是從內部格局、設備、豪華尊貴的服務、便利的地理位置及傳奇性之歷史淵源來講都是最棒的，更是今日全球推崇的頂級酒店之一。在台灣，台北圓山飯店雄偉的外觀也被世人尊崇。

2.客房設備

就旅館硬體而言，客房是旅館主要出售商品之一，客房收入約占旅館整體營運收入40～45％左右[5]；因此客房設備的機能性、便利性、安全性、休閒性等考量非常重要。

旅館客房商品最基本的功能在於提供旅客休息的場所，舒適的住宿環境是消除旅途疲累的良方。例如：半島酒店從地下名牌街、羅馬式大理石游泳池、奢華的建石及木材雕刻、擦鞋服務、浴缸前隱藏式電視到 TIFFNY香皂，你會發現貴爲英國女皇指定下榻的半島酒店，它爲人推崇的不只是外觀，還有那份細心的人性化服務。

3.餐飲

除了舒適的環境之外，多樣的餐飲服務亦爲滿足旅客食的選擇。旅館內部各餐廳提供各種口味餐點菜餚，如西式、中式、自助餐等。現今旅館經營的趨勢中，旅館餐飲服務不僅提供長途旅客所需，亦提供旅館所在城市消費者對餐飲需求，同時亦爲傳遞各國美食

註5請參考交通部觀光局對國際觀光旅館營運分析報告。

文化的絕佳場所。

英國著名飲食雜誌《Restaurant》選出全球五十家最佳餐廳，香港半島酒店頂樓的Felix餐廳排名十八，英國則有五家餐館上榜。而一項調查則發現，港人平均花費在出外用餐的支出爲全球最高，達一千四百美元（約一萬零九十二港元），堪稱天下第一食客。

4.備品

備品是指提供給客人住宿之布巾、沐浴用品等，亦會讓客人感受住宿之尊貴程度。有些旅館提供世界知名品牌（如GUCCI）的備品，以彰顯旅館款待旅客的尊貴程度。

5.相關之附屬設施

對於居住旅館的商務旅客而言，商務中心是必備的設施，商務中心提供影印、網路設施、傳眞機、翻譯等人員與設備，讓全球旅客能夠處理商務。附屬的會議室可以提供不同商務人士開會的需求，讓這些旅客可以在旅館內，像在辦公室一般地與客戶接洽業務或召開會議。

當忙碌工作之餘，娛樂休閒設施就成爲放鬆身心的設備了，如夜總會、健身中心、游泳池等設施，愈益受到重視。無論都市型旅館或休閒型旅館均提供不同形式之休閒設施，如三溫暖、游泳池、健身中心，尤甚至包括SPA、高爾夫練習場、保齡球館或其他戶外遊憩設施，以滿足旅客對休閒、健康的渴望。

不同型式的表演、會議、展覽、典禮在旅館中舉行，讓旅館成爲社交活動的中心。與旅館合併經營的商店街、購物中心、百貨公司提供旅客購物的便利性，亦成爲各名品流通資訊重要的設計。

一項影響國際觀光旅館企業形象各要素之重要程度的研究（許惠美，2000），結果發現七個影響國際觀光旅館重要程度之因素構面，依次爲：(1)服務與設備、(2)專業形象、(3)品牌與行銷形象、(4)管理與信賴形象、(5)設備與信賴、(6)價格、(7)環境形象。

各飯店企業形象之滿意程度分析結果，其最滿意的因素前三項依序爲：旅館知名度、旅館地點位置、社會名流偏好度。這樣的分析顯示：旅客同時注意旅館設備與服務的齊備程度。因此一個旅館的從業人員而言，除了應掌握工作流程熟悉程度之外，服務的意願、態度與技巧將決定服務品質的好壞及營運績效，企業主應格外注重從業人員之人性管理及在職訓練，以使從業人員時常保有愉快的心情服務客人。

二、旅館產品的特性及所受的衝擊

旅館商品依其經營有不同之特性，旅館從業人員應瞭解旅館產品的特性及其受各種因素影響所可能帶來的衝擊。

（一）旅館產品強調無歇與無形服務

旅館事業是由人（從業人員）服務人（客人）的事業，每位從業人員的服務品質的好壞直接影響全體旅館的形象；旅館經營客房出租、餐飲供應及提供有關設施之實體產品，最終以旅客的最大滿意爲依歸。同時旅館提供全年全天候的服務，讓無論何時抵達的客人均能體驗到愉悅和滿足。

因此「服務性」的特徵對國際觀光旅館商品設計與提供顯得相當重要，旅館從業人員應瞭解在旅館作業中熱忱爲人服務的價值。旅館爲客人家外之家（A Home Away from Home）之特點，服務性格外重要。

（二）產品具綜合性兼負公共責任

旅館除了提供客人住宿與餐飲之產品外，同時象徵社交、資訊文化的活動中心。旅館的功能是綜合性的，舉凡住宿、餐飲外，其他如介紹旅遊、代訂機票等皆可在旅館內由專人處理。

旅館同時滿足不同文化背景的客人，在食、衣、住、行、育、樂各方面之需求，同時亦象徵一個城市中社交、資訊、文化活動的中心。有人即稱旅館爲都市中的都市（A City within A City）。

相對地，旅館在設施上受相關法令規範，擔負公共法律之責任。例如旅館提供之餐飲服務須受食品衛生相關法令之限制，建築設備標準須符合建築及消防法規的要求。

（三）設施豪華與高額投資的特質

旅館的建築與內部設施豪華，其外觀及室內陳設，除表現一地區或一國家之文化藝術外，同時亦可彰顯客人之尊貴性，在旅館建築設計上，將同時突顯建築設計風格與客人的使用便利程度。每個著名的城市都有一座著名的旅館，設施豪華的程度亦將彰顯，例如香港的半島酒店與巴黎的麗池飯店。

相對地，旅館在籌設初期投資成本高，營運後人事費用、地價稅、房屋稅、利息、折舊、維護等固定費用占全部開支約在60－70％之間，與製造業變動費用之原料支出比重，成明顯對比。我國在旅館事業的發展過程中，政府透過租稅的減免，或是貸款的優惠利率等方式，鼓勵旅館的興建。

（四）市場需求受季節性及環境影響

旅館業的主要任務是提供旅客住宿及餐飲，不同型態的旅館業將受不同住宿需求而影響；觀光旅館住宿之旅客，其旅遊動機互不相同，而經濟、文化、社會、心理背景亦各有迥異，故旅館業尤應注重客人需求的變化，以掌握市場的脈動。

此外，旅館經營受經濟景氣影響、外貿活動頻繁、國際性觀光資源開發、航運便捷、特殊事件（如911攻擊事件、嚴重急性呼吸道症候群感染事件）等因素影響，其營運績效亦擔負經濟影響之風險。尤其對休閒性的旅館而言，其季節性的需求有明顯之差異，因此旅館的營運須瞭解旺季住宿之需求。

例如民國91年全球觀光市場受911事件衝擊，至第四季方開始復甦；香港市場在來台開放落地簽證及全新觀光宣傳的帶動下，觀光局91年度在觀光推廣上繳出成長10.82%之亮麗成績。受到「嚴重急性呼吸道症候群」（SARS）影響，民國92年5月來台及出國觀光市場持續遭受重大衝擊，尤以月初爲防範SARS疫情蔓延而採取對港澳等地來台旅客入境之限制措施，使5月台港航班取消725架次（62.45%），港澳地區來台人次爲負成長97.73%。但隨著「SARS」疫情逐漸降溫，各地區皆舉辦各類活動，包括香港、新加坡等國的旅遊業，期望能使國際觀光客旅遊人氣盡速回籠，俾以復甦觀光旅遊市場。

（五）商品供給無彈性並受地域限制

當旅館商品無法於當日售出，即成爲當天的損失，無法於隔日累計超額售出，形同廢棄，對旅館營運影響甚大。客房商品一旦售出，則空間、面積無法再增加。旅館房租收入額，以全部房間都出租爲最高限度，旅客再多，都無法增加收入，當日若有超額訂房，亦無法提供客房產品給客人。旅館的建築物無法隨著住宿人數之需求而移動至其他位置，所以旅館銷售客房產品，受地理上的限制很大，因此連鎖旅館的發展，或有助於改善地理位置限制所帶來營運上影響。

當瞭解旅館的各特性之後，在旅館各部門營業操作上必須融合各特性間的關聯性，例如需求的波動程度可應用於市場住房預測上。在考慮超額訂房時需同時考量商品的不可儲存特性，訂價策略上可瞭解季節及需求多重特性之影響。以科學的方法掌握分析各市場資訊，瞭解顧客需求及商品策略，將有助於提升旅館的營運績效。

第三節　旅館客房商品策略

一、旅客選擇旅館的原因

國際觀光旅館業除提供實體產品給消費者外，同時強調服務傳遞之特性，此特性爲藉由實體產品傳遞，讓顧客能感受到商品服務或價值；亦即透過有形產品傳遞無形的商品附加價值。國際觀光旅館商品又是指將無形的附加價值作爲商品的核心，以滿足消費者的需求，增強其再度光臨的意願。

研究旅客第一次選擇旅館及使這些顧客願意再度光臨的因素時發現（Bonnie，1988），依顧客支付房價的水準將顧客區分爲經濟型（Economy）、中價位（Mid-Price）、及豪華型（Luxury）等三種不同消費層次的群組間分析。不同消費程度的旅客，其選擇住宿旅館時所考慮的因素：任何一群中均有超過2/3的顧客在選擇旅館時都會考慮客房之清潔安全、旅館位置之便利性、服務品質、環境之隱密性及服務人員友善的程度，房價並非主要考慮因素。

而不同型態的顧客願意再度光臨該旅館所考慮的因素中，除了客房之清潔安全之外，商務型旅客較重視會議地點的便利性及旅館設置會議設備的程度，休閒型的旅客也會將旅館附屬休閒設施當作一項重要的考慮因素，顧客對無形商品價值的期望，遠勝於對實體商品的需求，此無形的價值，是旅館商品應強化的重點。

分析對於第一次住宿及長住型消費者選擇旅館考慮因素（Helen，1973）中發現：當消費者第一次選擇旅館住宿時，考慮旅館因素依次爲：(1)旅館的外觀、(2)旅館地點、(3)旅館聲譽、(4)住宿的房價及(5)餐宿服務等；而長住型的客人依次爲：(1)房間清潔程度、(2)旅館服務品質、(3)服務人員態度、(4)收費價格及(5)旅館地點等。可見顧客在實際感受旅館所提供之實體產品後，對於客房清潔程度及服務品質等無形價值之需求程度有明顯提升。

國際觀光旅館強化商品的目的，是對不同的目標市場產生不同的吸引力，例如商務旅客需要方便的通訊設備，電話、傳眞機、秘書服務等商品力，對休閒型旅客則需要多項的休閒設施作爲吸引的項目。對於不同目標市場傳遞不同商品的方式，最重要的是掌握消費者及競爭環境資訊，作爲衡量目標市場的依據，以有效衡量的方式，尋求最佳區隔市場，使得國際觀光旅館在不同的市場區隔中，將企業資源合理分配。

旅館業者瞭解旅館的經營特性時，亦需先選擇旅館的考慮因素，作爲旅館行銷的基礎及未來業務拜訪的依據。每位顧客對旅館商品的選擇不同，就國際觀光旅館業而言，客房與餐飲服務是直接提供給顧客的實體產品，讓不同的顧客在住宿期間，能夠感受國際觀光旅館提供之實體產品所產生不同價值的利益，爲國際觀光旅館行銷的重點。亦即由消費者之觀點，旅館行銷必須著重於對消費者資訊的掌握，將實體產品轉化爲消費者期望的實質利益。

二、旅客歷史資訊對强化商品之重要性

國際觀光旅館可以藉由蒐集並分析的顧客資料變數，瞭解各旅館旅客目標市場的差異性。交通部觀光局定期統計來華旅客國籍與停留天數的分析，同時也蒐集各旅館住宿旅客的國籍別等基本資訊，提供各旅館作市場分析之用。

除此之外，旅館可以依照旅客住宿歷史資料分析住宿旅客的(1)性別、年齡與居住區域、(2)住宿目的、(3)停留天數與住宿次數，及(4)消費程度等，以確定目標市場之特徵

(一) 性別、年齡與居住區域等基本資料

性別、年齡與居住區域等基本資料，常與其它人口資料用來界定目標市場不同的顧客對國際觀光旅館住宿及餐飲消費習慣是否有明顯的差異。這些分析的資訊，可用於確認國際觀光旅館特定產品或服務之需求。設計不同產品包裝，也有助於對媒體購買之選擇，使商品銷售結合目標市場與消費者，作爲有效的溝通之依據。

國際觀光旅館旅客來自於世界各地，行銷人員必須瞭解潛在消費者分佈的地理區域，以及各區域不同的消費能力，例如某些區域旅客非常少，但是消費能力卻高於平均水準，即可將此區域視爲重要開發重點。

(二) 住宿目的

旅客的住宿目的會影響其對旅館商品需求的差異程度，同時也會影響其消費型態。如商務人士來往旅館頻繁，商務用餐機會可能較休閒型旅客多，其往來於世界各地的頻率亦較高。觀光客到目標

地的旅遊之目的會影響其住宿的決定，如休閒與商務所選擇住宿地點即會不同；因此，住宿目的即是重要的資訊。

此外，單獨前往或以團體旅遊的方式，在考慮住宿地點時亦會有不同，而國際觀光旅館業將會依公司預約訂房政策決定是否接受團體訂房的旅客，以衡量國際觀光旅館整體之營運收入。訂房人數也是國際觀光旅館業區隔市場的一項重要變數。

不同的住宿目的將影響其選擇商品與訂房通路的選擇。國際觀光旅館業可以依據旅客經由不同的訂房通路來源，作爲其市場區隔的指標；如透過旅行社、連鎖訂房系統及個人單獨訂房等不同方式預訂房間，對國際觀光旅館之需求亦有所不同。

（三）停留天數與住宿次數

旅客停留天數與住宿次數可以作爲衡量顧客服務的指標，一個長住型的旅客或住宿頻繁的旅客，一定較認同旅館的服務模式，這對旅館而言是非常大的肯定。此外，旅客對於長住型的旅客可以提供價格的優惠，也可以透過客房升等（Upgrade）的禮遇，發展顧客關係。

（四）消費程度

消費程度可以推知消費者的生活型態，瞭解消費者態度、興趣與所參與活動。根據收入所得資訊同時可以修正國際觀光旅館產品之特性，亦可依此變數決定行銷價格策略及選擇行銷通路與媒體。

顧客資訊是國際觀光旅館業者用作界定購買者、使用組群及市場區隔的重要依據。這些資訊的掌握爲國際觀光旅館行銷最基礎的依據，國際觀光旅館企業運用這些不同區隔資訊變數，作爲其在強化商品之基礎，才能在市場競爭中創造優勢。

其中個人屬性部分，將現有及潛在顧客區隔的方法；根據顧客資料變數、產品使用頻率及購買特徵，可將顧客區分為不同的組群。經過區隔後，即可分析何種顧客群對國際觀光旅館業最有利益及具開發潛力。此變數分析亦可用作描述同類產品消費者和國際觀光旅館現有消費者特徵之比較，可讓企業瞭解同類產品消費者間不同之處，對發展旅館行銷策略有相當大的助益。

基於此消費者資訊之掌握，國際觀光旅館商品強化必須藉由實體產品的傳遞，讓旅客感受到無形之價值。商品力的強化，除了要增強客房原有的舒適、安全功能之外，讓顧客由使用實體產品的過程中，將無形的價值以下列的方式傳遞給顧客：

(一) 客房的差異化

客房是提供消費者最基本的實體產品，客房大小及裝潢為因應不同市場區隔而呈現不同的風貌：其設計除可區分不同等級的規劃外，另有對特定目標市場規劃的客房，其型態有專為女性旅客規劃的仕女樓層[6]、為商務人士規劃的商務客房、為長住型客人規劃的公寓式套房等。這些客房獨特的內部設計，都希望吸引不同需求之消費者。

(二) 餐飲策略

餐飲服務是國際觀光旅館提供之另一重要實體產品，包括不同風味及型態的餐廳及與客房產品結合之餐飲服務，亦有專為會議及宴客需求之顧客提供餐飲商品。旅館可以結合餐飲策略以提升旅館在餐飲上的獨特性，例如：國內台北亞都麗緻飯店提供道地的法國

註6請參考台北喜來登飯店網站對仕女樓層的介紹，網址為 http://www.sheraton.com。

菜著稱，讓喜歡法國菜的老饕，能夠滿足食慾。

（三）特別禮遇

特別禮遇原指讓特別顧客在付出相同代價之情況下，享有較一般顧客更獨特之禮遇；禮遇的形式隨顧客及國際觀光旅館之性質而有所差異。延長住房時間（Late Check Out）、快速住房及退房作業、免費使用健身設備或游泳池及免費住房等，都可以作爲對特定對象之禮遇方式。

國際觀光旅館業者應將這些特別的禮遇方式擴大成爲商品的一部分，例如國際觀光旅館業者可以因應國際航線班機時刻而調整旅客退房的時間，並且可於事先確認退房的手續，將住房費用結清，如此可以省去讓旅客等待退房的時間，也可以讓旅客感到更爲妥善的服務，這樣的服務，即成爲強化國際觀光旅館商品價值的一部分。

（四）訂房系統

訂房／訂位系統是讓旅客確定國際觀光旅館住房或用餐方式，旅客由此系統直接預訂的客房，可享有免付訂金的禮遇，不僅可以讓旅客省去由旅行社轉訂的手續，也可直接瞭解訂房的種類及所享有的優惠。更方便的是，如果預訂的國際觀光旅館爲原住宿旅館連鎖經營之成員，旅客可以由出發地點的旅館直接向目的地的連鎖會員旅館訂房，確保旅遊住宿品質。

國際觀光旅館業可以利用免費訂房／訂位系統強化其商品力，可將給付給旅行社龐大的佣金，直接回饋給消費者，讓免費的訂房／訂位系統成爲國際觀光旅館業有力的商品。

（五）客房整理準備

房間整理原本僅是國際觀光旅館客房服務的一部分，但由於旅客對住宿客房的重視程度，成爲其考慮住宿的重點，使得客房整理成爲客房服務的重點。加強國際觀光旅館客房清潔、舒適的程度，及對經常住房旅客提供特別的客房佈置，是國際觀光旅館商品力強化的重點。

休閒服務有別於休閒型旅館所提供的戶外休閒設施，專指館內提供健身房、游泳池、三溫暖等設備，讓住宿旅客可以消除旅遊的疲憊。休閒服務可以結合客房設計成爲客房商品的一部分，例如，將客房浴室增加三溫暖的設備，使客房不僅只有住宿的設備，旅客亦可以享受到更佳的商品價值。

備品的提供原僅是爲了減少旅客外出攜帶物品的困擾，讓旅客住進旅館後有如回到家中一般方便。備品強化的方式可由備品的設計及提升備品的品質著手，如提供女性旅客專用的備品，或將備品的商標直接印在備品上，取代國際觀光旅館的名稱，讓旅客感受到備品的價值。

（六）娛樂服務

國際觀光旅館業娛樂商品的提供包括館內的夜總會、名品商店街及館外短程定點旅遊的遊覽服務。娛樂商品的提供可以免除旅客購物的困擾，亦可以擴展旅館周圍的商圈，增加多元化機能；同時，由於國際觀光旅館娛樂服務的設計，可以將原來商務旅客的目標市場，擴大到商務旅客的家庭成員，使這些往來於世界各地的商務旅客，願意攜伴同行，成爲具吸引家庭旅遊市場的商品。

（七）資訊服務

國際觀光旅館資訊服務包括館內資訊的介紹、旅遊資訊之提供、代訂班機機票、代購戲院及表演場所入場券等服務。增強國際觀光旅館商品。

此外，秘書服務可以為商務型的旅客節省許多處理商務瑣事的時間。秘書服務涵蓋的範圍除一般國際觀光旅館商務中心提供的影印、傳真等服務之外，強調個人專屬的秘書服務，如專屬翻譯、會議聯絡、信件收發等，都將包括在內。如此，可以使得旅客感受到國際觀光旅館人性化的服務，拉近國際觀光旅館與旅客之間的距離，讓旅客直接獲得額外的商品價值。

國際觀光旅館商品策略的呈現，即是要以實體產品結合這些無形的利益傳遞給旅客，擴大旅客在國際觀光旅館內所能獲得實體產品的價值，國際觀光旅館商品才更具吸引力。

第四節　我國觀光旅館發展概況

一、旅館業發展沿革

（一）觀光旅館萌芽時代

我國的觀光事業從民國45年開始發展[7]，觀光旅館業也是在這

註7請參考交通部觀光局網站中對旅館發展的說明部分。

一年開始興起。當時台灣省觀光事業委員會、省（市）衛生處、警察局共同訂定，客房數在20間以上就可稱為「觀光旅館」。在民國45年政府開始積極推展觀光事業之前，台灣可接待外賓的旅館只有圓山、中國之友社、自由之家及台灣鐵路飯店等4家，客房一共只有154間。

民國52年政府訂定「台灣地區觀光旅館管理規則」，將原來規範觀光旅館的房間數提高為40間，並規定國際觀光旅館的房間提升了80間以上。

（二）大型化國際觀光旅館時代

民國53年統一大飯店（現已結束營業）、國賓大飯店、中泰賓館相繼開幕，台灣出現了大型旅館。民國61年台北市希爾頓大飯店開幕，使我國觀光旅館業進入國際性連鎖經營的時代。民國63年至65年間，由於能源危機及政府頒布禁建令，大幅提高稅率、電費，這三年間沒有增加新的觀光旅館，導致民國66年出現嚴重的旅館荒，同時也出現許多無照旅館。民國65年交通部觀光局鑒於觀光旅館接待國際旅客之地位日趨重要，為加強觀光旅館業之輔導與管理，經協調有關機關研訂「觀光旅館業管理規則（草案）」，於民國66年7月2日由交通、內政兩部會銜發布施行，明訂觀光旅館建築設備及標準，同時將觀光旅館業劃出特定營業之管理範圍。

民國66年我國政府鑒於觀光旅館嚴重不足，特別頒布「興建國際觀光旅館申請貸款要點」，除了貸款新台幣二十八億元外，並有條件准許在住宅區內興建國際觀光旅館，在這些辦法鼓勵下，兄弟、來來、亞都、美麗華、環亞、福華、老爺等國際觀光旅館如雨後春筍般興起。

（三）國際連鎖旅館時代

自民國62年國際希爾頓集團在台北市設立希爾頓大飯店開始；觀光旅館引進國際連鎖體系可自喜來登（Sheraton）來來大飯店，於民國71年與喜來登集團簽訂業務及技術合作契約，日航（Nikko）老爺酒店於73年成立；凱悅[8]（Hyatt）與晶華（Regent）亦於79年成立。台北亞都大飯店[9]於民國72年成爲「世界傑出旅館」（The Leading Hotel of the World）[10]訂房系統的一員，81年開幕的台北西華大飯店也成爲世界最佳飯店（Preferred Hotels & Resorts Worldwide）訂房系統的一員[11]，這些訂房系統旗下所擁有的旅館在世界均有很高的知名度，台中市全國大飯店於85年加入「日航國際連鎖旅館公司」（Nikko Hotels International），成爲該飯店體系之一員。民國87年觀光局修正觀光旅館管理規則，同意並鼓勵已興建之旅館申請加入觀光旅館之行列。

由於引進歐美旅館的管理技術與人才，這些國際連鎖的旅館除了爲台灣的旅館經營，朝向國際化的方向邁進，提供良好的管理經驗與模式之外，也造福本地的消費者。

（四）本土化連鎖時代

近年來另一項本土性的連鎖體系亦逐漸形成，包括福華飯店、中信飯店、晶華酒店、長榮酒店、麗緻旅館系統等，憑藉著本土性經營文化提供客人不同的選擇。例如由國人自創的麗緻旅館管理體系，積極朝國際化發展，聯合曼谷Dusit酒店集團、香港Marco Polo酒店集團、新加坡Meritus連鎖酒店及日本New Otani連鎖酒店等當

註8凱悅大飯店已更名為君悅大飯店。

註9亞都大飯店已更名為亞都麗緻大飯店（The Landis Taipei）。

註10世界傑出及領導飯店是由一群歐洲極具影響力的飯店高階主管於1928年創立，為全球最龐大且最具權威的飯店行銷及訂房系統的組織。目前擁有三百家會員飯店，遍布全球六大洲、六十餘國，且皆為當地最富盛名的頂尖飯店，例如巴黎麗池酒店、比佛利山的四季飯店、東京的帝國飯店、香港的半島酒店、曼谷的東方酒店，還包括台北的西華飯店。該組織總部設在美國紐約，另外在全球14個大城市裡，亦有分公司，協助其會員飯店策劃推動國際行銷、訂房等業務。其所屬會員無論在飯店結構、裝潢、設備、服務、管理、餐飲及客戶滿意度等方面，皆必須符合該組織所訂的嚴格標準。該組織並不主動召募會員，若欲加入，其申請必須先經過該組織委員會過濾，再經由委員會的資深委員，根據該組織所訂的一千多項標準，一一審核；因此，若能膺選成為該組織的會員，則飯店的設備及服務水準，必然不同凡響。另外，該組織每年皆會指派資深檢查員，以不預警方式，到各家會員飯店暗中進行評估，以確保其服務品質，並且視為下年度續約的依據。
資料來源：《觀光旅館雜誌》，第348期，85年5月。

註11世界最佳飯店組織與世界傑出及領導飯店一樣，同屬於世界知名的頂尖飯店形象代表和全球性飯店行銷、訂房組織。目前擁有一百餘家遍布世界的會員飯店，世界許多知名的高級豪華飯店常同時為這二大組織的會員。世界最佳飯店組織，總部設在美國芝加哥，因此它對美國、加拿大市場有著相當大的影響力（世界傑出及領導飯店則偏重歐洲市場）；申請入會的飯店除了必須通過該組織多達九百多項的評選標準，例如check-in後五分鐘內將行李送達客房，館內電話鈴響不超過三聲，十五分鐘內將文件、包裹送達客房，浴室地板上沒有一根頭髮。該飯店還必須要有其獨特的建築特色、管理風格及完備的軟硬體設備與服務。也因為該組織要求甚嚴，因此每年僅有不到一成的飯店入選。其會員的徵選一律經過嚴格的審核，均為世界頂尖旅館，包括東京帝國飯店、香港半島酒店、巴黎麗池酒店、北京王府飯店等。目前國內僅有西華飯店加盟獨立飯店所組成的Preferred Hotels訂房系統，為其會員之一。
資料來源：《觀光旅館雜誌》，第348期，85年5月。

地本土型連鎖酒店集團，以結盟的方式成立亞洲酒店聯盟。

二、旅館業發展趨勢

（一）重視服務品質

民國72年，交通部觀光局及省（市）觀光主管機關為激發觀光旅館業之榮譽感，提升其經營管理水準，使觀光客容易選擇自己喜愛等級之觀光旅館，自民國72年起對觀光旅館實施等級區分評鑑，評鑑標準分為二、三、四、五朵梅花等級，評鑑項目包括建築、設備、經營、管理及服務品質，促使業者對觀光旅館之硬體與軟體均予重視。此舉對督促觀光旅館更新設備，提升服務品質卓有成效。

（二）開拓大陸市場

此外，台灣製造業前進大陸，也吸引許多服務業跟進，國內主要飯店集團都有到大陸開拓市場的打算，繼中信連鎖飯店體系宣布在昆山興建飯店後，亞都麗緻也將接受委託，前往海南島管理一家新飯店，旅館管理的觸角也向大陸延伸。

（三）資訊科技的應用

近年來國際觀光旅館不斷地增加，同業間競爭日趨激烈，各大飯店為了廣為招攬更多顧客，乃順應國際潮流及最新科技，運用國際網際網路（Internet），將飯店內各項設施、服務及相關訂房作業、須知，於網路上做詳細的介紹，旅客可藉由Internet輕易取得相關資訊，在旅館經營的發展中，勢必邁入另一段激烈的競爭中。

觀光旅遊業因應資訊科技的衝擊，而重新界定其目標及業務範圍，在資訊科技發展的協助下，各企業體重新思考其合作關係。由此趨勢，觀光旅遊業在規劃發展資訊系統時，藉由對合作方式重新架構，協助企業目標市場的釐清，選擇適合之合作企業，使觀光旅遊企業開發不同的目標市場，將使企業體從容面對觀光旅遊產業競爭的威脅。例如：國際觀光旅館可以由不同區域之航空訂位系統，同時擁有歐洲客源與美洲客源，享有其訂房系統的利益。這種合作方式的再架構，將是觀光旅遊業資訊系統規劃時所須考慮的。

三、台灣地區國際觀光旅館營運現況

(一) 觀光旅館間數

截至民國九十年對國際觀光旅館的統計分析，台灣地區觀光旅館共計80家，其中國際觀光旅館56家[12]，一般觀光旅館24家。依其所屬地區予以區分，包括：

(1)台北地區：台北圓山、台北國賓、中泰賓館、台北華國洲際、華泰、國王、豪景、台北希爾頓、康華、亞太、兄弟、三德、亞都麗緻、國聯、來來、富都、環亞、老爺、福華、力霸皇冠、台北凱悅、晶華、西華、遠東國際及六福皇宮等25家。

(2)高雄地區：華王、華園、皇統、高雄國賓、霖園大飯店（高雄店）、漢來、高雄福華及高雄晶華酒店[13]等8家。

註12台北圓山及高雄圓山大飯店隸屬財團法人敦睦聯誼會；惟自民國四十五年起即接待來台國際貴賓至今，為符合實際，乃將該兩飯店資料納入觀光旅館分析。

註13高雄晶華酒店已更名為高雄金典酒店。

(3)台中地區：敬華、全國、通豪、長榮桂冠酒店（台中）、台中福華及台中晶華酒店[14]等6家。

(4)花蓮地區：花蓮亞士都、統帥、中信花蓮及美侖大飯店等4家。

(5)風景地區：陽明山中國、高雄圓山、凱撒、知本老爺、溪頭米堤、天祥晶華及墾丁福華大飯店等7家。

(6)桃竹苗地區：桃園、南華、寰鼎大溪別館及新竹老爺大酒店等4家。

(7)其他地區：台南大飯店1家。

民國92年7月台灣地區觀光旅館及客房數統計，國際觀光旅館共計61家，客房數總計18,579間。1990年至2000年國際觀光旅館平均住房率約爲65％。

台灣國際觀光旅館在未來發展上仍有興建的條件，而分區特性的變化，北、中、南、東四地區只有北部地區仍有成長的條件。但是在中、南、東部區域現有的國際觀光旅旅館數已經超過預測值，國際觀光旅館的承載量已經超過負荷，業者若繼續興建投資，某些經營不理想的旅館將面臨市場危機（樓邦儒，2001）。

（二）國際觀光旅館發展趨勢

觀光局爲協助旅館業者、投資人、學術機構及研究單位，瞭解台灣地區國際觀光旅館營運狀況，每年均蒐集國內各國際觀光旅館之營運資料予以統計分析，以提供有關業者、人士及相關單位做爲日後經營方針之研究與參考。對整體國際觀光旅館的分析，國際觀光旅館營運狀況統計所呈現的趨勢[15]包括：

註14台中晶華酒店已更名為台中金典酒店。

(1)全國國際觀光旅館總營業主要收入項目爲客房收入與餐飲收入，各約占總營業收入35.6%及47.4%。主要支出項目爲薪資費用及餐飲成本，各占總營業支出35.68%、19.26%。薪資費用爲國際觀光旅館相當大的成本。

(2)全國國際觀光旅館平均實收平均房價約爲3,200元。全國國際觀光旅館客房住用率爲65%。總住宿中團體旅客約占35.5%，個別旅客占64.5%。就國籍而言，以本國旅客爲最多，占40.5%，其次爲日本旅客，占24.76%。這一點讓國際觀光旅館開始重視國內旅遊的旅客。

(3)國際觀光旅館平均每一客房僱用1.2人。旅館員工平均產值爲1,718,500元／人，全部員工平均產值以台北地區最高。客房員工平均產值爲2,306,000元/人，餐飲員工平均產值爲1,725,000元／人。全國國際觀光旅館平均員工薪資（包括相關費用）爲每人每年550,500元，以台北地區員工年薪最高，平均每人每年約600,000元。

第五節　資訊科技對旅館業的衝擊

一、旅館使用電腦資訊系統的概況

根據使用電腦資訊系統者在初步調查（林玥秀，劉聰仁，1999）

註15本部分分析的數字來自於交通部觀光局對台灣地區國際觀光旅館營運資料分析。統字數字約略為平均值，每一年旅館統計將會有若干誤差。

瞭解台灣地區中小型旅館業者使用電腦資訊系統的現況與需求。

(一) 設備

1.作業系統

旅館使用的電腦資訊系統其作業系統以Windows(45%)及DOS(24%)所占比率最高,但NOVELL(7%)及UNIX(9%)亦各有少許使用者

2.系統設計

系統之設計有38%為委託電腦公司設計、22%為購買套裝軟體再予部分變更、19%購買套裝軟體、自行研發僅占7%、與電腦公司共同開發則占9%。

3.旅館資訊系統的作業子系統

旅館資訊系統包含的作業子系統以前檯作業系統為主,其中又以客戶歷史管理(85%)、櫃檯接待(81%)及櫃檯出納、房務管理及電話總機系統(均為77%)為最主要功能;後檯作業系統以會計總帳管理(50%)、人事/薪資、庫存管理(均為46%)為最主要功能;其他輔助作業安全設施的建置(如不斷電系統:81%;電腦防毒軟體:38%)為業者重要考量配置因素。

(二) 電腦系統對旅館產生的效益

電腦系統對旅館產生的效益,以有效建立顧客歷史資料檔最獲業者認同,其次為即時掌握客房狀況做出正確銷售決定、營業帳目清楚明確、節省顧客退房結帳時間、提高旅館全面的服務品質、減少顧客退房結帳的報怨、提供正確營運電腦報表、提高顧客的滿意

程度、改善客人與員工之間的互動及減少人工作業。

（三）業者在操作電腦資訊系統上所面臨的問題

目前業者在操作電腦資訊系統上所面臨最大的問題，包括軟體整合功能不足、合作廠商配合困難、系統維護成本太高、系統不穩定、系統擴充不易及與其他軟體系統不相容等因素。

二、網際網路對餐旅業的影響

現今，網際網路帶來的好處，也包含了減少經過仲介或中間商的過程並從中獲利，而因此有些仲介商便轉換成一個新的形式，成功成爲餐旅資訊系統中價值鏈的一環，如旅行社與全球訂位系統（Global Distribution Systems，GDSs）的合作，便提高其了價值　除此之外，另一種中間商是以創造通路、銷售、訂位的模式出現在資訊網路上，還有一種仲介模式是提供服務者、供應商、消費者一種綜合性的網路連結，而餐旅業者也可以經由此網路連結提供顧客餐旅相關的資訊，或是餐旅業者對自己或競爭者的資訊來源，有如特定性質的搜尋網站。

資訊科技對於餐旅業有著相當程度的貢獻，尤其是對外網路資訊的提供及餐旅業界對內資訊庫的處理，爲他們帶來不少優勢　雖然如此，資訊系統對於其訂房訂位系統及顧客歷史資料的幫助還局限於基本的功能，如果能夠藉著此資訊系統進行市場區隔或分析顧客型態，更能創造出更大的利益。

在旅館中常見的資訊系統是旅館作業系統（Property Management Systems，PMS），支援旅館內部資訊作業（O' Connor，2000；Hassanien and Baum，2002）。於客人訂房時的訂房作業系統，進房前的電子鎖系統（Electronic Locking Systems，ELS），進房後的能源管理系統（Energy Management Systems，EMS），房間內所具備的小酒吧服務（in-room mini bar）、保險箱（in-room safety box）、付費電影（in-room movie）、電話計費系統（Call Accounting Systems，CAS），餐廳用餐時的餐廳營業系統（Point of Sales systems，POS）。其他如旅館庫存存量的紀錄、房間使用狀態、房間銷售紀錄，形成一張強大的旅館電子資訊網。

（一）訂房作業系統

訂房作業系統，保有客人的歷史住房資訊及紀錄，爲旅館建立訂房及住房服務必須之作業系統，並有旅館歷史住房率、房價銷售指標系統可供查詢。

（二）電子鎖系統

電子鎖系統是使用磁卡來啓動電子鎖，每張卡片都有其特殊密碼，而每道門也都相當於一個智慧電腦系統，可記憶卡片密碼，並接受更新的密碼。卡片一過了時效或是門鎖經過另一新密碼的磁卡所啓動，則前一張自然就無失效；而且卡片的密碼重新修改過又是另一道門鎖的開關，重複使用且方便攜帶，亦可防盜。

（三）能源管理系統

能源管理系統可替飯店節省下不必要浪費的能源，通常可以是房間能源總開關的設計，爲客人外出時節省檢查電源開關所浪費的時間，也爲飯店小能源節省，集腋成裘，常是一筆累積起來甚爲可觀的財富。

（四）電話付費系統

電話付費系統可分爲個人對個人電話的撥打、三方通話、信用卡付費撥號和對方付費電話，並可分爲市內電話撥打或長途電話撥打。這些必要的付費資訊，房客可透過總機的諮詢來達到撥出的目的，此時電腦系統將會自動計時通話時間並將通話費用轉入房帳，可供房客查詢。

（五）餐廳營利系統

餐廳營利系統可爲餐廳營業稽核做好會計的工作，爲餐廳尋求最大利潤，並可爲用餐的房客提供舒適服務，即可使房客到各個餐廳用餐可以不用攜帶現金，餐廳可直接將房客的用餐消費轉入房帳，等到辦Check- Out手續時再同時付清（Piccoli、Spaldingand & Ives，2001）。

以訂房系統爲例，在現今高度文明且複雜的自動化系統中，已經改變了預訂房間的方法，而且這也是現在旅館業所需必備的一項社會趨勢和潮流。早期在旅館還沒有多種種類和特定類型的預定訂房系統，思考賣出最後一個可用房間的觀念科技之前，就已經開始廣泛地使用在旅館的預訂訂房系統中。同時，也在旅館業預估（Forecasting）訂房管理系統中，引起了大革命。

旅館擁有完整的管理系統，將使得全球訂房系統可以瞭解所擁有的房間類型以及房間價格，並且能確切的掌握已經所賣出的房間，以確實地使用到每一個房間，以及最後一個可使用的房間，而不會造成資源浪費或是空房的情況。而在這一連串的電子化的轉換成資訊科技的狀況下，在旅館業中會造成一定的影響，會增加結盟、連結的旅館、或者是旅行社及航空公司，進而組織成一個更完整細密的資訊網。

而在產生利潤思考之下，房間價格產生改變的機能是因為所處的時間或是客人的需求而改變。一般來說，家庭聚會中的家族旅行、或者是大型的旅遊團體，會在一年前或是幾個月之前就先開始進行策劃及房間預訂。而這些顧客，也因此可以得到由旅館所提供的優惠價格、特別的折扣或是更優惠的套裝價格，而關於這些折扣多少的方面，就是由資訊管理系統來專門負責的。相反的，有一些客人或是團體的旅遊團往往都是在最後的一刻才開始訂房或是直接住宿而沒有事先預約。在這一種狀況之下，產值管理系統（Yield management Systems, YMS）便產生作用，專門針對這一方面的客人進行調整，尤其是當旅館接近於客滿的時候，調高至可收取的最大最高的房間價格。

三、一般餐飲產業的資訊系統應用

資訊系統不只應用在飯店的各項作業，近年來也逐漸應用在一般的餐飲產業當中。例如：傳統餐廳的點餐方式都是使用點菜單，將顧客所需要的餐點用筆加以紀錄後，再將不同的菜單聯分別送到廚房或出納櫃檯…等，這似乎已成為了一種既定的模式。但現在則可以應用到資訊科技方面，像是使用PDA幫顧客點餐，或設置點選螢幕於餐桌，PDA和螢幕裡會有菜單能直接點選，而點選之後所需要的菜色資料就會直接傳到廚房和出納櫃檯，加速了菜餚的製作與金額的結算，也可以節省員工的人數和工作量。

在庫存方面，一般的庫存都是以傳統的資料方式蒐集成冊，因此調閱和檢視也相當不方便。但若將所購買的食材、餐具等加以輸入資訊系統紀錄，當補貨或盤點時即可迅速反映庫存狀態，若更進一步和點餐系統結合，更能由點餐時就扣除貨品的存貨量，得到最新的庫存狀態，也就能夠由庫存系統的存量，反映到點菜系統上，彼此互相輔助，讓工作能進行得更有效率與流暢。

我國旅館業者現階段在網際網路上的運用，62%有架設網站，網站的內容以旅館本身介紹爲最主要內容，特別促銷活動、提供旅遊資訊、提供旅館最新資訊、提供訂房服務、電子郵件回覆、連結相關網站、餐飲促銷活動；而招募廣告、線上互動功能、線上付款安全保護、線上餐飲訂位及外送服務均只占極少比率。超過72%旅館業者有提昇整體電腦功能計劃，其中以加強旅館電腦軟體系統內容最多，其他依次爲加強網站內容、更新電腦硬體設備、客房連線上網、更新電腦軟體設備、投入電子商務市場、升級爲寬頻網路（林玥秀，劉聰仁，1999）。

對於中小型旅館而言，即使面臨企業電腦資訊化迫切的程度不若大型旅館來得緊迫，卻也無法避免這股潮流（Van Hoof, et al，1995）。國內中小型旅館在過去的經營環境不像現在這般競爭，加上以往業者皆秉持勤奮傳統，因爲規模不大，對於資訊化的需求不高，認爲人腦來管理規模不大的飯店比電腦來得可靠及管用，而未能善加利用這項科技工具。面對二十一世紀的到來，在業務競爭及人力成本高漲聲中，旅館利用電腦來管理，可以提昇旅館的工作效率，將是必然的途徑。

電腦資訊系統是今日及未來的趨勢，每個中小型旅館都應該瞭解其必要性及所帶來的效益。目前電腦資訊軟體公司所開發的系統內容多是依照國際觀光旅館等大型旅館的需求而設計，系統包羅萬象及龐雜，但對中小型旅館而言，實在無法應用。一來旅館規模較小，許多功能根本不會用到，二來是成本提高，因此如果能開發一套低成本多功能的旅館電腦資訊系統，將來能夠逐步擴充較爲可行。加上今日旅館電腦資訊系統設計通常只考慮到較大型旅館的需求，若能夠將管理系統拆開成多個單元系統，中小型旅館僅針對本身管理上的需求來安裝數個單元系統，在經費上較能負擔，管理及運作上也能更加順暢。

問題討論

1.旅館商品可分爲有形的商品及無形的商品，請舉例說明。

2.請說明旅館商品的特性。

3.請說明旅客資訊對於旅館商品策略的重要性。

4.請選擇一間國際連鎖旅館的網站，分析其客房商品策略。

5.試列舉二項資訊科技對於旅館業的衝擊。

關鍵字

1.A Home Away from Home

2.Global Distribution Systems

3.Hotel

4.Internet

5.Luxury

6.PMS

7.Service

8.Villa

Chapter 2 旅館的分類與組織

第一節　組織與資訊系統
第二節　旅館的分類
第三節　連鎖旅館的類型
第四節　旅館的組織

學習目標

資訊科技協助組織降低成本，同時旅館業組織也因資訊科技的衝擊，在旅館服務程序及組織上有所更動。在旅館的發展過程中，旅館的建築位置會因為投資者的考量、城市發展的特色、交通狀況等因素而不同；旅館因應不同的目標市場需要而發展出不同型態的旅館。

在本章中，首先說明組織與資訊系統的互動關係，同時介紹旅館的分類，學習者可以藉由國內外相關旅館網站的說明，瞭解不同型態旅館的風貌及對於旅客的重要性。

其次說明連鎖旅館的型式，分析各類型連鎖旅館的優勢；並說明我國觀光旅館業連鎖經營的趨勢。

最後說明旅館事業內部組織功能，讓學習者瞭解各部門名稱與工作內容及各部門的協調工作。

Mr. Smith獲聘至希爾頓飯店擔任總經理，每天早晨他忙碌著瞭解旅館內發生的事情。首先他分析了客務部製作的住房報表，瞭解目前旅館住房的經營績效；同時他將對總公司提出一份留住常客的行銷計畫。其次，他瀏覽了客人留下的顧客意見表，發覺旅客似乎對於旅館內部網路連線的速度不夠滿意；同時對於早餐的菜色變化不夠多，也表達許多的抱怨。他決定將親自到西餐廳品嘗早餐菜色，同時他在行事曆當中記錄了與資訊部門討論網路連線的問題。

副總經理來電，談起一年一度的資訊展即將展開，許多參展廠商陸續向旅館接洽會議室的使用，他建議應該針對資訊展的廠商服務，協調業務部、客務部及餐飲部，共同規劃相關的服務事宜；同時建議將各項優惠措施以電子郵件發送所有簽約客人及網路會員瞭解。Mr. Smith相當贊成這項做法，授權副總經理全權處理。

晨會（Morning briefing）是旅館內每天重要的會議，Mr. Smith根據旅客抵達名單，逐一瞭解今日到達的客人資料，並指示客務部經理做好貴賓接待的工作；房務部經理向Mr. Smith報告樓層保養的進度，同時也說明大樓外觀清潔工作的進度。

餐飲部經理向Mr. Smith說明夏威夷美食節籌備的進度，並建議中餐廳菜單更新的想法；對於客人抱怨早餐的問題，餐飲部經理也將與主廚討論之後提出菜單更新的建議。

會議之後，Mr. Smith請人力資源部經理與財務部經理到辦公室，一同討論下個月調整薪資的事項；人力資源部門已經完成上半年度的績效考核，而財務部也完成營業報表分析，初步構想全旅館員工平均加薪5%，此加薪提案將報請董事會通過。

忙了一上午，Mr. Smith準備到員工餐廳與員工共進午餐，同時看看採購部爲員工餐廳新採購的烤箱是否適當。

旅館依地點、功能、住房對象，可分為不同性質的旅館，然而依現今旅館發展的趨勢下，單一旅館很明顯界定區分為某一型態之旅館，本章就容易區隔之方式作分類敘述；同時，本章先就組織與資訊系統之間的關聯做一描述。

第一節 組織與資訊系統

一、組織

（一）組織結構論

組織（Organization）是一個穩定、正式的社會性結構，組織可以從環境中取得資源，加以處理後產生結果。旅館如同許多組織一般，是正式的法人組成，必須受法律約束，並擁有內部規則與程序；面對因為技術性的改變需要時，組織必須思考改變誰擁有或控制資訊、誰有權存取與更新資訊，以及誰決定那些人在何時要如何來取得資訊等權利。

近代官僚體制都有清楚劃分的專業與分工，聘僱或訓練擁有專業能力或技巧的員工，並分別安排於組織各階層中，每個員工都向某一特定人員負責，且其職權限於專業活動。而各職權與活動都在組織規定的標準作業規則或程序（Standard Operating Procedure；SOPs）的規範中。根據Weber的研究，官僚體制如此盛行的主要原因，是因為其為最有效率的組織形式，同時所有組織皆發展標準作業程序、政治與文化（周宣光，2000）。

所有組織都根據標準的步驟產出產品與服務，經過一段時間後，組織將變得更有效率，並遵循標準例行作業，生產限量的產品與服務。這過程中，員工發展出合理而清楚的規則、程序和常規，以應付所有可預期的情況。有些標準規則和程序是以白紙黑字寫成正式程序，但實務中有多數的常規都是依情況而運用的。

所有人員在組織中各司其職，由於這些人員具有不同的專長、關注點與職責，他們自然對資源、報酬、懲罰等如何分配，抱持不同的觀點、遠景和意見。也由於這些不同，政治性的抗爭、競爭和衝突都會在組織中發生。有時政治性的抗爭是發生在個體或利益群體爲刺激領導者或獲得優勢的時候，也有時是因爲整個群體的抗爭導致大規模的衝突，除此之外，政治其實是組織生存中正常的一部分。

當新資訊系統發生變革時，政治上的阻力是重要的一環。任何推使組織向前的重要改變，幾乎都會遭遇到政治性的抗爭。實際上，所有資訊系統對組織目標、程序、生產力及人事所帶來的重大改變，都是充滿了政治性的。

其次，組織文化同時也是抗拒改變的強大力量，特別是技術上的改變，任何威脅到文化假設的技術改變都會遭遇到很大的抗拒。

組織之所以要有不同結構的原因很多，組織的最終目標與用來達成目標的力量各有不同。有些組織有壓制性的目標，例如監獄；也有些有實用性的目標，如企業；還有些有規範性的目標，如大學與宗教團體。這些不同的力量與動機形成了各種組織結構，例如壓制性的組織會非常具有階層性，但規範性的組織就會較無階層性。

（二）領導風格

不同組織的領導風格差異更大，即使是有相同目標的相似組織。主要的領導風格有民主式、授權式、無政府式、技術式、階層式，這些領導風格可能發生在各類的組織中；有些組織需要不同的科技執行不同的任務，有些組織需要事先規劃例行性的工作，依照標準程序作業（如自動化生產）；有些則需要高度的判斷力，執行非例行性的工作（如顧問公司）。

二、資訊系統對組織的益處

資訊系統能夠幫助組織執行高效率的工作，藉由將這些過程的自動化或透過工作流程軟體的發展，幫助組織重新思索讓這些過程簡化。企業過程涉及在組織中工作、協調和集中於生產一個有價值的產品或服務的行為。一方面企業過程是來自於物料、資訊和知識的具體工作的整套活動。同時企業過程也涉及組織協調工作、資訊、知識和管理決定協調工作的方法。

企業過程當前的利益來自於認知：策略性成功最終取決於公司如何成功地將最低成本、最高品質的商品和服務，傳遞給顧客。

企業過程在其本性上通常是交互運作，並且超越銷售、行銷、製造和研發的界限。過程跨過傳統的組織架構，聚集來自不同部門和專長的員工以完成一件工作。例如許多公司的訂單履行過程需要銷售部門（收到訂單、登錄訂單），會計部門（信用確認和訂單布告），和製造部門（匯整和運送訂單）的合作。一些組織已經建立資訊系統來支援這些交互功能的過程，例如產品發展、訂單履行或顧客支援。

（一）經濟的觀點

以經濟的觀點而言，資訊科技被視為能夠自由地代替資本和勞工生產的因素之一。隨著資訊科技的成本下滑，它代替了高成本的人力。因此在公司的微觀經濟模型中，當資訊科技取代人力時，會造成中階管理者和辦事員的人數減少。

交易成本理論認爲，因爲資訊科技能夠減少交易成本，幫助公司縮小規模，但是使用市場是昂貴的，所以公司和個人都會企圖尋求交易成本的最佳化。例如確定供應商的地點並且和他們聯繫，監控合約承諾、購買保險、獲得產品資訊等協調成本。在傳統上，公司努力減少處理事務成本來降低交易成本，如僱用更多員工，或收購自己的供應商和配銷商，就像傳統的速食麵消費性產品企業，面臨產業規模無法擴張以及產品生命周期越來越短等困境。如何在產品創新上取得優勢，例如縮短創新時間、降低產品成本、提高產品品質…等，已成爲企業首要解決的課題（江榮俊，2004）。

資訊科技，尤其是網路的使用，能夠幫助公司降低交易成本，讓公司與外部供應商簽約比使用內部資源更有價值。資訊科技也能夠減少內部管理成本。根據代理理論，公司被視爲介於許多利益中心的自我個體間「契約的連結」：雇主（所有者）雇用代理人（指員工）爲他工作，並獲得利潤。然而，代理人需要持續的監督和管理，否則他們將傾向於追求自己的利益而非雇主的利益。隨著公司的規模和範圍的發展，所有者必須投入越來越多的努力去監督和管理員工，代理成本或協調成本也跟著提升。

資訊科技能減少獲得和分析資訊的成本，讓組織減少代理成本，因爲管理者更容易監督大量的員工。資訊科技能擴張組織的權利，和小型組織用極少的職員和管理者，處理訂單或保持追蹤庫存等協調活動。

（二）行爲研究觀點

經濟理論能夠解釋企業經營績效之外；社會學、心理學和政治學的行爲更容易描述公司的行爲。行爲研究者推論，資訊科技能透過降低獲得資訊的成本，而使資訊的分配改變決策的階層。資訊科技能夠從作業單位直接把資訊傳遞給高階管理者，藉以減少中階管理者和支援他們的辦事員。資訊科技能允許高階管理者直接接觸使用網路連線作業的電信和使用較低電腦層級的單位，從中而除去中階管理的媒介。資訊科技能用來交替著對較低層級的工作人員直接分發資訊，讓這些工作人員作出以自己的知識和資訊爲基礎的決定。某些研究甚至建議電腦化增加給中階管理者的資訊，授權他們作出比過去更重要的決策，因而減少對大量較低層級工作人員的需求。

在後工業社會裡，決策者逐漸依靠知識和能力作出決策。因此，當知識和資訊遍及各方面，組織的形狀應該朝扁平化發展；因爲專業工作人員傾向於自我管理，而且決策應該變得更爲分散。資訊科技可能會激發專業人員群聚的網路型組織，共同面對面完成一項特殊的任務。

另一個行爲方法對於組織的政策、流程和資源的影響，把資訊系統看作和組織次群體之間政治競爭的結果。資訊系統不可避免地變成專心於組織經營策略。

資訊系統能夠影響在組織裡成員之間、何時、在哪裡和如何執行工作。例如分析台灣國際觀光旅館業之支援資訊科技運作環境因素，對引進資訊科技成效之影響中發現，「主管幕僚關切決策權」、「組織配合及資源充裕度」對台灣國際觀光旅館業組織內部整體引進資訊科技的支援程度有顯著的關係（廖怡華，1999）。

因爲資訊系統潛在地改變一個組織的架構、文化、經營策略和工作，當初期被導入的時候，時常出現大量的抵抗。組織抗拒有許多形式：例如探討旅館運用旅館管理系統造成運用情形不佳原因，包括主管的能力與對資訊科技的態度、旅館經營型態與規模、組織高階對科技的認知與涉入以及資金投入、系統的適切性、使用者方面以及內部IT人員的能力與角色等因素（賴麗華，2003），是值得管理者注意的問題。

第二節　旅館的分類

旅館依房間數量的多少或經營規模之大小區分爲大、中、小型三種。根據美國旅館協會（American Hotel and Lodging Association；AH&LA）區分凡客房數在200間以下者統稱「小型旅館」，200至600個房間者稱爲「中型旅館」，600房間以上者稱爲「大型旅館」。

依旅客住宿期間之長短分爲(1)短期住宿用旅館（Transient Hotel）：大概供給住宿一周以下的旅客。除與旅館辦理旅客登記外，不必有簽訂租約的行爲。(2)長期住宿用旅館：約供給住宿一個月以上且必須與旅館簽訂合同，以免產生租賃上的糾紛。(3)半長期住宿用旅館（Semi-residential）：具有短期住宿用旅館的特點，介於上述兩者之間。一般旅館會依照其服務的對象，區分成下述型態的旅館：

一、商務型旅館（Commerce or Business Hotel）

此類型旅館多集中於都市中，商品之設計，主要以商務旅客爲主，商品內容主要以滿足商務需求爲主。旅館中有各式的客房、商務中心、會議室；商務中心有符合商務人士需要的網路設備、傳眞機及影印機等，許多國際級旅館在客房內設置傳眞機、國際直撥電話、電腦專屬線路等設備，此外健身房、游泳池、三溫暖等設施也提供商務旅客休閒之需。

商務型旅館多集中於都會區的中心，或是經濟繁榮的區域，以便利商務旅客洽商的需要。在台灣，早期的國際觀光旅館朝台北都會區發展，而這些旅館的興建都是爲了滿足來華洽公旅客的需要。商務型態的旅館因爲經濟發展，朝向中大型、豪華精緻的方向興建，例如台北喜來登飯店、西華大飯店、凱悅大飯店（現改爲君悅）、遠東國際飯店、六福皇宮等，都呈現商務型旅館的特色。

商務型旅館區位選擇之成因以及區位選擇是旅館經營的獲利關鍵。旅館區位選擇正確有助於旅館經營獲利，並使區位條件最佳化。正確的區位選擇幫助旅館投資者跨出成功的第一步，錯誤的區位抉擇令旅館的區位條件處於劣勢，包括交通、競爭、聚集經濟、土地成本等（李欽明，1996）。

旅客選擇商務旅館服務與消費行爲的研究中發現，商務旅館以公務出差類型住客居多；休閒商務旅館住客多具備較高的社會階層。在對旅館服務的認同度上，硬體設備比軟體服務能獲得較高的認同。住客生活型態中以品質享受者所占比重最高。旅客除了住宿之外，使用旅館提供各項附加服務的比率偏低；度假類型住客漸漸也成爲其重要客源。因此，商務旅館在經營方面應強化重視住客最常使用的免費附加服務項目；同時增加住客使用付費餐飲服務的需求度與使用率。在休閒時代來臨之際，應重視休閒型旅客，使其成爲假日客源，同時需要加強對女性住客的服務與設備（左如芝，2000）。

二、會議中心旅館（Conference Center）

會議產業是都市國際化的指標，隨著世界各國經貿政治之合作日趨緊密，許多都市發展會議產業進而改善都市結構，活絡地方經濟，建立國際形象。台灣地區在國際會議市場日趨競爭之同時，以國際化城市爲前瞻規劃的台北市能否能發展爲國際會議觀光都市，成爲政府與業界關切之課題。

會議型旅館是以會議場所爲主體之旅館，服務對象以參加會議人士及商展之商務人士。服務內容除提供寬敞的會議或展覽空間外，一系列的會議專業設施亦是主要產品。

在針對台北市成爲會議觀光城市之發展潛力的研究中（葉泰民，2000），發現影響國際會議觀光發展之因素分別爲「專業服務」、「政府支援」、「城市形象」、「交通便利」、「安全友善」、「成本價格」、「會議設施」、「旅館設施」及「觀光活動」等因素。列爲優先改善的爲「政府支援」因素；而「會議設施」、「專業服務」及「旅館設施」之條件非常重要且滿意度高，台北市應繼續維持此競爭優勢。

三、休閒型旅館（Resort Hotel）

度假旅館多位於風景區附近，藉由最自然的遊憩資源，提供給度假休閒的客人。除了基本的客房、餐飲設施之外，服務內容包括：戶外運動及球類器材、健身設施、溫泉浴等，依所在地方特色提供不同的設備，均以健康休閒爲目的。

國內針對遊客至休閒旅館的消費特性、利益追尋動機及滿意度的研究發現：至休閒旅館度假之遊客，年齡集中在20至49歲，學歷以專科及大學畢業且已婚爲多數，職業以軍公教爲主。遊客的旅遊特性方面，大多數爲第一次到休閒旅館，且與家人或親戚同遊爲多數，其停留時間最多爲兩天一夜，並以自用小客車爲主要交通工具。

選擇該休閒旅館皆以休閒設施多樣化、舒適的房務設施、親友推薦且口碑良好爲主要原因。遊客對於休閒旅館的滿意度越高，其重遊率也越高。而休閒旅館本身的住宿設備、規模大小、旅館周邊的自然資源及活動，爲影響遊客遊憩滿意度的三項重要因素（陳桓敦，2002）。

四、溫泉旅館（Hot-Spring Hotel）

近年來美容、水療及溫泉，成爲休閒流行時尚的主題，溫泉旅館成爲另一類具特色的休閒型旅館。隨著民眾對於休閒活動在質量要求的提升，精緻化的溫泉遊憩活動近年來逐漸加溫，各式溫泉旅館逐漸盛行。

台灣早期對溫泉區環境資源之開發與管理，並未提出相關的法規或政策，加上各項法令的設限，始終缺乏一套合理完善的制度；台灣地區擁有特殊地熱資源，有許多位於山谷中的天然溫泉，形成了獨特的溫泉旅遊。

溫泉具有觀光休閒及療養等多樣性功能，極有潛力成爲台灣最具代表性的觀光遊憩資源。然而，大部分業者在開發溫泉區時，未對相關資源作適當的管理保護，加上週休二日的實施及休閒方式的改變，大批的遊客湧入溫泉區，頓時讓當地的交通或環境產生問題，呈現資源濫用、景觀凌亂的現象。直到觀光局於1999年推出「溫泉開發管理方案」後，溫泉區之管理與規劃才依此執行。溫泉館興建數量迅速成長，在服務品質方面也作了長足的轉變。地方政府在進行地區行銷時，溫泉往往成爲地區特色行銷的重點。

台北都會區民眾之溫泉遊憩區位選擇過程爲先選擇溫泉遊憩地區，再選擇溫泉空間之二維結構。溫泉地區之選擇則呈巢狀結構，分爲北宜蘭溫泉系（礁溪溫泉）、風味溫泉鄉系（新北投溫泉、烏來溫泉）以及大屯山溫泉系（行義路溫泉、金山陽明山溫泉）三大溫泉系。都會區遊客之溫泉休閒活動高度要求便利性、功能性、安全性及快適性，並與其他休閒活動連結，形成複合式休閒遊程（陳彥銘，2002）。

礁溪溫泉遊憩區遊客的研究中顯示，該區旅客中以21～30歲男性爲主；職業以服務業最多、軍公教及學生次之；學歷以大學、專科以上較多；未婚者；家庭平均月收入以80,000元以上爲主；平均每月休閒活動支出以2,001～4,000元。主要資訊來源爲旅遊指南書籍；停留時間以兩天一夜者居多；除了泡湯外，另外從事的活動以到附近風景區遊玩者最多；交通工具以自行開車爲主；平均每人消費金額以1,001～2,000元占多數；因此業者可以結合礁溪當地及附近鄉鎮的一些風景點設計套裝行程，並針對兩區隔所注重的利益及區隔特徵，擬定有效的行銷策略（林中文，2001）。

此外，遊客參與溫泉活動所獲得之遊憩體驗在心理體驗方面，包括：(1)放鬆愉悅：想要欣賞旅館周邊所能提供之自然景色。(2)交流互動：透過旅遊，增進家人和朋友之間的感情。(3)知覺保健：親情與健康因素。(4)思考沈澱：自我成長與學習因素等。溫泉遊客之遊憩體驗在實質環境體驗重視度方面，依序爲「泡溫泉環境衛生良好」、「溫泉區整體環境清潔」、「注重安全維護」、「收費合理」及「溫泉水質優良」（鮑敦瑗，1999；方怡堯，2002）。

溫泉資源管理上，應對溫泉區加以規劃；外部環境上，應有完善規劃，以提供國際觀光的知名度；旅館管理輔導上，則以釋出公有地，使業者參與投資爲優先。環境安全管理上，以落石清理；溫泉區內應設置停車場及解說導覽最爲重要（賴珮如，2000）。

五、機場旅館（Airport Hotel）

機場旅館又稱過境旅館，其地點多位於機場附近。服務對象以商務旅客、因班機取消暫住旅客、航空服務人員爲主，服務內容之特色爲提供旅客機場來回的便捷接送（Shuttle Bus）及方便停車位置。有些旅館爲航空公司經營稱爲Airtel。

六、套房式之旅館（Suite Hotel）

多位於都市中，提供給主管級商務客人爲主，除了客房之外，亦提供獨立客廳及廚房的住宿服務內容。

七、長期住宿旅館（Residential Hotel；Serviced Apartment）

主要提供停留時間較長的客人，爲方便客人長期住宿之需求，廚房、酒吧等設施亦爲設計之重點。

八、賭場旅館（Casino Hotel）

旅館中多設有賭場，服務對象以賭客及觀光客為主，商品服務內容：設置豪華之賭具並邀請知名藝人作秀，提供特殊風味餐和包機接送服務。

九、別墅型旅館（Villa）

此類型旅館盛行於東南亞國家，以獨棟的設計著稱[1]，每棟旅館內附有獨立的游泳池，專屬的司機可以接送旅客，同時有專屬的廚師可以烹調旅客想吃的佳餚。

十、精品旅館（Boutique Hotel）

強調的室內空間設計是以流行生活品味的語彙為主要設計走向，並以精緻甚至是結合摩登前衛取勝，以對比一般五星級飯店的華麗鋪排。館內家具多以金屬原色及深咖啡色為主要色系，呈現出沉穩、自信的風采，讓蒞臨賓客體會到最時尚的空間潮流。

十一、汽車旅館（Motel）

為提供長途駕車旅行客人之需，在高速公路沿線或郊區多設此類型旅館，便利的停車場地及簡單的住宿設施為主要服務內容。

註1推薦瀏覽參觀普吉島悅榕度假村網站。

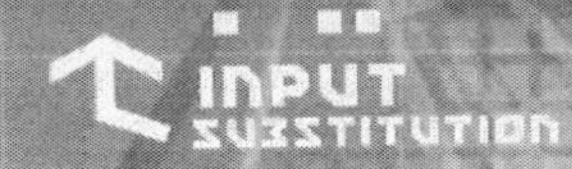

十二、簡易式旅館（Bed and Breakfast；B & B）

最早流行於英國，目前在美國、澳洲、英國頗受歡迎。服務對象不限，以自助旅行者、學生較多，除提供房間並供應早餐，通常由主人擔任早餐烹調工作，頗具人情味。

十三、民宿（Pension）

家庭式的旅館，多由一般家庭改裝而成，收費較低廉，沒有服務人員，須由旅客自行動手整理床鋪被褥，在台灣受歡迎之度假區及戶外活動場所附近，都有此類住宿設施。民宿是喜愛戶外活動及悠閒住宿人士之最佳選擇。國內民宿業興起，觀光局也提出民宿管理辦法，以保障旅客住宿的品質。

十四、青年旅舍（Hostel）

隸屬國際青年旅舍聯合會的青年旅舍，分布於許多重要都市及旅遊勝地，提供經濟且舒適的住宿，惟租用者須是青年旅舍協會的會員。

第三節　連鎖旅館的類型

連鎖旅館係指二間以上組成的旅館，以某種方式聯合起來，共同組成一個團體，這個團體即爲連鎖旅館（Hotel Chain）。換言之，一個總公司（Headquarters）以固定相同的商標（Logo），在不同的國家或地區推展其相同的風格與水準的旅館，即爲連鎖旅館。

在我國旅館發展的過程中，Hilton國際連鎖引進國內，首開連鎖經營之風。引進的管理know-how，大大提升了服務品質，相繼的Sheraton、Nikko、Hyatt、Regent等國際連鎖品牌引進，使得國際旅客有更多的選擇，亦使我國旅館形象提升。

一、經營的主要目的

將各地的連鎖旅館結合起來，成爲一綿密式的銷售網路，彼此間可相互推薦、介紹，尤其是品牌的知名度打響後，可統一宣傳、廣告、訓練員工及採購商品等，不僅能節省銷管及廣告宣傳費用，同時也增加了宣傳上的效益，無形中替公司創造了另一筆財富。

旅館的連鎖經營可以降低經營成本、健全管理制度、提高服務水準，以提供完美的服務（陳鴻宜，1999；邊雲花，2001；陳炳欽，2002）；加強宣傳及廣告效果、共同促成強而有力的推銷網；聯合推廣，以確保共同利益；給予顧客信賴感與安全感。至於其經營的主要目的包括：(1)以相同的品牌，提高旅館的知名度並樹立良好的形象。(2)成立聯合訂房中心，拓展業務。(3)合作辦理市場調查，共同開發市場。(4)統一訓練員工，訂定作業規範。(5)共同採購旅館用品、物料及設備。

二、連鎖方式

連鎖旅館的連鎖方式因建築物所有權、管理授權等不同而有以下不同的連鎖方式。

（一）直營連鎖（Ownership Chain）

由總公司自己興建的旅館。如福華大飯店（台北、台中、高雄、墾丁等）、中信大飯店（中壢、新竹、花蓮、日月潭、高雄等）、國賓大飯店（台北、高雄、新竹）。

（二）委託管理經營（Management Contract）

旅館所有人對於旅館經營方面陌生或基於特殊理由，將其旅館交由連鎖旅館公司經營，而旅館經營管理權（包括財務、人事）依合約規定交給連鎖公司負責，再按營業收入的若干百分比給付契約金連鎖公司，如台北希爾頓大飯店係由宏國開發公司(即國裕建設)委託希爾頓經營管理；老爺大酒店及台中全國大飯店係委託日航國際連鎖旅館公司經營管理。

（三）特許加盟（Franchise）

授權連鎖的加盟方式。係各獨立經營的旅館與連鎖旅館公司訂立長期合同，由連鎖旅館公司賦與旅館特權參加組織，使用連鎖組織的旅館名義、招牌、標誌及採用同樣的經營方法。

此種經營方式的旅館，只有懸掛這家連鎖旅館的「商標」，旅館本身的財務、人事完全獨立，亦即連鎖公司不參與或干涉旅館的內部作業。惟爲維持連鎖公司應有的水準與形象，總公司常會派人不定期抽檢某些項目，若符合一定標準則續約；反之則可能中止簽約，取消彼此連鎖的約定。而連鎖公司只有在訂房時享有同等待遇而已。我國此類型的旅館如力霸大飯店（Rebar Holiday Inn Crown Plaza）、來來大飯店（Lai Lai Sheraton Hotel Taipei）。授權連鎖的加盟方式，爲加盟者保留經營權與所有權，至於加盟契約的簽訂，則包括加盟授權金、商標使用金、行銷費用及訂房費用等。凡參加franchise chain的旅館負責人，可參加連鎖組織所舉辦的會議及享受一切的待遇，並得運用組織內的一切措施。此種方式爲最近數年來最盛行的企業結合方式之一。

（四）收購（Purchase）既有旅館（或以投資方式控制及支配其附屬旅館）

在美國最典型的方法，是運用控股公司（如Holiday Inns、Regent）的方式，由小公司逐步控制大公司，凡擁有某家旅館股權的40%，即可控制該旅館。總公司以此方式逐步支配或控制各旅館。

（五）以租賃（Lease）方式取得土地興建之旅館

在美國及日本有很多不動產公司或信託公司，其本身對於旅館經營方面完全外行，但鑒於旅館事業甚有前途，於是與旅館連鎖公司訂立租賃合同，由不動產公司或信託公司建築旅館後，租予連鎖旅館公司經營。

（六）業務聯繫連鎖（Voluntary Chain）

各自獨立經營的旅館，自動自發地參加而組成的連鎖旅館。其目的爲加強會員旅館間之業務聯繫，並促進全體利益。

（七）會員連鎖（Referral Chain）

屬共同訂房及聯合推廣的連鎖方式。例如國內部分旅館分別組成爲Leading Hotels of the World（如亞都）、Preferred Hotel（如晶華）等國際性旅館之會員。

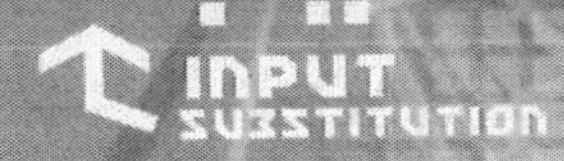

三、參加國際連鎖旅館的優點

國內飯店及旅館愈開愈多，飯店市場價格競爭日益白熱化。面對愈來愈惡劣的競爭環境，國內業者應該放眼全球市場，透過結盟的方式和其他國家飯店業者合作，擴大市場規模。

台灣麗緻旅館系統的總裁嚴長壽表示，國內飯店業者想生存，一定要走向國際化，透過結盟的力量擴大市場利基。許多亞洲地區飯店集團面對國際性連鎖飯店集團的挑戰，在不想花大錢加入國際體系的情況下，都積極尋求結盟機會。連鎖旅館可以享有以下優勢：

（一）品牌的信賴

旅館會員可以使用已成名的連鎖旅館名義及標誌，有助於提升旅館高身價及形象。此外，某些旅館利用品牌優勢，已達到獲得金融界的貸款支持。在美國凡參加連鎖組織者，比較容易獲得銀行之貸款。因此，加入了有名氣的連鎖旅館，在經營方面有如獲得無形保障。

（二）訂房中心的優勢

利用連鎖組織，便利旅客預約訂房，除了方便旅客訂房外，亦容易發展整合行銷模式。

（三）良好的管理作業

連鎖旅館利用分享市場資源，使各會員旅館分享行銷資訊及同步發展行銷策略，並降低廣告預算。對於旅館建築、設備、布置、規格方面，提供技術指導，並定期督導設備檢查。同時設計標準作業流程，供會員旅館使用，減少作業摸索的期間，並協助員工訓練或觀摩學習。

此外，會員之間可以統一規定旅館設備、器具、用品、餐飲原料之規格，並向廠商大量訂購後分送各會員旅館，以降低成本及保持一定之水準。各連鎖旅館的報表及財務報告表可劃一集中分析，改善營運績效。

看好國內休旅市場的前景，業者除了持續投資硬體建設外，負責飯店實際營運的旅館管理業務市場，也成為飯店業者關注的焦點。為節省成本，同業結盟的觀念已逐漸被飯店業主接受，旅館管理顧問公司的市場爭奪戰，正如火如荼地進行。本土旅館管理顧問公司不勝枚舉，比較知名的有麗緻、福華、凱撒、老爺、國賓、中信及長榮；另外，六福、神旺、晶華及春秋最近也開始加入戰場。旅館管理顧問公司可以提供行銷、業務及人力訓練支援，另外，飯店所需要的耗材如特定食材及紙巾等，也可透過共同採購降低成本。

早年國內有意投資五星級飯店市場的業主，多半會和國外業者結盟，尋求技術和客源支援。不過，隨著國內飯店業者的羽翼漸豐，再加上進軍大陸市場的需求，也開始逐步發展自有的飯店體系。例如宏國集團切斷和國際希爾頓飯店的合作關係，改由自有的凱撒飯店體系進駐，就是最明顯的例子。

目前，所有體系中，以麗緻及中信的腳步最快，據點也較多，麗緻走五星級路線，中信則以三、四星級飯店為主。此外，麗緻集團在總裁嚴長壽領軍下，更進一步成立亞洲旅館聯盟，將事業版圖走向國際市場。長榮集團也積極布局，希望能在全台成立全新的四星級商務飯店聯盟，在集團力量的支援下，成果值得期待。

老爺酒店體系近年也來積極發展這方面的業務。繼劍湖山及六福集團宣布加碼國內休旅市場後，老字號的老爺酒店集團也不甘示弱，除了新增的老爺商務會館外，宜蘭礁溪老爺溫泉酒店及南太平洋的帛琉老爺酒店，都將在近期內動土，此外，老爺酒店也將把發展重點放在旅館管理業務上。

不過，老爺管理公司走的方向是以同業結盟爲主，加盟者可以不必掛老爺的品牌，單純在行銷業務和共同採購方面合作。如陽明山天籟溫泉會館已決定和老爺酒店體系合作[2]。

四、參加國際連鎖組織的限制

參加連鎖組織的缺點大致上包括：(1)每年應向總公司繳納一定數額的權利金，對於一個新企業而言，可能負擔較重。(2)總公司涉入企業內部營運，如經營方式、人事調派等，尤其是高階主管異動。

第四節　旅館的組織

旅館的組織因其經營特性、規模大小、各部門分工作業互有不同，但整體來說大都相似。不論旅館各部門如何分工，其基本職掌大致相同。一般而言，旅館作業可分爲兩大系統，一爲「外場部門」(Front of the House)，另一爲「後勤部門」(Back of the House)。

外場部門又稱「營業單位」，主要以直接接待客人的單位，其任務係以提供客人滿意的住宿設施及其他相關的服務爲主，包括客務（Front office）、房務（Housekeeping）及餐飲（Food and

註2參見2003／01／27，《經濟日報》，32版（商業．貿易）。

Beverage）等三大部門與相關附屬營業單位。

後勤部門係指「行政支援」，主要功能爲支援營業單位作業，在各部門相互分工、支援的原則下，妥善提供接待旅客的各項服務工作，讓客人感到有賓至如歸的感覺。包括人事、訓練、財務、採購及工程等安全。

旅館各部門員工都有其職掌，各司其職。爲達到旅館營運績效（如住宿率提高），互相協調聯繫、合作支援，共同爭取業績、提升服務品質爲目標（Peter，1996；Pernsteiner and Gart，2000；Petersen and Singh，2003）。旅館的組織結構依其規模大小、經營客源對象、業務性質之不同，各有不同的組織型態。茲就旅館內各部門之工作內容概述於下（李欽明，1998；吳勉勤，1998；Renner，1994；Vallen and Vallen，1996；Soriano，1999；Stutts，2001）：

一、客務部

客務部（Front Office）又可稱爲前檯或櫃檯（Front Desk），屬於直接服務與面對旅客的部門，與房務部（Housekeeping）共同組成客房部（Room Division）。

客務部是旅館的關懷客人的最前線，亦是客人與旅館聯繫的重要管道，負責訂房、賓客接待、分配房間、處理郵件、電報及傳遞消息、總機服務等工作，提供有關館內一切最新資料與消息給客人，並處理旅客的帳目，保管及投遞旅客之信件、鎖匙、傳眞、電報、留言、電話，及爲旅客提供服務之聯絡中心，並與館內各有關單位協調，以維持旅館之一流水準，並提供最滿意之服務。

（一）客務部的業務功能

客務部係負責處理旅館一切旅客接待的作業，爲旅館的門面。所有服務人員均站在接待旅客的第一線，呈現給旅客的不只是親切的服務，也包括了全館企業文化特色，所以客務部門扮演的角色可見一斑。客務部負責的業務如下：

1.訂房功能

接受旅客訂房工作、客房銷售之記錄及營運資料分析預測、旅客資料建檔。有些飯店將訂房的功能與業務部合併，以整合訂房及銷售業務的功能，大型的旅館設訂房中心，獨立於客務部之外。

客務部需隨時與業務部與房務部門確認訂房資訊，以便在訂房預估過程中即時反應產品銷售資訊，同時爲接待顧客做好準備。

2.櫃檯接待功能

綜合旅客住宿登記一切事務，客房的分配及安排、引導客人至客房介紹、提供旅客住宿期間秘書事務性服務、旅客諮詢、旅館內相關設施介紹等。

接待服務中應與房務部溝通房間狀態的訊息，以保證住房的正確資訊。

3.服務中心

服務範圍包括門衛、行李員、機場代表、駕駛及詢問服務員（Concierge）等，負責行李運送、書信物品傳遞、代客停車等業務，工作係協助櫃檯處理旅客在旅館內訊息傳遞工作。

4.總機功能

爲旅客未抵達旅館前首先接受的服務工作，其服務優劣會直接影響到旅客對該旅館的第一印象。其職務包括留言服務、晨喚服務（Morning Call）、付費電視（Pay TV）控制，及緊急廣播之控制。如果飯店提供客戶房內直接收發傳眞或使用網路服務，亦可由總機撥接使用專線。

客務的工作主要爲提供客人由遷入（Check-In）至遷出（Check-Out）之間各項服務工作，並協調各相關單位能順暢提供服務工作。服務品質之優劣，會影響客人對該飯店住宿印象的好壞，因此提供給客人迅速滿意的服務工作，是客務之首要工作。

（二）客務部主要員工的職責及工作內容

客務部職員依其所屬單位、層級及工作性質，而有不同之職掌與任務；同時，各飯店可能因其規模之不同，而規劃不同的組織結構，同時對職稱的設計亦有不同。一般而言，客務部設有職位及職掌分述如下：

1.客務主管主要職責

(1)客務部經理（Front Office Manager）

負責旅館內客務的一切業務，除了對客房銷售業務能充分掌握之外，同時應對旅館內各部門主要負責業務瞭解，並能與各部門溝通協調事務。

(2)大廳副理（Assistant Manager or Lobby Assistant Manager）

負責在大廳處理一切顧客之疑難。一般是由櫃檯的資深人員升任。此一職務責任重大，必須對旅館的全盤問題均瞭解，而且能處理突發事件及旅客抱怨，並隨時將各種情況反應給經理部門。大廳副理的辦公桌通常設於旅館大廳明顯的位置，扮演一個非常重要的角色，主要的任務是溝通

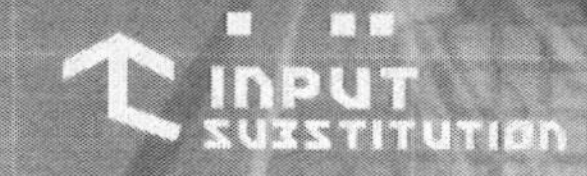

飯店職員與客人之間之問題。

(3)夜間經理（有些飯店稱為值班經理，Duty manager）

負責業務與日間值班經理相同，並代表經理處理一切夜間業務，是夜間經營最高負責人。必須經驗豐富，反應敏捷，並具判斷力者。

2.櫃檯接待服務

櫃檯接待服務職責包括問候前來住宿的客人，為旅客提供住宿登記的服務，客房之分配，解答旅客詢問，並促銷旅館內的各項服務[3]，例如：餐廳、酒廊、洗衣等服務，若旅客在住宿期間有任何抱怨，則須處理旅客的抱怨。除此之外，日常作業上對房間鎖匙之保管及編製各種統計報表提供營運決策之報告。

3.服務中心

服務中心的主要職責包括：運送客人的行李、傳遞客人的留言，及提供客人在住宿期間各項服務[4]，例如：協助客人確認機位、代客訂車、購買車票等。

4.訂房功能

訂房（Reservation）的業務，相關作業細節於第五章專篇討論。訂房人員需充分瞭解客房各類型態的產品內容、價格、數量及特定期間內促銷方案的特點。

訂房人員必須隨時與業務部門及客務主管溝通住房的情形，並在規定時間內與已訂房之客人確認（Confirm）訂房。任務分派上包括訂房主管及訂房人員，主管須負掌握訂房情況之責。

5.總機功能

總機單位設主管及作業人員數名，負責電信總機業務之操作。

上述各項功能涵蓋客人住宿期間之服務內容，因輪流值班之需，旅館於夜間設夜間值班主管一名，爲夜間營運之最高主管。另設夜間櫃檯服務人員，兼負接待、服務中心、訂房等功能外，另需製作客房銷售報表、提供營運成果之分析。

二、房務部

房務工作的品質呈現旅館服務的水準，服務工作的目標是讓旅客在住宿期間，滿足客人住宿基本的清潔、舒適及安全等需求。每位房務工作的同仁，均需瞭解房務工作的精神，並且通力合作，始能完成此繁複的工作。

房務部之主要職責爲維護清潔工作，包括注意各房間、套房、

註3相關人員包括：(1)櫃檯主任（Front Office Supervisor）－負責處理櫃檯業務及訓練、監督櫃檯人員工作。(2)櫃檯組長－負責率領各櫃檯人員，負責接待服務等事宜。(3)櫃檯接待員（Room Clerk或Receptionist）－負責接待旅客的登記及銷售客房並分配房間。(4)櫃檯出納員（Front Cashier）－負責向住客收款、兌換外幣等工作，如係簽帳必須呈請信用部門或財務部門核准。由於上述業務係屬財務部之權責，因此櫃檯處理業務時，應特別留意作業程序。

註4相關人員包括：(1)服務中心主任（Concierge or Front Service）－Concierge本意為服務，是提供旅館內客人服務的靈魂人物，為Uniform Service的主管，監督Bell Captain、Bell Man、Door Man等人員之工作。(2)服務中心領班（Bell captain）－監督Bell Man、Door Man等人員之工作。(3)行李員（Bell Man）－負責搬運行李並引導住客至房間。(4)門衛（Door Man）－負責代客泊車、叫車、搬卸行李以及解答顧客有關觀光路線等問題。(5)司機（Driver）－負責機場、車站與旅館間之駕駛。(6)機場接待（Freight Greeter）－負責代表旅館歡迎旅客的到來與出境的服務。

走廊、公共區域及其他各項設備保持清潔，並提供旅館住客衣物之乾溼洗熨等服務。此部門並提供餐飲部每日所需清潔的桌布、床單、衣物及照顧嬰兒的服務。

（一）房務部的功能

房務部的組織模式，因各旅館規模、管理方式和企業文化的不同而有不同之組織編制。其主要工作包括旅館硬體清潔、維護及布品管理工作。一般而言，房務之工作區分為如下功能：

1.房務部辦公室（Housekeeping Office）

房務部辦公室是房務部作業的訊息中心，包括：

(1)*客人的服務中心*：當旅客需要補充或增加客房內部的備品使用時，房務部辦公室負責協調房務人員迅速處理，滿足客人的需求。

(2)*對客務作業服務統一傳遞工作分派*：當客務部提出對客房作業的要求時，辦公室必須將訊息完整地傳遞並溝通作業的進度。例如當客務部期望能先行整理某一間客房，房務部辦公室必須立即通知該樓層領班，並將處理結果通知客務部。

(3)*控制客房清潔工作狀況*：辦公室應清楚掌握每日即將遷出旅客的客房清潔狀況，才能提供客務部可以銷售的客房數。

(4)*負責旅館內部的失物招領*：旅客若向旅館詢問其遺失物品，各單位可經房務部辦公室聯繫遺失物品處理中心（Lost and Found）查詢。

(5)*管理樓層鑰匙*：房務部辦公室負責管制各客房清潔使用的

通用鑰匙（Master Key）。

2.客房樓層清潔（Floor Cleaning）工作

房務部設若干樓層清潔服務人員（Room Maid），主要職責爲負責全部客房內部、化妝室及樓層走廊的清潔衛生工作，同時還負責房間內備品的替換、設備簡易維修保養等必要的服務。有些旅館規定二個服務人員共同清潔客房；有些則由一個樓層服務人員獨立完成清潔客房的工作。一般而言，樓層服務員每天負責清潔保養12至16間客房[5]；每間客房整理的時間大約爲40分鐘，若遇到較髒亂或面積較大的客房時，處理的時間相對增加。

依建築及設備標準規定：旅館的每一樓層若超過20間客房時，必須設置一間備品工作間，便於樓層清潔服務員工作。另外，房務部設立樓層領班（或稱組長），負責分派及檢查客房清潔工作的進度，同時檢查並補充客房迷你冰箱（Mini Bar）中的飲料與食品，檢查及防範客房內物品是否被旅客攜帶離開。

3.公共區域清潔（Public Area Cleaning）工作

公共區域的人員負責旅館各區域、部門辦公室、餐廳（不包括廚房）、公共化妝室、衣帽間、大廳、電梯前廳、各樓梯走道、外圍環境等的清潔衛生工作，服務人員每日定期依照作業時程及規範，持續地維護各公共區域間之清潔工作。某些旅館將餐廳廚房清潔與夜間整體環境清潔的工作外包給專業的清潔公司，以區隔開旅館提供服務與清潔工作的時間及工作的負荷。

4.制服與布巾室（Uniform and Linen Room）工作

旅館內設立制服與布巾室，主要負責旅館內所有工作人員的制

註5此數據為參考值。

服，及餐廳和客房所有布巾的收發、分類和保管等工作。對有損壞的制服和布巾及時進行修補，並儲備足夠的制服和布巾供營運周轉使用；一般而言。布品類送洗分發流程包括：(1)F&B；(2)樓層客房內各項布品；(3)員工制服；(4)主管私服洗衣等。

布品收送清洗首應分類，不同顏色，尤其紅色、深色的布巾不可與白色、淺色布巾混在一起，分類時應順便檢查，如發現染有血漬、污穢、雜漬或不易清洗之污點，挑出特別註明之。其次應檢查，若發現布巾、口布等有破洞、污點等，須另外打結。床單、枕套或毛巾等有破損、鬚邊等情況，需要另外挑出，口頭告知洗衣人員。將所有需要清洗之檯布、口布等布巾分別打包。清洗完畢後應予核對填列「洗衣房布品類日報表」。洗、燙好之布品由洗衣房人員負責分類處理於各個櫃子上，以利隔日單位領取。

布品的控制及補充應予定期盤點：每月底，布品間領班會同有關單位主管盤點布品存量，填寫布品存貨月報表，布品間領班依據各單位之存貨報表歸類統計每類布品現存量。

房務部經理審閱布品報廢比率之後，如超過容許範圍，應召開部門會議，找出原因，提出改進之方案，並在會議記錄內記錄，由辦公室人員整理影印出來後，分發給有關人員遵守之。

本月盤存量如低於規定之安全使用時，需至倉庫領出，盡量補足應有之標準存量，布品間領班應將布品庫存數量修正。庫存之布品數量如少於安全庫存量時，則由布品間領班開列「採購單」請購。採購新布品時要注意是否有任何新的改變，以及布品質料的保證及各項注意事項。

5.洗衣服務

洗衣房（Laundry Room）負責收洗客衣、員工制服和各餐廳布巾類物品。洗衣房的歸屬，有些旅館不設洗衣房，洗衣業務則委託其它的洗衣公司負責。

6.遺失物品處理（Lost and Found）

此單位負責處理旅館內部遺失物品的保管、領取等工作。當旅客物品遺留在旅館內時，旅館會先將物品送至此單位保管處理，待旅客向旅館詢問或請求協助尋找時，客務部會向此單位查詢是否有尋獲此物品，而向客人回覆。一般而言，爲了避免引起不必要的誤會，旅館並不主動將尋獲的物品直接寄送至客人登記的地址。

（二）房務部主要員工的職責及工作內容

在大型旅館中設房務管理主管一人，專門督導負責維持客房之清潔衛生及保養客房之設備，隨時供給客人使用，常見的職稱如下：

1.房務部經理（Executive Housekeeper）

主要職責包括制訂部門工作目標，製作年度預算及工作計畫，並傳達上級指示。負責房務部的作業和管理，督導管理所屬人員的日常作業，其次建立客房日用品之預算及消耗標準，並建立標準之房間清潔作業程序及房間之檢查辦法。同時與前檯保持極密切聯繫，極力配合客務部之作業，使每一個房間均能適時地讓客人住入。

2.房務部副理（Assistant Executive Housekeeper）

在房務經理的授權下，具體負責業務領域的工作，對房務經理負責，爲經理不在時之職務代理人。

3.値班領班（Duty Supervisor）

主管各樓層的清潔保養和對客服務工作，保障各樓層的安全，使各樓層服務的每一步驟和細節順利進行，其直接主管爲房務部副理。

4.房務員（Room Maids）

房務員亦稱客房服務員，主要職責爲依照清潔房間的標準及標準作業流程，整理客房及樓層之區。

三、餐飲部

餐飲部設餐飲部經理，負責各式餐廳、酒吧、宴會廳、客房餐飲等服務，及廳內（包含宴會廳）的場地布置管理、清潔及衛生。下設有各式餐廳及廚房，各餐廳設有經理，各廚房設有主廚。各餐廳再依權責不同，設有飲務、餐務、宴會、調理及器皿等內外場單位。

餐飲部提供的客房餐飲服務（Room Service），需與客務部作業流程緊密配合。同時對於各項餐券（Coupon）、飲料、自助餐（Buffet）、招待券（Complimentary）之使用數量控制。並協助重要貴賓（VIP）住宿客房之餐點服務及擺設。

餐廳中器皿的清潔由餐務部（Steward）負責，餐務部同時管理各餐廳器皿的保養及調度。

四、行銷業務部

處理海內外各大公司行號訂房及餐飲等業務之行銷推廣、拓展業績、開發、拜訪、接洽及客戶的安排，並負責旅館對外之公共關係等相關事宜。負責公關業務的人員則與各媒體保持良好互動，促進業務、廣告包裝等工作。

簽約業務的管理是業務部相當重要的工作，業務人員必須規劃適當的住房價格以吸引簽約公司，同時需隨時瞭解住房客人的需求。

與媒體互動是行銷業務部另一項重要的工作，此工作由公關經理負責。公關經理除了每月提出廣告預算，同時與媒體保持良好互動，適時呈現旅館訊息。

美工設計部門會配合旅館內部促銷活動布置場地，是公關部非常好的幫手。

五、財務部

處理飯店財政事務及控制所有營業用收入及支出，一般區分爲應收帳款、應付帳款、成本控制與倉庫管理四部份。

夜間稽核（night audit）每日檢查客房帳目的正確性，同時製作各營業單位的營業報表送交相關部門，提供經營分析之用。

六、人力資源部

負責招募及聘請新僱員及飯店與員工間之關係，頒定相關規章與各項福利措施，同時負責訓練及發展員工各項技能。。

七、採購部

採購部負責旅館內部所需用之物品採購，對旅館內部商品及食材均須具備專業知識，隨時提供市場行情讓主廚瞭解，以利主廚規劃成本。

八、工程部

負責維持旅館內部各項硬體設備之保養與維修工作，使之正常運轉，包括空調、給排水、電梯、抽油煙機、音響、燈光、消防安全系統、冷凍、冷藏庫等設備。

九、安全室

負責維護全飯店客人與員工之安全，安全系統（如閉路監視器）之設置。同時肩負緊急意外事故之處理，與可疑人、事、物之通報與預防，並執行公司紀律、財務安全事宜。

十、執行辦公室

執行辦公室爲總經理及副總經理工作的地方，負責訂定並處理旅館管理的決策。

問題討論

1.請說明旅館內部的組織部門名稱及主要功能。

2.請說明客務部的主要功能。

3.請說明管理契約式連鎖旅館的優點。

4.請說明休閒型旅館的特點。

關鍵字

1.Airport Hotel

2.Boutique Hotel

3.Duty Manager

4.Franchise

5.Front Office

6.Housekeeping

7.Lobby Assistant Manager

8.Lost and Found

9.Management Contract

10.Reservation

11.Resort Hotel

12.Room Service

Chapter 3 旅館資訊系統架構

第一節　旅館資訊系統規劃介紹
第二節　資訊系統的功能
第三節　旅館資訊系統架構介紹
第四節　前檯作業系統
第五節　其他相關系統介紹

學習目標

在激烈的市場競爭環境下，旅館業選擇系統穩定與能夠配合經營模式的系統，配合完善的顧客售後服務機制，能夠節省成本且具競爭力。

在本章中，首先介紹旅館資訊系統規劃的基本概念，並說明各種規劃方式應該注意的重點。其次，介紹旅館資訊系統整體架構對於旅館經營與服務上考慮的因素，讓學習者瞭解旅館如何藉由資訊科技提升服務的觀念；最後介紹旅館資訊系統中相當重要的櫃檯系統架構的分析。

本章旅館資訊作業畫面由靈知科技股份有限公司提供

林老闆接受旅館管理公司的建議，決定善用資訊科技所帶來的益處，讓傳統的旅館事業經營，提升產品與服務的價值創新。經過一番瞭解之後，林老闆認為自行開發設計系統需耗費相當高額的成本，於是決定採行購買一套旅館資訊系統。

在旅館管理公司的安排下，選擇三間資訊公司對林老闆作簡報，林老闆發現視窗介面及多作業終端機可以提高作業產能及效率，林老闆傾向於決定一套視窗介面的系統使用。

另一方面，林老闆擔心系統不符合旅館的特性，對於這個問題，資訊公司允諾將依照旅館經營的考量對系統軟體的功能作個別化的修改與增刪，同時在系統建置完成後，提供各部門服務人員操作系統的訓練，並定期提供軟體更新與維護，及電話諮詢服務。有了這些說明，讓林老闆比較放心，林老闆期待旅館盡速落成。

第一節　旅館資訊系統規劃介紹

對素有「人力密集」特性的觀光旅遊產業而言，在資訊科技硬體成本下降、人力成本上揚、時空距離不斷縮短的環境改變下，資訊技術對各觀光旅遊相關企業體，無論在工作方式、企業結構、經營策略上，均造成相當的衝擊。

飯店進行資訊化的過程中，必須選擇系統穩定與能夠配合飯店經營模式的系統及完善的顧客售後服務機制，尤其在激烈的市場競爭環境下，規劃良好的系統，能夠節省成本且具競爭力。再者，當營業規模逐漸擴大時，系統初期的規劃便顯得相當重要。在建立一個系統的方式上，一般而言，有下列三種方式：

一、系統開發生命周期法（Systems development life cycle；SDLC）

此方法強調「控制」。在系統的發展過程中，有著嚴謹的進行步驟，強調要作詳細的市場規劃、詳細的分析，等待分析完全透徹後，才開始設計程式，最後才推出網站內容。

在每一個步驟未完成之前，建議不進入下一個步驟繼續，而且每一個步驟都要留下完整而清楚的系統發展說明文件。這種方式很紮實，也較費時，有的時候在需求分析報告出來時，需求已經又變了。中小企業以此方法實施資訊化包括下述階段（殷樹勛，1992；陳聰傑，1996；劉聰仁、李一民，2002）：

（一）整體規劃階段

此階段包括：(1)成立資訊化專案小組；(2)擬定資訊化目標；(3)進行資訊化觀念的教育訓練(4)進行作業的調查分析及合理化、確立新表單及流程，並訂定出新的作業程序。

（二）系統設計及軟硬體建置階段

設計及建置階段包括：(1)決定購買取得的方式，包括購買套裝軟體、自行開發、委託開發(2)選用合適的硬體，包括依軟體範圍及目標來選定硬體的大小及多寡、未來發展的擴充性、硬體廠商售後服務及維修能力、配合公司的預算、軟硬體的建置及測試。

（三）系統導入及推動階段

導入階段包括：(1)各階層人員的教育訓練、並行作業處理；

(2)採用人工作業和電腦作業並行處理、新系統的檢討及修正、正式運作及維護；(3)確保循環性及永續性。

二、雛形法（Prototyping）

此法強調「知識」，可以在反覆學習中，瞭解眞正的需求。在系統的發展過程中，很快的發展一個網站，滿足一些初步的需求，藉此經由試用或是市場上的反應，瞭解使用者眞正的需求，再重新調整自己的步調。這種方式第一次推出的系統如果太差的話，反而會造成一個負面的印象。

三、委外發展（Outsourcing）

此方法強調「時效性」與「資源分配」。在系統的發展過程中，直接向軟體公司購買、或委託針對自己特殊需求作出適度修改、或是量身訂做。這種方法很「快速」，同時在「術業有專攻」的今天，企業可以花全部精神在自己的核心企業上，不需發展自己的資訊科技專業。但是自己的網站可能失去「差異性」的競爭優勢，並且失去科技的主控權。

委外發展的過程中選擇專用套裝軟體，較能提高電腦化的成功率，其理由包括：易學易用、人事費用最低、運用彈性高、立即獲得電腦化的效益、投資成本低、投資風險小、售後服務有保障等原因。關於硬體的選擇，商業司也提醒業者：不要貿然追求太新的產品、選購近期內剛好夠用的電腦設備、應考慮產品的穩定性和廠商提供的售後服務。

對於國內國際觀光旅館業資訊系統旅館使用的電腦資訊系統，

其作業系統以WINDOWS（45%）及DOS（24%）所占比率最高，但NOVELL（7%）及UNIX（9%）亦各有少許使用者；系統之設計有38%爲委託電腦公司設計、22%爲購買套裝軟體再予部分變更、19%購買套裝軟體、自行研發僅占7%、與電腦公司共同開發則占9%（林玥秀、劉聰仁，1998）。

而提供系統的資訊公司所提供的服務項目應包括：(1)顧客需求調查；(2)軟體使用訓練；(3)軟體的安裝與設定；(4)電話諮詢服務；(5)軟體維護服務；(6)軟體的更新服務；(7)軟體功能的修改與增刪；(8)電腦化專案輔導服務；(9)整體系統規劃設計服務。

第二節　資訊系統的功能

資訊系統所強調的特性包括組織結構、任務與決策類型、管理支援的本質、將使用系統的員工態度與想法，組織的歷史與外在的環境也應考慮在內。

建置新的資訊系統由於需要組織變革，常較預期的困難。因爲系統改變組織的結構、權力關係、及工作方式等，常引起組織的抗拒。如果資訊系統完整的建置，則可以協助組織與個人的決策。至今，資訊系統是管理上最有效的資訊與決策角色，相同的系統對管理者之間的價值是有限的，組織中高彈性的資訊系統具有較大的功能。

一個企業或組織內各層級資訊系統提供工作人員不同需求的功能，例如行銷與銷售協助公司確認產品或服務、瞭解客人需要、規劃和開發他們需要的產品和服務、藉由廣告和增進這些產品和服務。製造和生產系統處理生產設備的規劃、開發和產品服務；並控制生產流程。財務與會計系統可以持續追蹤資產與現金流量；人力資源系統維護員工基本資料、追蹤工作技能、員工績效、訓練、員工福利及生涯發展。

由競爭力與價值鏈模型爲企業內策略資訊系統確認策略優勢（Porter，1985），競爭力描述企業面對的外在威脅與機會，以致於企業必須發展競爭策略。資訊系統可以對抗新的競爭威脅進入市場，減少替代品的威脅，降低供應商及客人的議價權力，改變傳統競爭中的定位。企業也可以藉由與其他企業分享獲得優勢。價值鏈模型能夠確切地運用資訊科技來提升它的競爭優勢，這個模型強調將公司看作「系列」增加價值的活動。資訊系統爲企業帶來衝擊及增加企業價值（周宣光，2000；Brown and Atkinson，2001）。

然而，並非所有策略系統都能產生效益，有些可能相當昂貴與費力維護。策略的優勢因容易仿效而無法持續更新策略性系統需要持續的組織變革，並且要自某一個社會科技面轉換到其他層面上，策略的轉換相當難達成。資訊科技協助組織簡化生產作業流程，尋找品質基準，改善顧客服務，減少生產時間，改善生產與設計品質（Connolly and Olsen，2001）。

一、資訊系統增進品質

全球性競爭促使公司比以往更重視競爭策略的品質焦點。資訊系統中有許多方法能幫助組織在他們的產品、服務和操作等品質方面獲得更高的水準。

顧客關心有形產品，包括它使用的耐久性、安全、自在的品質。第二，顧客關心服務的品質，他們用藉由廣告的保證、附應，和正在進行的產品支援的精確度與眞實性瞭解品質。最後，顧客的品質概念包括心理方面、公司對產品的知識、銷售、支援職員的禮貌和靈敏性、產品的名譽等，現今越來越專注於全面品質管理的做法。

TQM是由W. Edwards Deming與 Joseph Juran等品質專家發展的品質管理概念中獲得。日本將TQM發揚光大，採用了零缺點的目標，並將改正產品或者服務焦點集中於裝運改進而非在傳送之後。日本的企業賦予實際上製造產品或者服務的人員品質責任。研究顯示：日本企業不僅清晰地把品質方法轉換到作業人員，同時作業人員也增加對品質的重視，並且降低了生產費用。資訊系統能夠幫助公司簡化產品或流程、訂定標準、增進滿足顧客需求、減少生產周期時間，和提高產品的品質。

當資訊系統幫助減少作業步驟時，錯誤的數字將急遽下落，省下製造的費用，並且傳遞更多的利益給顧客。品質管理最有效的步驟之一爲減少生產到結束的周期時間，減少周期的時間通常導致較少步驟。更短的周期意味著錯誤通常能在製程的開始即可掌握，企業流程再造是將周期時間減少一半的生產方法。爲了提供標準更好的資訊，資訊系統專家能夠爲經營者或工作者設計新的系統，以分析現存系統中與品質相關的資料。

二、資訊系統的策略性功能

資訊系統的策略性功能是藉由改變目標、操作、產品、服務，或者對組織的環境關係來幫助它們獲得超越競爭者的優勢。系統甚至能夠改變組織的營運。就集中於長期決策問題的高階管理者而言，策略性層級應該辨識策略性的資訊系統。相較於其他描述的系統，策略性資訊系統深刻地改變了公司營運的方法或公司重要的業務

（顧景昇，1993；楊長輝，1996；劉聰仁、林玥秀，2000；Frey、Susanne、Schegg and Murphy，2003）。

爲了把資訊系統作爲競爭武器，首先必須理解有可能被找到的營運戰略機會在哪裡。競爭力模型和價值鍊模型被用來辨別資訊系統能夠提供超越競爭者的優勢。

Porter（1980）的競爭力模型分析指出，公司營運面對外在的威脅和機會，這些威脅和機會包括市場裡新進入者的威脅、來自代替的產品或服務的壓力、顧客的議價能力、供應商的議價能力、傳統產業競爭者的定位。

藉由提升公司的能力來處理顧客、供應商、代替的產品和服務，以及市場新的進入者已獲得的競爭優勢，使企業在整體產業中和其他的競爭者之間輪流改變競爭優勢。企業用四個基本競爭策略來處理這些競爭力量：包括對顧客和供給者產品區分策略、焦點的區分策略、顧客和供應商緊密的連結、低成本生產導向的策略。公司可以透過進行這些策略其中之一或者同時進行幾個策略來獲得競爭優勢。

此外，公司藉由產品差異化來發展品牌忠誠度，創造獨一無二能夠容易與競爭者區分，而且現存的競爭者和潛在新的競爭者不能複製的新產品和服務。企業能夠用焦點差異化創造新的市場利基，對於能夠以較好的方式來提供一特定目標的產品或服務。公司能夠提供一個特殊化的產品或服務，在這個範圍內的目標市場提供比現存競爭者更好以及讓潛在新競爭者保持距離。資訊系統使公司能夠分析顧客購買模式、品味和偏好，以便公司能夠對越來越小的目標市場做廣告和行銷活動。

在組織內有各式不同的管理層級及操作人員，單一的系統並無法提供所有的資訊給組織內每一位不同需求的人使用，因此將發展不同功能的資訊系統；組織分爲策略管理知識運作等層次，並將組織依功能區分爲行銷、生產作業、財務、會計及人力資源等領域，系統將可依照組織需求而建置。

三、資訊系統的功能

針對現今組織不同目的的使用者，設計五種主要的資訊系統。作業交換系統（Tps）屬於操作階層的系統，例如薪資或訂單處理，記錄企業日常營運交易的資料。知識層級系統協助支援辦公人員、管理人員及專業人員，包括提升資料處理人員生產力的辦公室自動化系統，及強化知識工作者生產力的知識工作系統（KWS）。管理層級的系統（管理資訊系統及決策支援系統）讓管理人員可以存取組織目前的績效報表及歷史資料。大部分的MIS報表是不需深入分析就可從TPS中獲取資訊。而決策支援系統（DSS）則支援獨特、變化迅速、無法事先確定的決策管理。DSS比MIS通常需要同時操縱內部及外部資料，需要高深的分析模式及資料分析能力（周宣光，2000）。

（一）作業交換系統

作業交換系統是組織作業中最基礎的商業系統，是企業運作中最常使用例行性紀錄的電腦化系統，例如銷售紀錄的登錄、旅館訂房系統、付款、員工資料及出貨等紀錄。

在作業層次中，資料的項目、來源、目標將被高度結構化的定義；例如主任必須先確認定義顧客信用情況的資訊內容。作業交換系統功能通常過於集中於業務範疇，或者可能由於其他公司作業聯繫失敗而中斷業務功能。例如聯邦快遞如果沒有包裹追蹤系統將使得業務中斷，航空公司若沒有電腦訂位系統將無法使訂位功能運作。

管理者通常需要作業交換系統以瞭解組織內部運作情形，與組織外部相關的活動，作業交換系統通常也為其他形式的資訊系統製作不同形式的資訊。

（二）知識工作和辦公系統

知識工作系統（KWS）和辦公系統，提供組織知識層集中所需的資訊。知識工作系統支援知識工作者，然而辦公系統主要支援資料工作者（雖然他們也廣大地被知識工作者所使用）。例如工學設計的工作站，增進新的知識和確保新的知識和專業技術完全整合在企業中。辦公系統是一種資訊科技的應用，藉由支援典型辦公室合作和溝通的活動，使不同的資訊工作者、地理單位、機能區域同心協力，來增加資料工作者的生產力。這個系統和顧客、供應商、其他公司外部的組織溝通，而且它就像票據交換所一樣在流動資訊和知識。

典型辦公系統處理和管理文件（透過文書處理一個人電腦發表、影像化文件、數位檔案）編製時間表（透過電子行事曆）和通訊（透過電子郵件語音、郵件或語音會議）。文書處理和建構、編輯、格式化、列印文件的軟硬體有關。文書處理系統在資訊科技中個別運用最常見的代表是辦公事務。桌上排版藉由連結設計元件製圖和特別配置特徵的文書處理軟體的輸出，生產專業的發行品。現在很多公司以網頁的形式發行文件，為了使文件更容易擷取和分送。文件影像系統是另一個廣泛地用於知識應用的例子，文件影像系統將文件和影像轉換成數位的形式，以利於被電腦儲存和擷取。

（三）管理資訊系統

管理資訊系統（MIS）適用於組織中的知識層級，用報表或線上擷取的方式提供管理者組織現在的執行績效和歷史紀錄。基本上，此系統只適合對於企業內部的情況下而非環境或外部的事件。MIS主要提供知識層級規劃、控制和決策的功能。

MIS就公司基本營運提出報告和概述，資料來自TPS的基本處理資料，通常在定期的計劃表上被提出來。

大部分的MIS使用簡易的例行程序，例如摘要和對照。通常MIS提供管理者感興趣的每周和每年的決議，而非逐日的活動。一般而言，管理資訊系統提供了預先被設定加以說明的問題例行答案，並以事先定義的流程來答覆這些問題。例如MIS的報表可能會列出一家速食連鎖店使用的四分之一萵苣葉總磅數，與達到既定目標的特殊產品之全年總銷售額做比較。

（四）決策支援系統

決策支援系統（DSS）也適用於組織中的管理層級。DSS幫助管理者預先做唯一、快速改變、不易加以說明的決策。他們提出爲達成尚未預先定義的解決方案的流程，雖然DSS從TPS和MIS使用內部資訊，有時，他們通常從外部資源，例如競爭者目前的股價或產品價格來獲得資訊。

DSS讓使用者能夠直接用它來工作，DSS明顯地比其他系統擁有強大的分析能力。DSS擁有了多樣性的模型去分析資料，以能被決策者分析的形式來濃縮大量的資料。

（五）高階支援系統

ESS被設計作爲合併外部事件資料的工具，同時也從內部的MIS和DSS獲得概述的資訊。高階管理者使用高階支援系統（ESS）來作決策。高階管理者提出需要判斷、評估和洞察力的非例行的決策。ESS創造普遍化的計算和通訊環境，而非提供任何固定的應用或專門的能力。藉由過濾、壓縮和追蹤關鍵性資料，強調要求獲得對執行有幫助的資訊，其所需之時間和努力的變換。

許多DSS設計成高度分析，而較少使用在分析模型。不同於資訊系統的另一些類型，ESS並非主要被設計來解決專門的問題。ESS反而提供普遍化能夠應用於改變問題排列的計算和通訊能力。ESS有助於回答：我們應該涉入什麼企業？競爭者在做什麼？

資訊科技可用於不同的產品，科技可以創造新商品及服務，提高顧客與供應商的轉置成本，降低企業內營運成本，選擇企業競爭優勢的專用科技是一項重要的決策。爲了讓資訊能夠容易在組織不同的部分流動，每一個組織都必須衡量系統整合的困難程度。管理的職責是爲企業發展策略與品質標準，管理決策關鍵包括確認競爭策略、資訊系統價值鏈上提供的最大效益、品質改善的主要領域。從交易處理到知識管理及決策管理，組織有不同的資訊系統，以服務不同的功能。每種系統提供不同的策略工具，系統明顯地增加企業競爭優勢，全面品質管理需要組織不斷地變革。

第三節　旅館資訊系統架構介紹

旅館資訊系統（Property Management Systems；PMS）架構設計，包括電子鎖系統、話務系統、前檯作業系統（例如：訂房系統、接待系統、前檯出納系統、會員服務系統等）、餐飲資訊系統，行政支援作業系統（例如：業務、人事薪資系統、採購系統等）。整體旅館資訊系統包括提供以下作業功能及服務功能的效益：

一、安全的維護

旅館必須建立一套周全的安全制度，以便讓員工和客人免於恐懼，旅館的財務也從而獲得保障。以下將詳述旅館安全管理的特點與制度之建立（阮仲仁，1991；姚德雄，1997；黃惠伯，2000）。資訊系統有助於降低住宿不安全因素，提高服務水準。

凡是進住旅館客人，在遷入登記時須驗證有效身分證、護照或外國人居留證等，並由櫃檯接待人員登記後，發給旅館住宿證（Hotel Passport），對未持證件登記者，旅館得以婉拒。

旅館透過電子鎖系統對於旅客的住宿安全及隱私提供進一步的維護；電子鎖除了可以管制住宿區域住客的進出管制之外，在旅館客房中均設有電子保險箱，供客人存放貴重物品的保管，可交由櫃檯出納負責處理。貴重品的保管，無論在櫃檯或客房，可以有效遏止竊盜事件之發生。

此外，透過電子鎖系統預防竊盜事件是客房安全的重要工作。發生在旅館客房的偷竊事件主要與住客、外來人員及員工有相當關

係。所有客房鑰匙均置於櫃檯，當客人辦完住宿遷入手續後，分發給客人使用，退房遷出時交回給櫃檯或於退房後即刻失效。鑰匙控制良好可減少竊盜事件發生，當員工發現住客把鑰匙插在門鎖外，鎖匙要及時取出並交給櫃檯保管，客人返回飯店後始交予客人。

此外，旅館作業人員因公務之需，例如工程部人員、行李員需進入客房，均須由房務員開門，如果客人外出，房務員要待該員工完成任務後方可離開。

二、整合運用服務規劃

飯店營業時，旅客需要一舒適又能提供充分休閒及商務機能的住宿環境。由住房到休息型態均提供快速登錄資料功能，規劃中並結合電話計費及POS系統，而旅客資料在系統中詳盡的資料，能提供下次住宿時，快速呼叫出旅客與廠商簽約資料。例如：

（一）話務服務

電話總機服務爲住宿客人提供與外界方便暢通的通訊聯絡服務。旅館總機的服務員是不和客人見面的，所以總機人員的服務態度、語言藝術和操作效率決定整個話務的工作品質，深深影響旅館的形象和聲譽。話務系統可以視服務需求提供鎖住與開放的功能（圖3-1）：

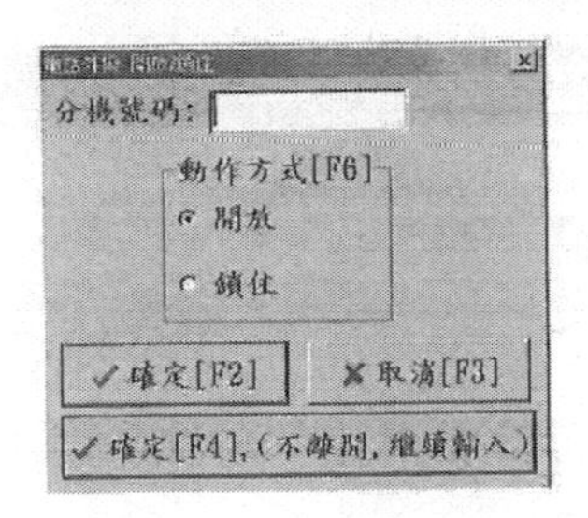

圖3-1　旅館內客房分機鎖住與開放功能

資訊系統同時提供計費功能，可以統計各客房撥出電話費用，方便旅客結帳的時候瞭解費用明細（**圖3-2**）。

日期	使用時間	分機	電話號碼	成本	收入	合計	種類	外線	接收時間
2003/11/19 12:[illegible]	00:00:29	168	0913863281	5.6	2.8	8	行動	0150	2003/11/19 12:
2003/11/19 13:31:00	00:00:49	168	22111278	1.6	0.16	2	市內	0151	2003/11/19 13:
2003/11/19 14:27:00	00:02:08	168	0939248681	16.8	8.4	25	行動	0151	2003/11/19 14:
2003/11/19 14:40:00	00:00:31	168	0919031200	5.6	2.8	8	行動	0150	2003/11/19 14:
2003/11/19 14:52:00	00:02:01	168	0952934138	16.8	8.4	25	行動	0151	2003/11/19 15:
2003/11/19 14:56:00	00:01:55	168	0933793844	11.2	5.6	17	行動	0150	2003/11/19 15:
2003/11/19 15:02:00	00:00:19	168	0916546005	5.6	2.8	8	行動	0150	2003/11/19 15:
2003/11/19 15:04:00	00:01:00	168	0916996413	5.6	2.8	8	行動	0151	2003/11/19 15:
2003/11/19 15:08:00	00:01:37	122	23593979	1.6	0.16	2	市內	0150	2003/11/19 15:
2003/11/19 15:26:00	00:00:08	168	0921382579	5.6	2.8	8	行動	0150	2003/11/19 15:
2003/11/19 15:38:00	00:04:04	168	0921769402	[illegible]	14	42	行動	0151	2003/11/19 15:
2003/11/19 17:08:00	00:00:57	222	0923511356	5.6	2.8	8	行動	0151	2003/11/19 17:
2003/11/19 17:09:00	00:00:22	222	0916996413	5.6	2.8	8	行動	0150	2003/11/19 17:
2003/11/19 17:11:00	00:00:30	222	0911448028	5.6	2.8	8	行動	0151	2003/11/19 17:
2003/11/19 17:12:00	00:00:14	222	0911448028	5.6	2.8	8	行動	0150	2003/11/19 17:
2003/11/19 17:13:00	00:00:58	222	0916996413	5.6	2.8	8	行動	0151	2003/11/19 17:
2003/11/20 11:18:00	00:00:04	168	0225064606	1	0.5	2	長途	0150	2003/11/20 11:
2003/11/20 11:19:00	00:00:09	168	0225064606	1	0.5	2	長途	0150	2003/11/20 11:
2003/11/20 11:20:00	00:01:08	168	23593979	1.6	0.16	2	市內	0150	2003/11/20 11:
2003/11/20 11:21:00	00:04:48	168	0928901790	28	14	42	行動	0151	2003/11/20 11:
2003/11/20 12:27:00	00:01:01	168	0225064606	2.1	1.05	3	長途	0150	2003/11/20 12:
2003/11/20 13:25:00	00:00:32	122	26328500	1.6	0.16	2	市內	0151	2003/11/20 13:
2003/11/20 13:26:00	00:00:28	168	0225064606	1	0.5	2	長途	0150	2003/11/20 13:
2003/11/20 13:27:00	00:00:11	168	0225064606	1	0.5	2	長途	0151	2003/11/20 13:
2003/11/20 13:42:00	00:00:06	168	0933814804	5.6	2.8	8	行動	0151	2003/11/20 13:
2003/11/20 15:44:00	00:00:24	122	26328500	1.6	0.16	2	市內	0150	2003/11/20 15:

圖3-2　旅館內客房電話費用明細查詢

計費系統也可以統計旅館內通話支出費用（**圖3-3**）：

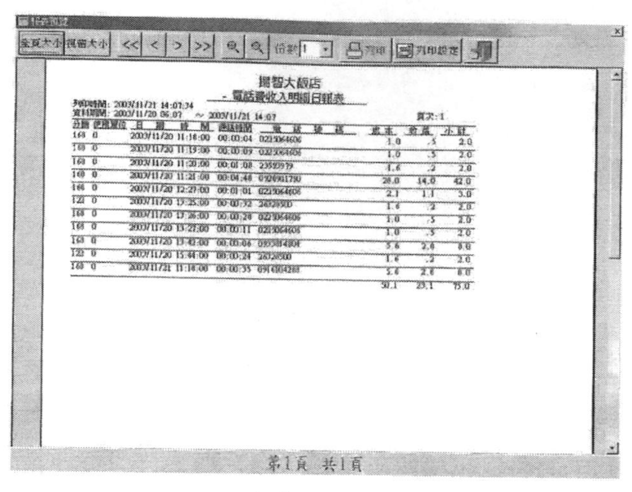

揚智大飯店

- 電話費收入明細日報表

列印時間：2003/11/21 14:07:34

資料期間：2003/11/20 06:07 ～ 2003/11/21 14:07　　頁次：1

分機	使用單位	日期 時間	通話時間	電話號碼	成本	[illegible]	小計
168	0	2003/11/20 11:18:00	00:00:04	0225064606	1.0	.5	2.0
168	0	2003/11/20 11:19:00	00:00:09	0225064606	1.0	.5	2.0
168	0	2003/11/20 11:20:00	00:01:08	23599939	1.6	.2	2.0
168	0	2003/11/20 11:21:00	00:04:48	0926901730	28.0	14.0	42.0
166	0	2003/11/20 12:27:00	00:01:01	0225064606	2.1	1.1	3.0
122	0	2003/11/20 13:25:00	00:00:32	26328500	1.6	.2	2.0
168	0	2003/11/20 13:26:00	00:00:28	0225064606	1.0	.5	2.0
168	0	2003/11/20 13:27:00	00:00:11	0225064606	1.0	.5	2.0
168	0	2003/11/20 13:42:00	00:00:06	0935814804	5.6	2.8	8.0
122	0	2003/11/20 15:44:00	00:00:24	26328500	1.6	.2	2.0
168	0	2003/11/21 11:18:00	00:00:35	0914804288	5.6	2.8	8.0
					50.1	23.1	75.0

第1頁 共1頁

圖3-3　旅館內客房通話費用

住客常會依賴總機話務提供的留言服務與晨喚服務。有些旅館客房內有讓住客自行設定晨喚時間的裝置，但仍有不少旅館須由總機做晨喚的服務。旅館向客人提供晨喚服務的方式有兩種：(1)人工晨喚[1]（Manual Wake-up Calls）：話務人員必須深切瞭解晨喚服務的重要性，如果疏於服務而使客人睡過頭，可能影響其既定的行程。所以接到人工的晨喚要求，則必須記錄下來，問明客人房號和晨喚時間，並複述以示無誤。有些客人會賴床或睡得很沉，如電話響而無回答，三分鐘後須再晨喚一次，如果再無答應，則應報告大廳副理前去房內處理。(2)自動晨喚（Automated Wake-up Call System）：當客人提出晨喚要求時，必須正確記錄客人的姓名、房號和晨喚時間。然後把晨喚訊息輸入自動晨喚電腦，客房電話將按時鈴響喚醒客人。話務員核對列印記錄，檢查晨喚工作有否失誤；旅客若設定自動晨喚服務但無人應答時，可用人工晨喚方法再晨喚一次。

註1每天晨喚記錄的資料應予以存檔備查。

（二）詢問服務

櫃檯詢問服務（Concierge）的稱呼，起源於歐洲的旅館，即服務（Service）的意思。在美國，櫃檯服務稱爲資訊提供服務中心（Information Center），或稱之爲Uniform Service，其主要工作包括機場接送客人、行李服務、機票代訂、機位確認、提供館內外訊息、委託代辦服務、留言服務、客人郵件處理、客房鑰匙管理工作。

此外協助訪客查詢住客資訊是常見的詢問項目之一，爲訪客查詢的基本前提是不涉及客人隱私。櫃檯詢問處經常有外來客人查詢住店客人的有關情況。查詢的主要內容包括：(1)有無此人住宿旅館；(2)住客是否在房內（或在旅館內）；(3)住客房間號碼。

旅館從業人員對旅客的資料需要盡保密義務；外客來館查詢時，應先問清來訪者的姓名，依訪客查詢住宿客人的房號，然後打電話到被查詢的住客房間，經客人允許後，才可以告訴客人房號，或由住客直接告知其客人。如果住宿客人不在，爲確保客人的隱私權，不可將住客房號告訴來訪者，也不可以讓來訪者上樓找人。

（三）信件與傳眞服務

旅館資訊系統可以記錄旅客郵件的處理 、收發傳眞記錄，根據收件人的姓名查核電腦資料，看看人名是否與住宿客相吻合。其次把傳眞文件送至客人房內。

（四）留言服務

無論櫃檯或總機人員接到外來電話，應表現出電話禮節及熱誠，但仍應維護客人的安全和隱私，不隨便透露住客房號和姓名。對不在房間的客人，可留言告知房客並打開留言燈。在設有自動化系統的旅館裡，電腦終端機與各房間電話均有連線，只要總機接通房間的電話，電腦會自動開啓電話留言燈。

當客人回房後，看到留言燈閃亮，即知有信件或留言，便會要求櫃檯送至客房裡，或親自取回。也有旅館能將外客留言顯現在電視的螢幕上，住客可以方便地收視留言內容。

比較進步的爲語音信箱系統（Voice Mailboxes），能夠錄下外客的留言。外客只須在電話中說出留言內容，語音信箱便自動錄下外客的語音。住客回房時被留言燈示知後，只要撥特定的電話號碼，便可連接語音信箱，聽取留言內容。

三、及時互動訂房的競爭優勢、即時獲得營業資訊

旅館資訊系統中前檯作業系統能與訂房程式連結，將飯店前檯的空房數依一定的設定比例，提供至網站供網友線上訂房。24小時全年無休的網路線上訂房，降低人力、時間成本，同時可與著名旅遊網站連結，將無限拓展飯店業務，提高住房率及知名度，進而提升飯店營收。 同時，旅館資訊系統可以提供詳盡之報表，作爲經營管理者深入瞭解與分析飯店經營現況並作爲決策參考，其他如旅客和簽約客戶資料，提供行銷業務推廣人員作爲行銷或促銷活動之目標對象。

四、人性化設備

PMS硬體設備的安裝是依照旅館規模和所需使用的程度而定，小型旅館可能僅需要一部電腦就足夠儲存及處理旅客和房間資料，並提供管理階層所需要的相關報表；而中大型旅館就需要利用內部

網路來連結不同的部門，架設伺服器用來儲存軟體及檔案，同時提供多工使用。

此外，圖形化介面及多作業終端機則提高旅館資訊系統（Property Management System，PMS）作業產能及效率，UNIX-based system和SQL databases更是受歡迎的工作環境，提高全球資訊流通及可攜帶性。

以視窗（Windows）爲基底的PMS系統，具有友善介面、彈性及整合性，能夠相容於不同的平台，將會是未來的趨勢，視窗介面與快速鍵設計，使用者無須記憶大量秘訣或需要長時之教育訓練，任何人經過短時間教學後便能操作本系統，並可結合會計系統、人事系統、備品系統甚至未來餐廳之點餐系統，使得飯店整體透過完整的系統串聯，達到即時之目的，並提高競爭力。

第四節　前檯作業系統

旅館作業系統中最重要的是前檯電腦作業系統，因爲這個系統必須處理旅客住宿的所有資料，爲了使旅館正常運作，櫃檯服務人員必須對此系統相當熟悉。一般而言，櫃檯系統包括以下功能：

一、基本資料管理

提供飯店房間基本資料設定（**圖3-4**），例如：房價、房型、等級…等。

（一）房間基本資料設定

進入基本資料設定畫面中，可以設定房間基本資料：

圖3-4　旅館資訊系統客房基本資料設定

在進入基本資料區域設定中，系統操作者可以輸入所需要的各項資料，如此，對於房間狀況一目了然，方便使用者對房間設定各項資料（**圖3-5**）。

房號	房間設備	等級	可住人數	樓層	住宿價	休息價	住加價	休加價一	休息加價二	用
001	單仁房	S1	1		800	300	100	100	100	
002	單人房	S1	1		800	300	100	100	100	
003	單人房	S1	1		800	300	100	100	100	
005	單人房	S1	1		800	300	100	100	100	
006	單人房	S1	1		800	300	100	100	100	
007	單人房	S1	1		800	300	100	100	100	
008	二小床	SP	2		2600	700	100	100	100	
009	雙人房	D	2		1600	300	100	100	100	
010	雙人房	D	2		1600	300	100	100	100	
011	雙人房	D	2		1600	300	100	100	100	
012	二小床	TW1	2		1600	400	100	100	100	
101	雙人房	S	2		2000	800	100	100	100	
102	雙人房	S	2		2000	800	100	100	100	
103	雙人房	S	2		2000	800	100	100	100	
105	雙人房	S	2		2000	800	100	100	100	
106	二大床	DT	2		1600	600	100	100	100	
107	二大床	DT	2		1600	600	100	100	100	
108	二大床	DT	2		1600	600	100	100	100	

圖3-5　旅館資訊系統客房基本設定

爲了節省設定同等級房間時，因爲同樣設定動作過於繁多，系統設計了「等級修改」功能，系統操作者在設定完一組資料後，只要點選畫面，「依等級修改」鍵，輸入欲修改等級，即可快速設定所有同等級的房間內容。

（二）消費科目設定作業

在基本資料功能表下拉表單中，選擇「消費科目設定」（**圖3-6**），即可以看到消費科目設定的畫面：

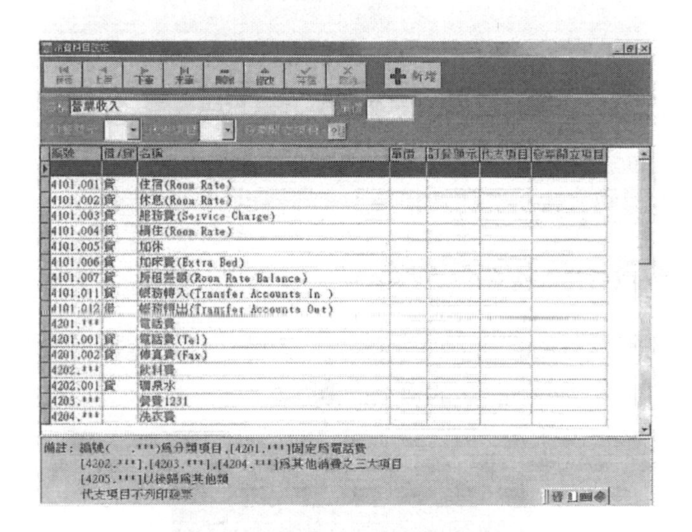

圖3-6　旅館資訊系統消費科目設定

如果需要更改設定，可以選擇「上筆」、「下筆」功能鍵來更改內容，或選擇「點選新增」功能鍵，即可以輸入增加的消費科目（**圖3-7**）：

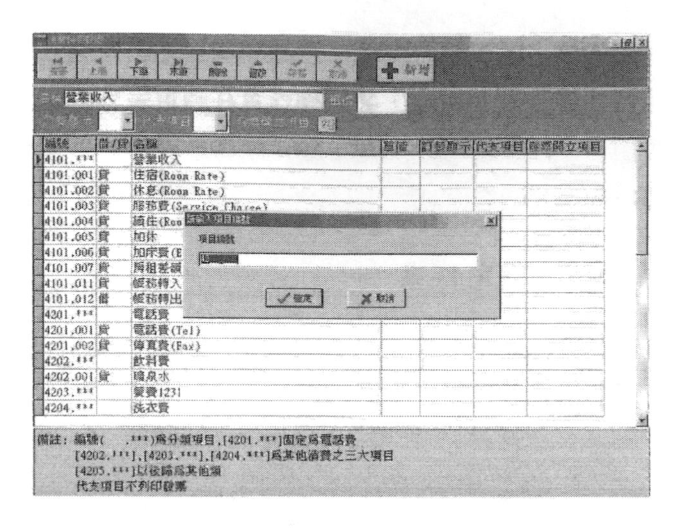

圖3-7　旅館資訊系統消費科目增刪

輸入完畢之後，選擇「存檔」功能鍵即可完成設定。

（三）信用卡科目設定作業

在基本資料功能表下拉表單中，選擇「信用卡科目設定」，即可以看到信用卡科目設定的畫面（**圖3-8**）：

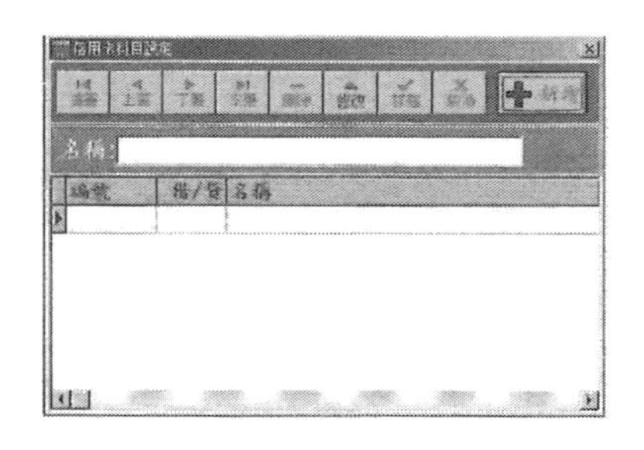

圖3-8　旅館資訊系統信用卡科目設定

如果需要更改設定，可以選擇「上筆」、「下筆」功能鍵來更改內容，或選擇「點選新增」功能鍵，即可以輸入增加的消費科目，輸入完畢之後，選擇「存檔」功能鍵即可完成設定。

（四）等級房價設定作業

在基本資料功能表下拉表單中，選擇「等級房價折扣表」，即可以看到房價折扣設定的畫面（**圖3-9**）：

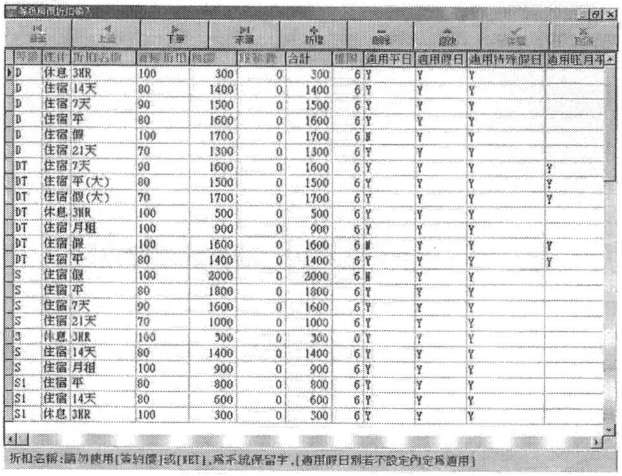

等級	性質	折扣名稱	房價折扣	房價	服務費	合計	權限	適用平日	適用假日	適用特殊假日	適用旺月平
D	休息	3HR	100	300	0	300	6	Y	Y	Y	
D	住宿	14天	80	1400	0	1400	6	Y	Y	Y	
D	住宿	7天	90	1500	0	1500	6	Y	Y	Y	
D	住宿	平	80	1600	0	1600	6	Y	Y	Y	
D	住宿	假	100	1700	0	1700	6	N	Y	Y	
D	住宿	21天	70	1300	0	1300	6	Y	Y	Y	
DT	住宿	7天	90	1600	0	1600	6	Y	Y	Y	Y
DT	住宿	平(大)	80	1500	0	1500	6	Y	Y	Y	Y
DT	住宿	假(大)	70	1700	0	1700	6	Y	Y	Y	Y
DT	休息	3HR	100	500	0	500	6	Y	Y	Y	
DT	住宿	月租	100	900	0	900	6	Y	Y	Y	
DT	住宿	假	100	1600	0	1600	6	N	Y	Y	Y
DT	住宿	平	80	1400	0	1400	6	Y	Y	Y	Y
S	住宿	假	100	2000	0	2000	6	N	Y	Y	
S	住宿	平	80	1800	0	1800	6	Y	Y	Y	
S	住宿	7天	90	1600	0	1600	6	Y	Y	Y	
S	住宿	21天	70	1000	0	1000	6	Y	Y	Y	
S	休息	3HR	100	300	0	300	6	Y	Y	Y	
S	住宿	14天	80	1400	0	1400	6	Y	Y	Y	
S	住宿	月租	100	900	0	900	6	Y	Y	Y	
S1	住宿	平	80	800	0	800	6	Y	Y	Y	
S1	住宿	14天	80	600	0	600	6	Y	Y	Y	
S1	休息	3HR	100	300	0	300	6	Y	Y	Y	

折扣名稱:請勿使用[簽約價]或[NET],為系統保留字,[適用假日別若不設定內定為適用]

圖3-9　旅館資訊系統客房等級房價設定

系統使用者可以在功能表中，選擇所需房間等級後，輸入房間折扣；如果需要修改設定內容，可以選擇「上筆」、「下筆」功能鍵來更改內容，或選擇「新增」或「刪除」功能鍵，即可以更動設定。輸入完畢之後，選擇「存檔」功能鍵即可完成設定。

（五）上線人員設定作業

在基本資料功能表下拉表單中，選擇「上線人員設定」中「新增人員密碼」（**圖3-10**），即可以設定系統使用人員名稱、使用者權限、密碼等設定的畫面：

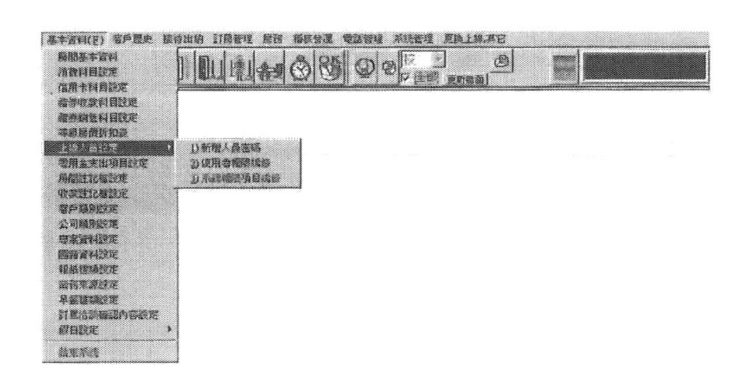

圖3-10　旅館資訊系統上線人員權限設定

系統使用者可以在功能表中，選擇「新增使用者」功能鍵（**圖3-11**）：

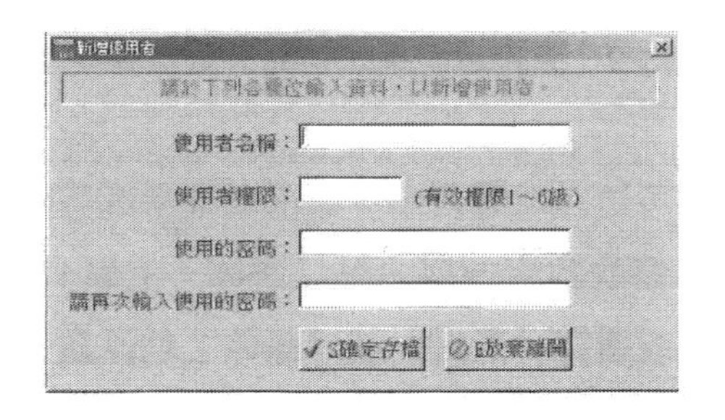

圖3-11　旅館資訊系統上線人員增刪設定

輸入相關資料即可以更動設定。當資料輸入完畢之後，選擇「確定存檔」功能鍵即可完成設定。

對於進入系統的使用者，可以規範他的使用者等級，使得不同職務的工作人員，有不同使用權限。在基本資料功能表下拉表單中，選擇「上線人員設定」中「使用者權限編修」，及可以設定系統使用人員的權限等級：

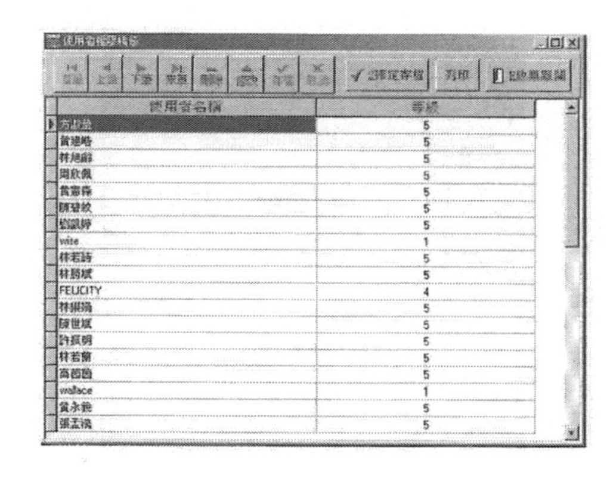

圖3-12　旅館資訊系統上線人員權限異動設定

輸入相關資料即可以更動設定。當資料輸入完畢之後，選擇「確定」功能鍵即可完成設定。

系統必須定義每一個權限的內容，使該權限的工作人員，可以存取不同的資料或報表。在基本資料功能表下拉表單中，選擇「上線人員設定」中「系統權限項目編修」，就可以規範設定各權限等級的使用內容。

在系統權限項目編修表內，依序輸入開放等級的使用權限；「0」爲關閉該權限使用，「1」爲開放該權限使用；如果需要修改設定內容，可以選擇「上筆」、「下筆」、「新增」或「刪除」功能鍵，即可以更動設定。當資料輸入完畢之後，選擇「存檔」功能鍵即可完成設定。

（六）零用金支出項目設定

在基本資料功能表下拉表單中，選擇「零用金支出項目設定」（**圖3-13**），即可以設定零用金支出項目。

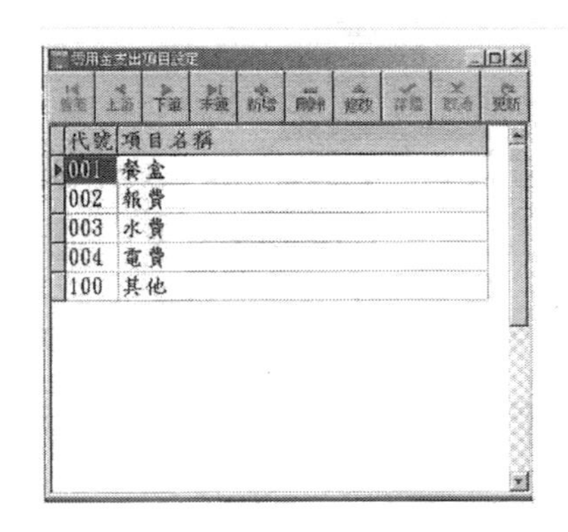

圖3-13　旅館資訊系統零用金科目設定

在功能表中，選擇「新增」功能鍵，新增零用金支出；如果需要修改設定內容可以選擇「上筆」、「下筆」、「新增」或「刪除」功能鍵，即可以更動設定。當資料輸入完畢之後，選擇「存檔」功能鍵即可完成設定。

（七）房間註記檔設定

在基本資料功能表下拉表單中，選擇「房間註記檔設定」，即可以設定房間註記。

圖3-14　旅館資訊系統客房註記資料設定

在功能表中，選擇「新增」功能鍵，新增房間註記檔設定；如果需要修改設定內容可以選擇「上筆」、「下筆」、「新增」或「刪除」功能鍵，即可以更動設定。當資料輸入完畢之後，選擇「存檔」功能鍵即可完成設定。

(八) 客户類別設定

在基本資料功能表下拉表單中，選擇「客戶類別設定」(**圖3-15**)，即可以設定客戶類別。

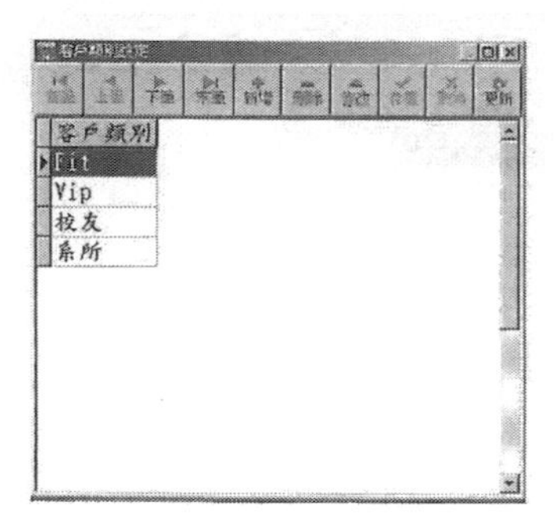

圖3-15　旅館資訊系統客戶類別設定

在功能表中，選擇「新增」功能鍵，新增客戶類別設定；如果需要修改設定內容可以選擇「上筆」、「下筆」、「新增」或「刪除」功能鍵，即可以更動設定。當資料輸入完畢之後，選擇「存檔」功能鍵即可完成設定。

（九）套裝住房設定

在基本資料功能表下拉表單中，選擇「套裝住房設定」，即可以設定套裝住房內容。

在功能表中，選擇「新增」功能鍵，新增套裝住房項目與內容；如果需要修改設定內容可以選擇「上筆」、「下筆」、「新增」或「刪除」功能鍵，即可以更動設定。當資料輸入完畢之後，選擇「存檔」功能鍵即可完成設定。

（十）專案資料設定

在基本資料功能表下拉表單中，選擇「專案資料設定」（**圖3-16**），即可以設定專案資料。

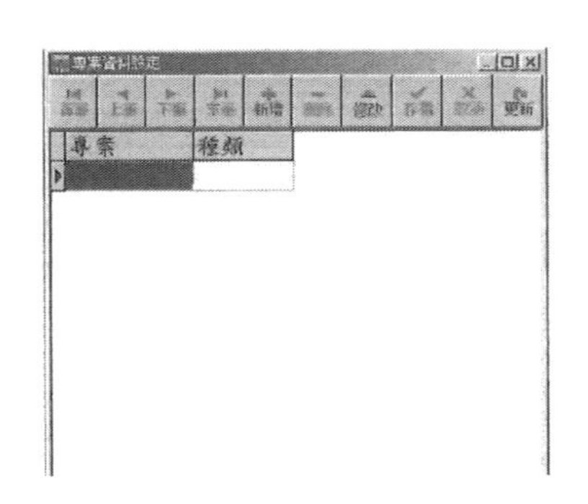

圖3-16　旅館資訊系統專案資料設定

在功能表中，選擇「新增」功能鍵，新增專案資料設定；如果需要修改設定內容可以選擇「上筆」、「下筆」、「新增」或「刪除」功能鍵，即可以更動設定。當資料輸入完畢之後，選擇「存檔」功能鍵即可完成設定。

（十一）國籍資料設定

在基本資料功能表下拉表單中，選擇「國籍資料設定」（**圖3-17**），即可以設定國籍資料分類。

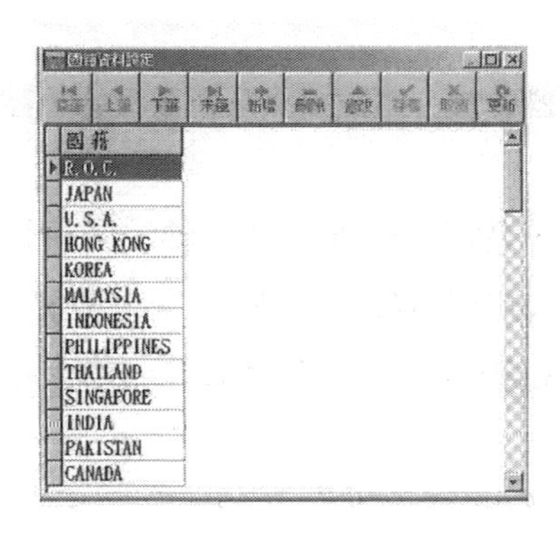

圖3-17　旅館資訊系統旅客國籍資料設定

在功能表中，選擇「新增」功能鍵，新增國籍資料設定；如果需要修改設定內容可以選擇「上筆」、「下筆」、「新增」或「刪除」功能鍵，即可以更動設定。當資料輸入完畢之後，選擇「存檔」功能鍵即可完成設定。

（十二）報紙種類設定

在基本資料功能表下拉表單中，選擇「報紙種類設定」（**圖3-**

18），即可以設定報紙種類。

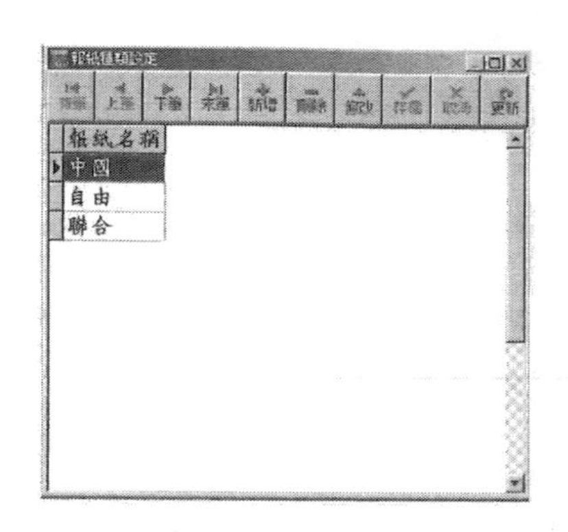

圖3-18　旅館資訊系統客房報紙設定

在功能表中，選擇「新增」功能鍵，新增報紙種類設定；如果需要修改設定內容可以選擇「上筆」、「下筆」、「新增」或「刪除」功能鍵，即可以更動設定。當資料輸入完畢之後，選擇「存檔」功能鍵即可完成設定。

（十三）業務來源設定

在基本資料功能表下拉表單中，選擇「業務來源設定」（**圖3-19**），即可以設定業務來源分類。

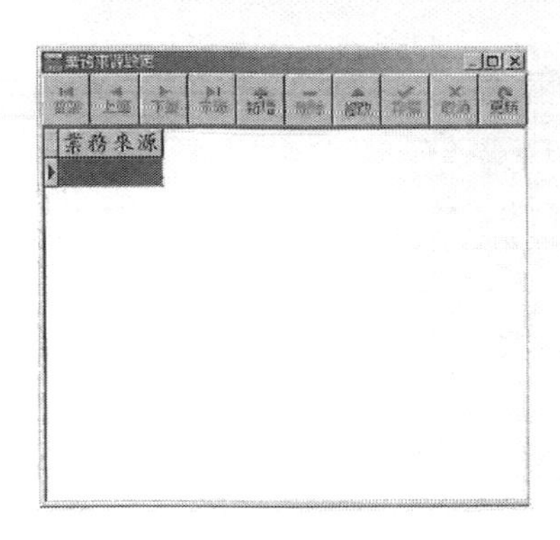

圖3-19　旅館資訊系統業務來源設定

在功能表中，選擇「新增」功能鍵，新增業務來源設定資料；如果需要修改設定內容可以選擇「上筆」、「下筆」、「新增」或「刪除」功能鍵，即可以更動設定。當資料輸入完畢之後，選擇「存檔」功能鍵即可完成設定。

設定基本資料檔案，方便服務人員運用系統功能，對於旅客住宿遷入、住宿過程中與退房等過程中，各項資訊功能的操作。

二、客戶歷史資料管理

由此功能新增、修改、刪除、查詢客戶歷史資料（**圖3-20**），內容包括姓名、電話、住址、公司名稱、客戶影像圖檔…等。

系統同時可查詢客戶住宿歷史資料，內容包括前次房號、累計消費金額、前次住宿日期、前次房價、住宿天數、累計天數…等。旅館作業中有關客戶歷史資料管理相關的服務內容與系統操作請見第六章。

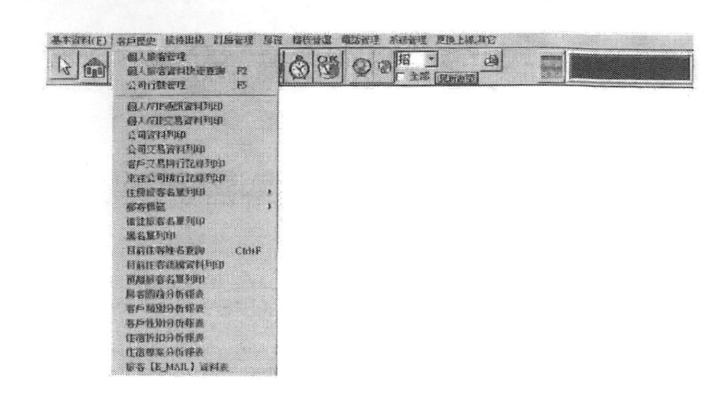

圖3-20　旅館資訊系統客戶歷史資料設定

三、訂房作業管理

不論個人或團體，若採取預訂房間方式，則可選擇此功能做顧客房間的登錄管理（**圖3-21**），待訂房客戶抵達時，便可立刻轉爲住房，並提供取消訂房功能。可新增、修改、刪除、查詢訂房客戶基本資料及訂房記錄。需有訂金收取功能，並可查詢已訂房未收訂金或已訂房未確認的名單。

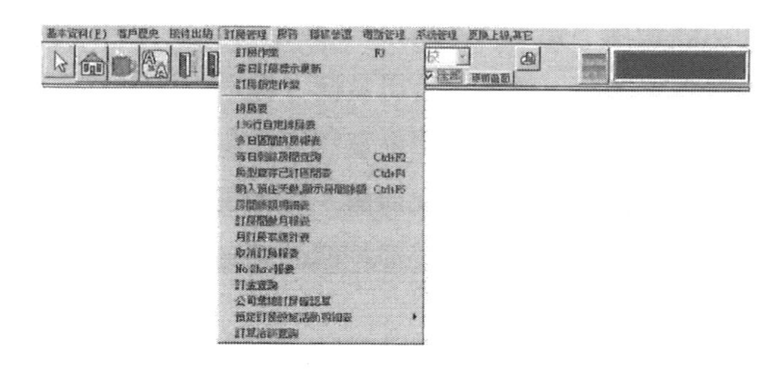

圖3-21 旅館資訊系統訂房作業管理

系統提供可查詢排房狀況、每天剩餘房間、各種房間型式訂房狀況、排房表。此功能同時提供多種方式快速查詢訂房記錄功能，例：以「住房日期」、「客戶姓名」等輸入查詢。若與網際網路線上訂房資料做即時的接收與回應，需爲同一個資料庫。旅館作業中有關訂房作業管理相關的服務內容與系統操作請見第五章。

四、接待管理

主畫面需顯示目前房間狀態，以利櫃檯掌握房間狀態，內容包括住宿、休息、待打掃、打掃中、修理中…等（**圖3-22**）。主畫面提供系統目前訊息查詢，例：住宿逾時提前通知、住宿時間到期通知…等。櫃檯人員各班別的交班作業報表，內容包括班別、日期時間、收入金額及付費方式、住宿消費金額、交接事項…等。系統可執行換房功能，並可選擇依照原房間價格或新房間價格來計算。

此外，系統可以管理個人旅客、公司行號、旅行社等個人及團體的資料。並可列印郵寄標籤、目前住宿名單。旅館作業中有關接待作業管理相關的服務內容與系統操作請見第六章。

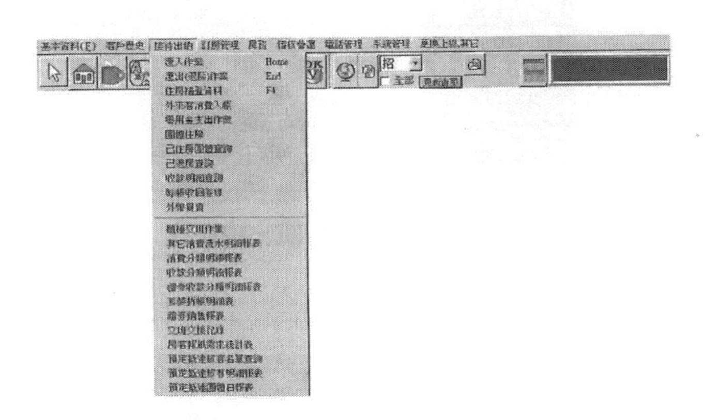

圖3-22 旅館資訊系統接待管理

五、出納管理

主畫面顯示項目需可以依使用者需求彈性調整，內容包括姓名、房號、房間等級、未付金額、進退房日期及時間、備註…等（圖**3-23**）。由此功能可辦理櫃檯現場個人及團體的進房及退房作業，及補記錄住宿旅客的基本資料、各項消費項目。退房時可選擇不付清費用，系統會記錄明細，並隨時可查詢列印某客戶在某區段日期未付清的金額明細及可做帳款收回的輸入消帳。

系統並提供發票開立功能，可設定發票開立項目、發票作廢設定、發票開立明細表及查詢功能。旅館作業中有關出納作業管理相關的服務內容與系統操作請見第七章。

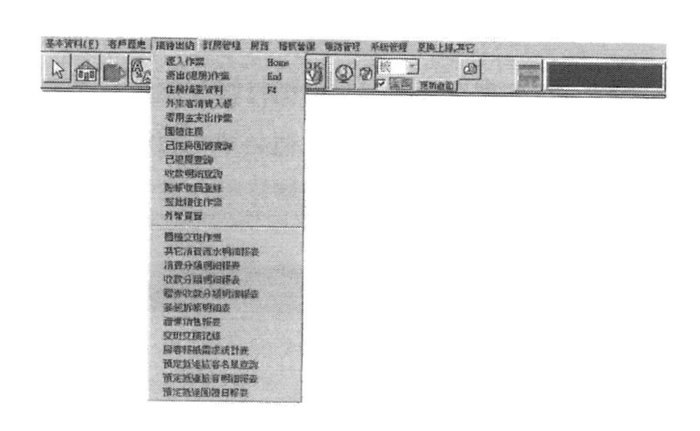

圖3-23　旅館資訊系統出納管理

六、房務管理

可查詢目前各類客房型態數量，目前空房報表，每日客房明細（**圖3-24**）。由主畫面即可得知，目前房間狀態，如：空房、待打掃、清理中、修理中，櫃檯人員可明確掌握所有房間，以利於銷售及排房。旅館作業中有關房務管理相關的服務內容與系統操作請見第六章。

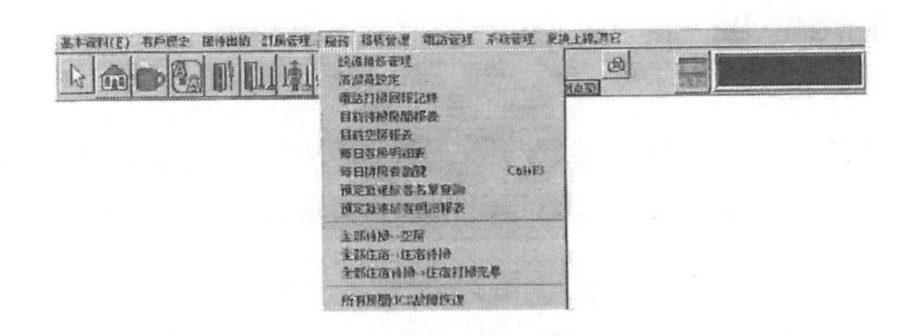

圖3-24　旅館資訊系統房務管理

七、稽核作業

提供各操作者在使用本系統時，操作稽核作業各項功能時的記錄（**圖3-25**），例如：進出系統時間、密碼及權限修改、客戶資料刪除、消費資料刪除，換房、取消住房、取消退房等。旅館作業中有關稽核作業管理相關的服務內容與系統操作請見第七章。

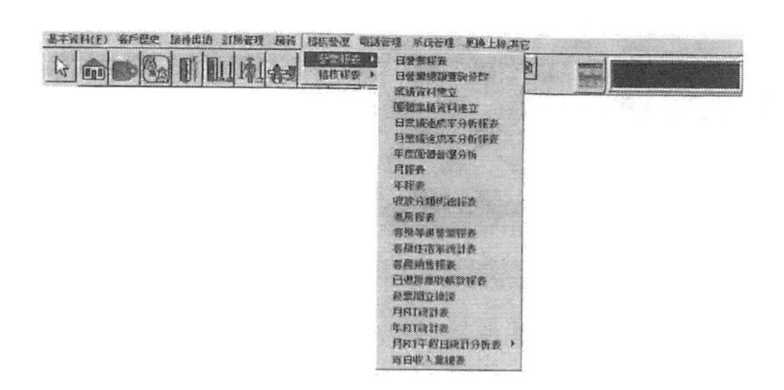

圖3-25　旅館資訊系統稽核管理

八、電話管理

櫃檯辦理住、退房作業時，可由系統直接控制房間電話自動開關機。由此功能可查詢飯店內最近撥出的電話、各房間撥出電話明細、電話歷史資料查詢。提供電話費收入日報表與電話費收入損益分析表。提供電話資料清檔作業（**圖3-26**）。各旅館可自由設定打市內電話、國內長途、國際電話、行動電話時欲收取之服務費及結帳方式。

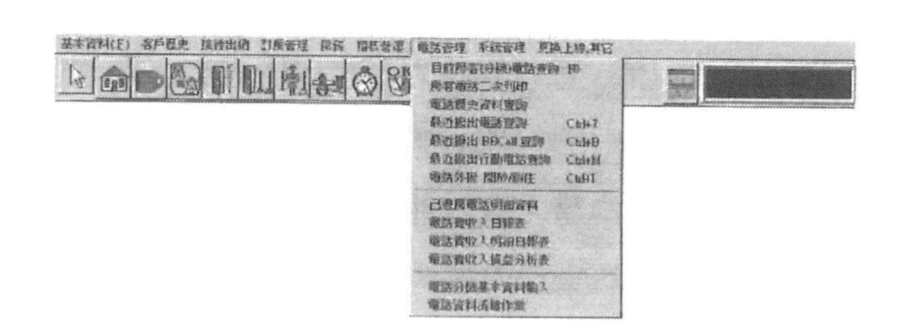

圖3-26 旅館資訊系統客房電話管理

九、營運管理報表

營運管理報表提供收款分類明細表、客房住宿率統計表、及依照日、月、年分類之營業報表（**圖3-27**）。旅館作業中有關營運管理報表內容與系統操作請見第四章。

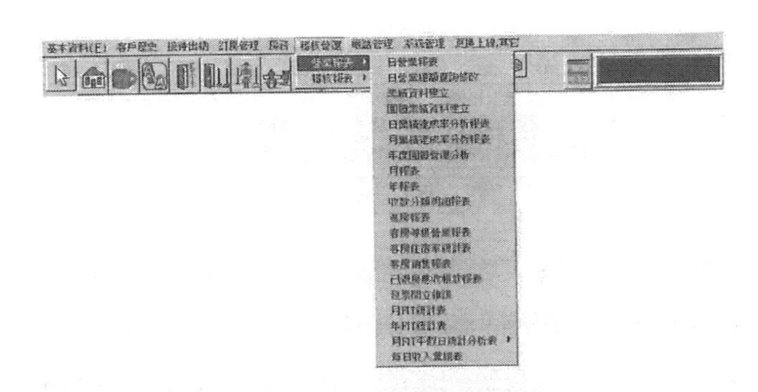

圖3-27　旅館資訊系統營業報表管理

十、系統管理

此功能須經由權限的設定來控制操作的人員（**圖3-28**），提供過期歷史資料刪除，刪除項目有：住房紀錄、系統事件記錄、日營業統計、交接班記錄…，及系統參數作業等設定工作。

圖3-28　旅館資訊系統管理設定

第五節　其他相關系統介紹

除了櫃檯系統之外，餐廳管理系統也是協助旅館管理的重要工具之一。各旅館依其餐廳的數量與規模，在系統設計上將有出入；此外某些大型設有中央廚房的旅館，其系統複雜程度將增加。

採購作業系統協助旅館採購與庫存備品，此系統提供使用者廠商名單、詢價紀錄及進貨作業管理等功能。財務作業系統提供管理者總帳、應付及票據等功能；人事薪資系統提供管理者員工出勤紀錄、薪資及員工基本資料等功能；然而因爲各國稅法及勞工法令的不同，國內引進旅館資訊系統時，多將此二系統分開採購。

面對二十一世紀的到來，在業務競爭及人力成本高漲聲中，旅館利用電腦來管理，可以提升旅館的工作效率，將是必然的途徑。對於中小型旅館而言，即使面臨企業資訊化迫切的程度不若大型旅館來得緊迫，卻也無法避免這股潮流（Van Hoof, et al,1995）。

過去國內中小型旅館的經營環境不像現在這般競爭，一來旅館規模較小，對於資訊化的需求不高，二來是導入系統將使得營運成本提高，旅館資訊系統中許多功能根本不會用到，對中小型旅館而言，實在無法應用。。

資訊軟體公司所開發的系統內容多是依照國際觀光旅館等大型旅館的需求而設計，系統包羅萬象及龐雜，因此如果旅館資訊系統設計除了能考慮到較大型旅館的需求之外，同時能夠將管理系統拆成多個單元系統，旅館僅針對本身管理上的需求來安裝數個單元系統，在經費上較能負擔，管理及運作上也能更加順暢。開發一套低成本多功能的旅館電腦資訊系統，將來能夠逐步擴充，較爲可行。旅館資訊系統是未來的趨勢，每間旅館都應該瞭解其必要性及所帶來的效益。

問題討論

1.請說明資訊系統規劃的基本概念，並說明各種規劃方式應該注意的重點。
2.請說明旅館資訊系統整體架構及資訊系統設計上對於旅館經營與服務上考慮的因素
3.請列舉旅館資訊系統中相當重要的櫃檯系統架構中五項功能。

關鍵字

1.Concierge
2.Hotel Passport
3.Outsourcing
4.PMS
5.SDLC

Chapter 4 房價組成與通路管理

房價結構與旅館營業績效息息相關，瞭解房價的形式與價格策略是本章的學習重點。

在本章中，首先介紹旅館客房商品與房價結構的形式，並說明每一種價格的意義，學習者可以藉由瞭解不同型態旅館所提供的價格資訊，同時規劃旅館資訊系統中的價格種類。

其次，本章說明旅館思考商品價格策略與通路管理所考慮的因素，讓學習者瞭解旅館如何呈現價格資訊及對於通路與旅客間的影響。

安琪想安排年假到普吉島度假，於是上網查詢各網路旅行社的價格，發現Grant Hyatt Hotel有淡季促銷套裝行程，房價較平常節省35%，如果預定住套房，還可以享受延後退房的禮遇，算一算這個促銷行程相當合理。

爲了求謹愼起見，安琪寫了一封電子郵件向旅館詢問是否還有更優惠的價格。旅館收到安琪的電子郵件之後，立刻回覆安琪可以嘗試由旅館的網站上中瞭解不同的促銷方案，有些房間價格同時享有免費早餐。

安琪經由分析不同的價格包裝內容，爲自己預訂了一間套房，期待假期盡速來臨。

Mr. Smith受邀到J & Js公司演講，並且將做爲期15天的業務拜會，業務部章小姐替Mr. Smith安排至公司往來的簽約旅館，同時告知該旅館簽約代號，並請該旅館註明所有房帳由J & Js支付。

該旅館透過歷史資料瞭解Mr. Smith已經住滿100晚，除了依照往例贈送早餐與每日免費清洗三套衣物之外，預計此次將爲Mr. Smith客房升等。

第一節　客房商品與房價的型式

最近幾年來，餐旅業急速成長，旅館相繼林立，彼此的競爭越來越激烈，相對的顧客的選擇也越來越多。一項美國對於旅館業的調查顯示：近年來房價因國際通貨膨脹而調整二至六次。在1975年美國平均房價爲US$17.29，在2000年時平均房價爲US$89.76，成長了6.81%，以相同的成長率計算：在25年後房價變爲US$465.98，這將是極爲驚人結果。分析其中原因包括通貨膨脹、較高的運作成本、勞資提高以及對於飯店住宿需求提高，所以對於房價建立需更加注意（Kimes and Wagner, 2001）。

使旅館房價攀升的因素之一是國家經濟本身。在1990年代晚期，世界經濟呈現出非戰時期經濟繁榮的景象。經濟繁榮的結果即造成通貨膨脹的發生，意即相同的商品，卻必須支付更多的金錢去購買或獲得；或是相同的金額，卻只能購買到較少的商品。這樣的結果造成在消費價格提升的困窘，而整個旅遊產業已經在過去幾年經歷了價格方面的通貨膨脹。旅館房間訂價就可表現出全面經濟的微觀世界。

經濟繁榮代表著商業活動的盛行，不論是國內各縣市間的商業交易，亦或是國際貿易的展開。爲了商業活動而產生的單純商務行程或是利用工作閒暇之餘多停留幾日的商業旅遊者日益增加，相對的也提升了對旅館客房的需求。除此之外，在經濟繁榮的非戰環境下，人們有更多可自行支配的金錢，並且隨著生活水準的提高，人們對於休閒生活更加重視，大量的家庭旅行者或單獨旅行者便隨之產生，於是對於旅館房間的需求相對提高。

爲了回應此項需求，旅館業已經開始在一個狂熱的速度下建造許多的新興旅館。雖然，現今旅館業有更多的房間可供顧客使用，但相對於房間的需求，也比以前高得很多；房間的需求增加，當然就表示有較高的平均價格。在競爭如此激烈的旅館業中，每家旅館不論大小，都要求以最小化的經營成本，能得到最大化的競爭優勢。在面對競爭者時，唯有提高旅館本身從硬體到軟體各項設施，以及在人事訓練上的加強，提升服務的品質，才能有最基本的競爭優勢。然而在做出這些提升要件時，成本的支出是不可少的，除此之外，爲了提供更好的服務，旅館業需要提供許多額外的服務，例如

：接送顧客、代訂服務等來爭取顧客的認同，而這些考量都會造成營運成本的增加。

相對地，顧客要前往某一區域的旅館時，勢必會考慮許多的因素，像是旅館的地點、房間的型態和提供的服務等等。但是當鄰近地區的兩個旅館，房間的型態相類似，所提供的服務也一致時，顧客會如何選擇呢？「價格」勢必成爲旅客最在意的因素（Canina、Walsh Enz，2000；Hanks、Cross and Noland，2002；Quan，2002）。當各方面條件相類似的旅館，能夠讓顧客有所選擇時，都會選擇價格較低的旅館。而當不同旅館，所提供給顧客的服務不同時，顧客又會如何去選擇呢？這種情形就複雜了許多，也是必須謹愼思考的。

一、客房商品

客房是旅館提供客人的主要產品，客房設備、清潔維護程度，亦是影響客人再度選擇住宿的重要關鍵因素之一。瞭解客房的基本配置可以提供客人適當的房間，爲滿足旅客住宿的需求，旅館客房設計通常分爲：睡眠休息區、活動區與衛浴區。

（一）睡眠休息區

此區域內最重要的產品是睡眠所需的床[1]。Westin國際連鎖旅館更是以天堂之床（Heavenly Bed）爲廣告，強調其客房產品的舒適

註1在選用床的硬度上，目前旅館大多傾向採用偏硬的床墊，若客人提出要求，則可加上軟床墊提供給客人。在保養並考慮延長床的使用壽命方面，則要注意定期翻轉床墊，以使得床的各位置受力平均，翻轉的週期則視房間的使用率之高低而定，一般翻轉床墊的週期是三個月。

性。床是客房內主要提供給客人的產品，不同尺寸的床可以區分成不同型態的客房，旅館內常見的床尺寸包括：

1.單人床（Single Bed）

這種床的尺寸爲寬（910～1100）× 長（1950～2000）mm，若以英制計算，則爲36 × 75英吋。一般房間中設置二張單人床而成的雙人房，在英文中稱這種房間爲Twin Room，中文也稱爲雙人房。

2.雙人床（Double Bed）

這類型床的尺寸爲寬（1370～1400）× 長（1950～2000）mm，若以英制計算，則爲54 × 75英吋。一般多爲房間中設置一張雙人床而成的雙人房，在英文中稱這種房間爲Double Room，中文也稱爲雙人房。有些豪華的旅館以這種尺寸規劃的單人客房，中文也可稱爲單人房。

如果一個房間內配置二張Double Bed，則稱這種房間爲Double-Double Room、Twin-Double Room、或Quad Room，這類型的房間通常提供給全家同時旅遊的客人使用，或同時可以容納四位客人區住，中文也稱這類型的客房爲家庭房或四人房。

3.半雙人床（Semi-Double Bed）

這種床的尺寸爲寬（1220～1500）×長（1950～2000）mm；一般依照客房面積的大小，而和Double Bed 或Single Bed搭配組合運用。

4.大號雙人床（Queen-Size Bed）

這種床的尺寸爲寬（1500～1600）× 長（1950～2000）mm；若以英制計算，則爲60 × 82英吋。有些豪華的旅館以這種尺寸規劃成不同型式的單人或雙人客房，甚至設計在套房內，以不同的房價提供給不同需求的客人，中文可稱爲單人房或雙人房。

5.特大號雙人床（King-Size Bed）

這種床的尺寸爲寬（1800～2000）× 長（1950～2000）mm，若以英制計算，則爲78 × 82英吋。有些豪華的旅館以這種尺寸規劃成不同型式的雙人客房或套房，以不同的房價提供給不同需求的客人。

6.摺疊床（Extra Bed）

此類型的床多爲活動式設計，目的爲彌補客房內原有床位設計的不足之處，而彈性地提供客人所需，一般摺疊床的尺寸爲Single Size Bed。如果將此類型的床與室內裝潢（例如衣櫃、或牆壁）合併設計，英文稱爲Murphy Bed；與沙發合併設計稱爲Sofa Bed，此種設計可以使客房內空間在白天活動與夜晚睡眠時，做不同的利用，讓室內空間富有變化。

旅客在使用這類型的床，若是因爲住宿人數增加，通常需要額外付給旅館費用。

7.嬰兒床（Baby Cot）

這類型的床是專爲嬰兒設計，提供給嬰兒使用。

另外，與床息息相關的寢具產品包括睡枕、床單與和被褥等寢具。旅館內睡枕的材質可分爲乳膠枕[2]和與羽毛枕，床單多爲棉質設計，被褥則有毛毯與羽毛被[3]兩種設計。

床的型式、大小依各飯店選擇各有不同，床的二旁有床頭燈及電源開關的設計，讓客人方便在不下床的情況下，利用安裝在床頭櫃上的電器開關開啓電視、收聽音樂、開關電燈等。

（二）活動區

活動區配置的小圓桌（或小方桌）、扶手椅，供客人休息，兼供客人飲食的功能，客人在此進餐；另一重要活動功能之區域為書寫工作之書桌區域。

書寫空間大都安排在床的對面，備有檯燈，如果不設獨立電視櫃的房間，彩色電視則放在桌檯一側的檯面上。在桌檯的牆面上裝有梳妝鏡，新的商務型旅館特別強調此工作檯的設計，同時配有印表機或便於使用網路的設備。

若為套房設計，活動區的空間則與睡眠休息區有所區分，也更保有休息的私密性，許多企業老闆、高階主管、婚禮的新人，或是長期居住於旅館內的人，都喜歡選擇此類型的客房。

（三）衛浴區

浴室是客人住宿期間常接觸的環境空間，某些旅館將套房式的化妝室中裝有電視、音響設備等，以提供客人更舒適的空間。

註2乳膠枕的優點為以透氣乳膠層氣泡子結合多孔設計，能大幅地提昇散熱通風效果，使枕內溫度保持涼爽，乾燥之舒適觸感；由於天然乳膠產品不含任何化學雜質，彈性自然均勻，且固定性佳，提供相當堅挺的支撐性，可保睡姿安穩舒適；同時經過防霉防菌處理，不會滋生病菌，同時表面清潔容易，不易殘留污穢雜質，可常保清潔，遇熱燃燒不會產生毒氣體。

註3羽毛被與睡枕的內部材料則採用精選白色水鳥羽絨或鵝絨。此類型睡枕質地輕柔，其纖維中具有千萬個會呼吸的三角形氣孔及表層防水油質，因而可隨外界氣溫及濕度之變化，自動調整，於是吸收來的水分得以迅速發散掉。羽毛絨可隨溫度的變化，自然收縮膨脹，隔絕冷空氣的入侵，立即暖身並保持適當溫度，沒有燥熱的感覺，許多精緻的旅館多以採用此類型的寢具，而放棄傳統的毛毯。

客房浴廁間的主要設備包括浴缸、洗臉盆和坐廁（馬桶）。新式的旅館則還設有獨立的淋浴空間。洗臉盆檯面上擺著供客人使用的清潔和化妝用品。洗臉盆檯兩側的牆壁上分別裝有不鏽鋼的毛巾架、浴室電話和吹風機，馬桶旁裝有捲紙架。

浴室內的浴袍及相關備品也是旅館彰顯尊貴的表徵；許多國際級的旅館均選擇高級品牌如GUCCI、NINA RICCH等產品，TIFFANY也為半島酒店製作專屬產品。備品強化的方式，可由備品的設計及提升備品的品質著手，如提供女性旅客專用的備品，或將備品的商標與國際觀光旅館的名稱同時印於備品上，讓旅客感受到備品的價值。

由於旅館等級與價位的不同，配備用品的種類多寡，質與量均有顯著差別。高級旅館的客房配備顯示其華麗名貴的配備，價位較低的旅館配備則較簡單，只求衛生與方便。

二、客房的訂價政策（Pricing Strategy）

（一）擬定合適的房價的重要性

旅館在訂定房價時，所要考量的因素相當的多，像是經營的成本、顧客的滿意度等。旅館以服務客人為主要任務之餘，公司營利目標也是一個相當重要的指標，因此，所有的旅館都希望能用最少的資本，提供給顧客最滿意的服務，又能賺取最大的利潤。而該如何制定適當的房價，則是不可或缺的重要環節。當我們站在顧客的角度時，該訂定怎樣的價格，才是顧客最滿意的呢？當房價過高時，會先讓顧客產生怯步的心理，倘若所提供的服務又達不到顧客原本的期待時，顧客失落的程度就會更高，也會對飯店產生相當不良的印象；當房價過低時，固然滿足了消費者的經濟訴求，但顧客也會思考房價爲何會如此低的原因，可能是旅館的品質不好或是所提供的服務不夠周到等。所以飯店要吸引消費者的第一步，就是先擬定合適的房價。

一個正確適當的房間訂價，是經濟手段，也是行銷手法以及工具之一。正確適當的房間訂價，必須要能低到容易去吸引和招攬客人，有意願來預訂房間或消費。在此同時，也必須要考量到經濟因素和效益。房間的訂價即使低廉但也要能夠獲得一定的利潤。

一個正常的飯店通常也會有正常的房價結構，每位經理人都要面對這個問題。這是很複雜的，因爲房價反映出市場和成本、投資和回收、提供和需求、便利性和競爭，還有管理的素質。房價須能涵蓋成本、能有利潤，以及能吸引顧客上門，可是實際上要達到卻是非常的困難的。計算和決定房間訂價不能只是單單用電腦程式設計的公式去計算，還是要加入現今顧客的消費模式來大膽推測，以管理人的直覺和經驗，猜測顧客們所想要的是什麼樣的商品。其中，也包含無法數據化和實質化，量化的顧客心理因素所造成的選擇效應，才能夠定訂出一個眞正適當又迎合顧客需求的房間訂價。

適當的房價不僅僅能吸引顧客，也是顧客接受並願意付的價格。或許，對於這位顧客來說，會覺得房價太高而不願意訂房，可是對其他的客人而言，也許會覺得價錢太低而不願意消費(O'Connor，2003；O'Neill，2003)。房間的訂價會讓人有許多的想像空間，如同前文所提，房價太高的房間，會使顧客在心中先有個幻想或是憧憬，顧客會因此有更高或更大的期待和盼望，也許會想，是不是這個房間裡頭有一些特別好的或是有其他功用效能的設備。所以，當期望不如所想像的好，顧客們便會覺得失望，或許，更進一步的覺得，飯店或是旅館有誇大不實以及太過自負的嫌疑；而房價太低的房間，則會使客人聯想到，是否是比較不好的房間，或是粗劣簡陋的設備，或是服務品質不良等這方面的想法。所以，在房間訂價的方面，飯店或是旅館，都必須要仔細的考慮到任何一項相關的因素，才能定出符合顧客心理以及經濟需求的最適當房價，同時兼顧到營運收入和利潤的獲得（Smith and Lesure， 2003）。

（二）旅館制定房價的常用公式

訂定房價是件複雜、困難又耗時的工作，因此飯店業者發展許多不同的公式，訂定房價，節省時間與其他成本的支出。在制定房價的過程中，有哈伯特公式、面積計算法、及建築成本公式等法則。當平均房價低於理想房價時，表示高低價位的房價，缺乏差異性，會使前檯員工無法推銷高價位房間。所以飯店每隔一段時間，要對顧客作調查，才能瞭解顧客的需求，掌握市場的趨勢。

1.面積計算法（Square Foot Calculation）

以成本的觀點而言，面積計算法是將全部房間的總成本除以飯店的總面積，能得知一個標準面積的成本。再以房間的面積，乘以標準面積成本，即可得知房價，如此一來就能依房間的大小來制定房價。

2.建築成本公式（the Building Cost Rate Formula）

建築成本公式在1947年被提出，至今仍被普遍使用。平均房價是建築成本的千分之一，例如一棟250間房間數的旅館，總成本是$14,000,000，經過計算後，平均房價是$56。（計算公式：總成本 ÷ 房間數 ÷ 1,000）。除此之外，整修費用及新建娛樂場所費用亦遵守1：1,000的原則。所以當建築成本增加時，房價也會跟著漲價。一般來說，土地和建築成本高的話，可以朝減少人力成本或是改善設計來抵消；如果是財務成本高的話，那就要朝低成本路線走。唯有降低總成本，房價才能壓低，也才具有競爭力。這二種計算法則較為簡單，但缺乏考慮消費者市場的特性。而哈伯特公式（the Hubbart Room Formula）是將基本費用、成本如：土地成本、建築成本店租、勞工、保險、稅金、維修保養費等的總和，加以計算並評估，即可得到平均房價。但此方程式只能算出大概的平均房價，不能得知不同等級房間的房價差異，因此發展出另一個更準確的計算程式。

3.理想房價（the Ideal Average Room Rate）

另外一個計價方式是理想房價，例如在住房率80%的情況下，每一種類型房間的住房率也是80%，那麼這就是一個ideal room。這個計價方式可以幫助管理者調整價格，如果真實的平均房價都高於ideal rate，就表示旅館可以將房間類型和價格往上調整；如果平均房價都低於ideal rate，表示低價和高價的房間沒有明顯的區別，所以房客不願意付較多的錢去住較貴的房間，因為並沒有比較特別。所以對較好的房間，佈置、陳設都要有別於普通的房間。不過有時候，這種情形會跟前檯的推銷技巧有關。前檯是向房客推銷較貴房間的最後機會，不同的產品搭配好的推銷術，可以增加賣出中高級房間的機會。

當顧客在挑選同樣為高價位且沒有其他附加價值的房間時，他們會選擇較低價位的。事實上，如果較好的房間有某些附加價值，例如較好的採光或是較新的家具，而相同房間種類中缺乏如此對照條件的房間，則在櫃檯容易成為比較賣不好的房間。

在櫃檯時的住房登記意味著這是最後向顧客賣出較昂貴房間的機會。好的銷售模式會結合差異化的產品而帶給飯店一個增加中級與高價位房間銷售量的好機會。像是這樣的促銷（Up-selling）意見，「您已預訂了我們的標準客房，您知道只要再多12美元，我將可以幫您升等至全新裝潢的豪華客房並免費優待您一份歐式早餐。」用較關心客人的方式使客人滿意。

（二）旅館房價

客房的訂價政策（Pricing Strategy）將決定旅館每日的平均房價及旅館整體營收的高低。由行銷策略的觀點而言，客房價格的訂定應考慮整體市場需求及供給的程度、營運所需的成本、季節性波動對旅館營運影響等因素。訂價策略包含產品定價、不同市場的優惠價格及季節性的折扣價格等，以下僅就各類價格逐一說明。

1.定價（Rack Rate）

一般而言，旅館均會區分為各式不同等級的客房，並收取不同的價格，藉由房價表（Tariff）標示讓客人瞭解，此價格稱為定價。房價表除了說明不同等級客房之定價外，同時會說明加床（Extra Bed）、服務費（Service Charge）、稅（Tax）及相關的住房訊息等。

2.簽約公司價格（Cooperation Rate）

商務型旅館為吸引商務人士經常往返出差之需，通常與各公司簽訂不同等級的優惠房價。此優惠房價將依公司每年平均住房數量及預估住房成長比例訂定，而每年將檢討修訂契約之優惠價格。

3.旅行社優惠價格（Travel Agent Rate）

許多大型的旅館及住宿波動性明顯的旅館，為提高住房率，與各旅行社簽訂優惠的旅行社優惠價格，以吸引團體旅遊的市場。此價格因牽涉到旅行社佣金的計算及團體旅遊市場套裝行程（Tour Package）的安排，在折扣上均給予相當大的彈性，同時亦會給予住宿旺季與淡季不同的優惠條件。**圖4-1**爲網路旅行社提供的優惠房價。

圖4-1　網路旅行社提供的優惠房價

資料來源：易遊網。

4.季節性折扣（Seasonal Rate）

在住宿明顯波動的旅遊地區，通常會制定兩種不同的優惠房價，以吸引客人在住宿淡季時前往。例如在台灣墾丁地區，因氣候的限制，影響住宿的明顯起伏，各旅館會給予不同的季節性折扣（**圖4-2**）；在台北都會區到了聖誕節前後，因國際性商務旅客返家過聖誕節，旅館住房率因而下降，在此季節即會針對另一目標市場即本國旅客，提供優惠的住房折扣。

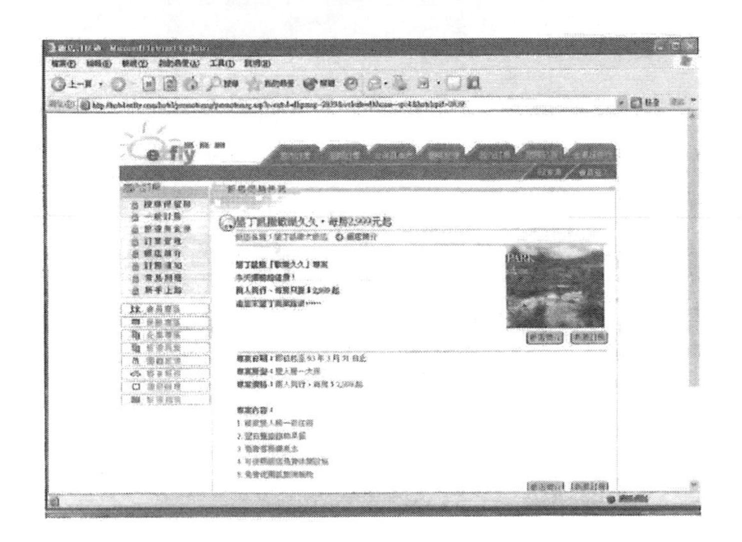

圖4-2 網路旅行社提供的優惠房價

資料來源：易飛網。

5.限時折扣優惠（Time-Limited Rate）

基於網際網路的發展，同時旅館客房產品爲不可儲存的特性，某些旅館於各旅遊網站上，會提供各種不同程度的限量搶購客房的訂房訊息。此類提供預訂的房間，通常僅限訂購當晚或近期即將住宿的客房，優惠的程度多低於定價的五折，以吸引臨時出差洽公的商務旅客，或時常瀏覽網路，瞭解網路競爭型態的客人。

6.員工價格（Employee's Rate）

連鎖性的旅館，通常會提供所屬員工特別優惠的住房價格。例如凱悅集團提供所屬員工，每年一次至連鎖旅館免費的住宿優待，長榮旅館連鎖系統提供員工至連鎖旅館優惠房價。

7.免費住宿（Complimentary Rate）

旅館總經理或高階主管會對重要的客人給予完全免費的住房禮遇，有些重要客人甚至連餐飲消費均給予完全免費招待。免費住房可視為對潛在客人的行銷工具之一，旅館中僅總經理或副總經理等才擁有此權限。

8.常見的計價房式

如果將餐點成本與住房費用同時考慮，一般旅館常見的計價方式包括：

(1)歐式計價方式（European Plan，EP）：只有房租費用，客人可以在旅館內或旅館外自由選擇任何餐廳進食。如在旅館用餐則餐費可記在客人的帳上。

(2)美式計價方式（American Plan，AP）：亦即著名的Full Board，包括早餐、午餐和晚餐三餐。在美式計價方式之下所供給的餐食通常是套餐，它的菜單是固定的，不另外加錢。

(3)修正的美式計價方式（Modified American Plan，MAP）：包含早餐和晚餐，這樣可以讓客人整天在外遊覽或繼續其他活動，毋需趕回旅館吃午餐。

(4)歐陸式計價方式（Continental plan）：包括早餐和房間價格。

(5)百慕達計價方式（Bermuda plan）：住宿包括全部美國式的早餐。

(6)半寄宿（*Semi-Pension or Half Pension*）：與MAP類似。有些旅館業者認爲是同類型的旅館。半寄宿包括早餐和午餐或是晚餐。

旅館的計價方式在近年來已成爲行銷策略一部分，例如針對不同的目標市場所規劃的特惠專案，餐點部分即成爲包裝的一部分。在旅館內部的資訊系統設計中，旅館業者將會針對不同房間型態設定專屬的房價結構，以便資訊系統處理相關的訊息（請參見第三章）。操作人員可以進入「房間基本資料」之項目，設定房間價格。當進入基本設定之後，可以設定不同的房間價格，本案例中設計住宿與休息不同的價格。此外，還可以針對不同的服務對象、住宿條件或市場區隔提供不同的優惠折扣。

電子商務的時代來臨，旅館視網路爲其通路之一，旅館業者藉由不同通路提供不同的房價給予客人；同時，旅客可以透過網路查詢各家旅館的房價表，瞭解不同型態客房的房價，同時也可以查詢到不同旅館的即時房價。例如旅館可以透過連鎖旅館的網站，輸入希望查詢旅遊目的地的旅館。可以依照輸入的條件，例如抵達的日期與預定離開的日期，尋找適當的住房產品與價格資訊。

旅館會依照適合的住房型態，並且提供旅客可以考慮的房間型態及其價格，同時會說明相關的設施說明與服務提供，讓旅客一目了然。

第二節　旅館產品的價格策略

旅館業爲資本與勞力密集的行業，且受限於產品無法儲存的特性，住宿需求受季節、經濟等環境影響，容易形成住房淡旺季之差異，對營業收入而言，造成相當大的影響。由行銷的角度而言，在適當的時間內，提供適當的商品組合，吸引客人前來住房、用餐，是每一位旅館經營者所需要關心的。另外，許多旅館除了發展簽約公司的制度之外，也會同時以會員服務制度吸引再度住宿（Return Guest）的忠誠度（**圖4-3**）。

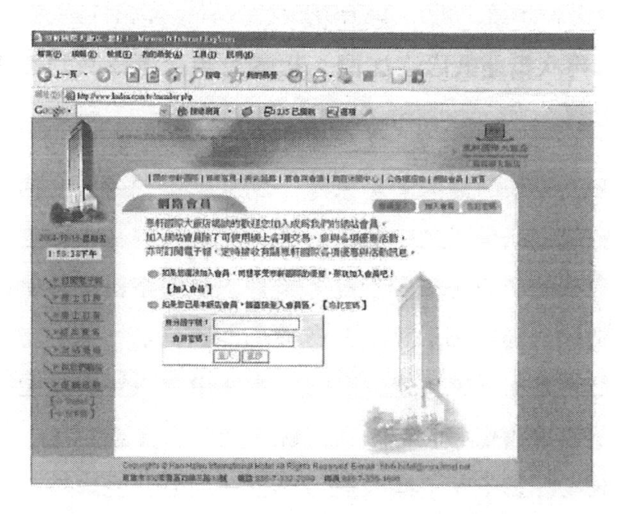

圖4-3　寒軒國際大飯店提供的會員貴賓計畫

資料來源：寒軒國際大飯店

一、旅館經營的指標

在學習擬定適當的行銷策略前我們先回顧旅館經營的一些指標：

1.住房率（Occupancy）：是指每日全旅館中出租使用占房間總數之比例。

（Occupancy＝出租之房間數 ÷ 可供出租之總房間數 × 100%）

2.平均房價（Average Rate）：是指平均銷售（出租）每間房間的價位。

（Average Rate=客房出租收入 ÷ 出租之房間數 × 100%）

3.平均住房停留天數：是指平均每位客人連續住宿之日數。

4.客人再次抵達飯店之比例：指願意再次選擇回到曾住過飯店的比例。

住房率及平均房價通常是衡量一間旅館經營績效的指標，高住房率代表旅館出租房間之比例高；平均房價代表客人願意支付價格的程度，愈高的平均房價表示客人願意以高價格肯定該旅館的經營方式，相對地也同時顯示該旅館愈獲市場的肯定。而平均住客停留的天數，及再度回到曾住過旅館的比例象徵著肯定該旅館的服務模式，才願意再度選擇該旅館。由旅館經營的角度而言，一間成功的旅館不僅關心住房率及平均房價的高低，同時也應瞭解客人對旅館實際體驗服務之後的態度，亦即是會再次選擇旅館的指標，作爲行銷目標及策略擬定的基礎，旅館事業始能永續經營。

二、訂價策略

一般國際觀光旅館業所考慮的訂價方式包括：(1)成本加成訂價；(2)參考同業收價標準；(3)根據營業方針或行銷目標三種方式作爲訂價之依據。在這種價格政策之下，國際觀光旅館業對於不同目標市場區隔採取彈性的分級價格。如旅行社業者可以得到優惠的團體價格；另一方面，國際觀光旅館業再根據住宿需求波動之影響，對淡旺季採取不同的彈性優惠價格，降價成爲淡季促銷時常使用的手段。

在此情況下，商品的價格在促銷壓力下成爲行銷的犧牲者。然而在國際觀光旅館住宿旺季時，也由於已給特別的目標市場優惠的房價，如旅行社、航空公司等，亦無法爲國際觀光旅館業者帶來更好的利潤，訂價政策無法爲國際觀光旅館行銷發揮效益。

國際觀光旅館商品的價格影響商品定位與旅客選擇住宿的相互關係。價格的決定亦影響整體營運收益，如果國際觀光旅館商品訂價太高，無法將國際觀光旅館商品傳遞給消費者，國際觀光旅館商品行銷力將嚴重的減弱；反之，若國際觀光旅館商品訂價足以反應商品力，則其價格力即能在行銷力中顯現出來。由利潤的觀點而言，價格力爲國際觀光旅館業在住宿旺季時獲得極大的利潤；而在住宿淡季時，以低的商品價格吸引旅客前來住宿以增加國際觀光旅館住房率，並相對減少國際觀光旅館業成本的支出，在淡季時發揮功能。要讓價格力依住宿的情況發揮不同的行銷力，即必須依賴不同的住宿資訊作不同的調整，當國際觀光住房率高時，接受願意支付高價的商務旅客（Business Traveler）訂房，比接受支付較低價格的團體客（Group）訂房，更能爲國際觀光旅館帶來更高的利潤。

而在住房率低的情況，則可以優惠的房價吸引旅客數量較大的團體客訂房，這種「以量制價」的產值管理（Yield Management），能將價格策略與住房率間的應用，將使旅館利潤提升。

第三節　通路管理

通路管理是指創造理想的銷售通路，讓國際觀光旅館業者能以節省成本的方式，將旅館商品售出。國際觀光旅館業所涵蓋的市場層面愈廣，企業供給商品及旅客對商品需求距離之調整將愈困難。藉由釐清銷售通路，引導目標市場的顧客，以最簡便的方式獲得所期望的商品，並且讓國際觀光旅館業者盡量減少中間商剝削，獲得企業較高利潤。

一、配銷系統中介者角色

配銷系統中介者，爲國際觀光旅館業與旅客之間，僅涉及一個中介者，此中介者可能是國內接待代理商，或是負責接持國外訪客的政府機構或企業等。此中介者可能無涉及佣金支付的問題，而只是扮演消費決策者的角色。例如接待國外訪客的政府機構或企業等，爲來訪的客人負責安排住宿的工作，僅代客人決定住宿的國際觀光旅館地點，並不涉及與國際觀光旅館業者間訂定佣金之問題。

旅行社在傳統的旅遊事業中，扮演相當重要的旅遊中介者的角色，傳統上旅行社以收取旅客的服務費用以及航空公司及旅館的仲介費用，作爲主要的營業收入來源。電子商務盛行之後，旅行業者的功能逐次削弱，原因在於旅客可以透過網路查詢旅遊所需的航空班機或直接向旅館及航空公司訂位及購買機票；相對而言，旅行社的傳統功能將轉變爲提供旅遊商品資訊的功能。

二、通路配銷系統

直接銷售爲旅客透過電話、傳眞、信函及連鎖訂房系統等方式，直接向國際觀光旅館預訂住宿房間，或是在無預先訂房的情況下，直接住進旅館（Walk-In）。一段配銷系統通常並無涉及給付中介者佣金的情況，但是如果旅客以連鎖旅館訂位系統取得訂房，該住宿旅館必須依合作契約的規定，給付連鎖訂房系統一定比例之契約金，此金額比例較國際觀光旅館給予旅行社之佣金爲少。

就國際觀光旅館業而言，選擇理想的通路必須配合企業政策，使得國際觀光旅館業者對市場能有靈敏感應，並同時回饋市場情報，使國際觀光旅館業者能隨時掌握市場的資訊，同時對產値管理提供回饋的資訊。通路的層級愈多，彼此間的利益的衝突愈多，所須花費衝突管理成本也就愈高。國際觀光旅館業透過二段以上配銷系統形成的通路型態，雖然有助於解決帳款、票據上的風險，並且可以爲國際觀光旅館業者在營業淡季期間作推廣活動，但是在佣金給付上，對國際觀光旅館業者形成相當大的負擔。如有利害衝突，中介者可能會以佣金作爲議價籌碼，讓企業形成損失。

對消費者而言，旅客雖然可以藉由二段式以上的配銷通路，向預訂國際觀光旅館取得較優惠的價格或中介者旅客在旅程上的其它旅遊服務便利，但是消費者亦必須承擔中介者未依約定訂房的風險；因此，降低國際觀光旅館業與旅客之間的通路層級，對企業及旅客均能減少損失的風險、雙方獲益。

三、流通能力

流通能力爲在確保商品的有效供給下，設計並維持理想的銷售通路。以台北市國際觀光旅館銷售通路而言，旅客由國外特約代理機構、國內外旅行社、航空公司、連鎖旅館、業務往來之公司行號、政府單位及旅客自行前來等。國際觀光旅館業者必須瞭解各通路、旅客訂房通路資訊，逐漸降低對中介者依賴的程度，藉由對訂房系統（Computerized Reservation Systems，CRS）的策略使用[4]，改變國際觀光旅館銷售通路，國際觀光業旅館流通才能發揮。

國際觀光旅館業應對產業競爭情勢作比較，尤其對於各競爭者間客源結構資訊之掌握，以尋求本身的區域目標市場，選擇與適當的CRS簽約，以增加由CRS訂房的客人。其次藉由提高旅遊資訊系統的服務，使得旅客由旅遊資訊服務系統即可直接獲得相關的住宿資訊，並可直接由旅遊資訊服務系統對國際觀光旅館預訂所需的商品。

就消費者而言，旅客透過方便的CRS及旅遊資訊服務系統來取得房間時，中介機構的角色則必須由以往的支配性角色轉變爲整體旅遊服務的合作性角色。而國際觀光旅館業者亦可由CRS與旅遊資訊服務系統的資訊回饋，即時調整行銷戰略。

電子商務盛行之後，旅館業者逐步發展電子商務，希望能夠透過此通路的發展，直接獲得旅客的訂房。同時，也由於電子商務的即時性，能夠彌補旅館商品不可儲存的特性，在最短時間之內，提供旅客最具競爭力的房價，同時對於旅館尋找客房的需求，提供一份完善的介面，這使得旅館對於仲介者少了些許的依賴。

註4CRS也有人用Central Reservation Systems。

四、通路中廣告與促銷合作

廣告是溝通企業形象及產品特性與消費者間之橋樑，國際觀光旅館產業同時具有形及無形產品，廣告之主題、媒體之選擇及訴求之對象須作整體考慮。在媒體選擇方面包括報紙、雜誌、直接信函及電台等。另外公共報導是在公開之媒體上安排與國際觀光旅館業相關之新聞，著重於國際觀光旅館形象之建立，爲免費的廣告。

廣告是屬於事前販賣的一種方式，用以促進旅客進入國際觀光旅館意念的決定。廣告包括廣告設計的表現力及選用的媒體。國際觀光旅館業的廣告力是將旅遊資訊服務功能擴大，讓旅客由旅遊資訊服務系統的螢幕介紹，增加旅客前來住宿的意願，此結合媒體力的方式，是國際觀光旅館業廣告呈現之方式。

促銷（Promotion）旨在提供額外的激勵，鼓勵目標市場完成某些增強的行爲。即在特定時間內，激勵消費者購買國際觀光旅館的產品。國際觀光旅館的促銷通常是以優惠房價、配合節慶之客房暨餐飲商品聯合銷售的方式進行。促銷的功能在增加國際觀光旅館在營業淡季的營業收入，或以銷售促進的方式鞏固消費者忠誠度。例如連鎖旅館集點方式，與銀行合作發行簽帳卡等銷售促進之方式，使消費者參與會員，增加對國際觀光旅館消費。

電子商務的時代，旅館透過網路旅行社或自營網站，提供了多樣形式的廣告。例如旅館可以透過網路旅行社傳遞旅遊商品以吸引旅客；也可以透過廣告提前販售商品，以滿足旅館商品不可儲存的特性。促銷可分爲對消費者或企業對企業二大類別，企業對企業的促銷亦稱爲對中介者的促銷。對消費者促銷的目的是要影響最終消費者；對中介者促銷旨在影響購買及轉售產品的中介市場。

對消費者及中介者促銷的主要差別，除了目標市場的不同之外，促銷的傳播方式亦不相同。國際觀光旅館對旅遊消費者常使用的促銷傳播方式除了廣告的方式外，最常以DM的方式向消費者直接傳遞促銷的訊息，而對中介者促銷行爲中，業務拜訪（Sales Call）扮演相當重要的角色。

電子商務的時代，國際觀光旅館的促銷則是以行銷資訊系統爲基礎，對企業即時回饋消費者，企業本身競爭環境資訊，決定促銷商品內容及強化商品，同時可以對產值管理作適當的回應。在國際觀光旅館促銷與通路的整合之下，業務拜訪比例將降低。

四、業務分析

國際觀光旅館藉由蒐集分析住宿顧客的資料，瞭解各旅館旅客目標市場的差異性。交通部觀光局定期統計來華旅客國籍與停留天數的分析，同時也蒐集各旅館住宿旅客的國籍別等基本資訊，提供各旅館作市場分析之用。

旅館資訊系統提供各類型的住宿及消費分析功能。列舉本系統二功能：

（一）客戶交易排行紀錄

在系統中「客戶歷史功能表」下拉表單中，選擇「來往公司紀錄列印」，輸入查詢條件，就可以列印出客戶交易排行紀錄（**圖4-4**）

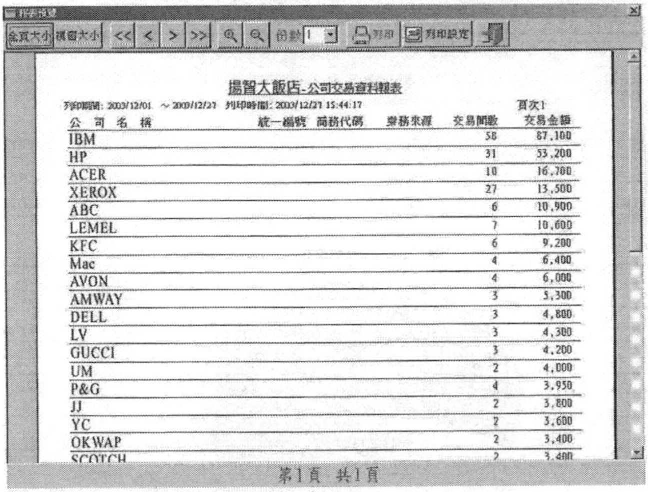

揚智大飯店-公司交易資料報表

列印期間：2003/12/01 ～2003/12/21 列印時間：2003/12/21 15:44:17 頁次1

公司名稱	統一編號	商務代碼	業務來源	交易間數	交易金額
IBM				58	87,100
HP				31	53,200
ACER				10	16,700
XEROX				27	13,500
ABC				6	10,900
LEMEL				7	10,600
KFC				6	9,200
Mac				4	6,400
AVON				4	6,000
AMWAY				3	5,300
DELL				3	4,800
LV				3	4,300
GUCCI				3	4,200
UM				2	4,000
P&G				4	3,950
JJ				2	3,800
YC				2	3,600
OKWAP				2	3,400
SCOTCH				2	3,400

第1頁 共1頁

圖4-4 客戶交易排行紀錄畫面

資料來源：靈知科技（股）有限公司

（二）旅客國籍分析

在「客人歷史資料」功能表下拉表單中，選擇「房客國籍分析報表」，就可以看到消費科目設定的畫面，使用者可以利用分析圖瞭解住客國籍比例（**圖4-5**）。

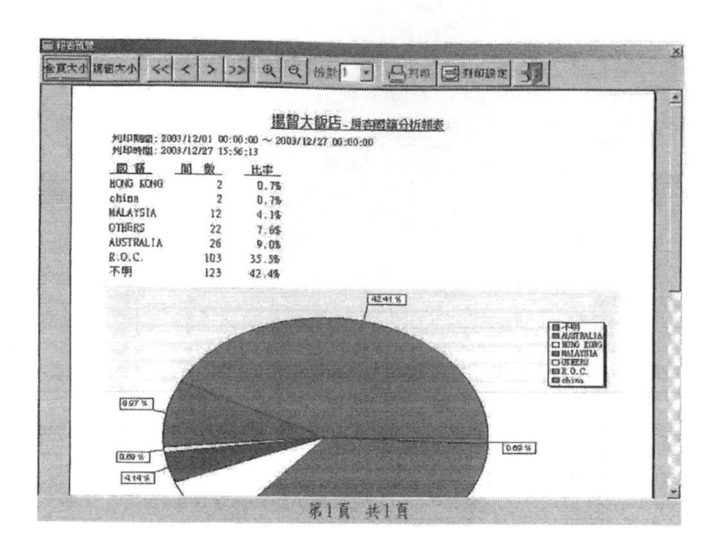
揚智大飯店－房客國籍分析報表

列印期間：2003/12/01 00:00:00 ～ 2003/12/27 00:00:00
列印時間：2003/12/27 15:56:13

國籍	間數	比率
HONG KONG	2	0.7%
china	2	0.7%
MALAYSIA	12	4.1%
OTHERS	22	7.6%
AUSTRALIA	26	9.0%
R.O.C.	103	35.5%
不明	123	42.4%

圖4-5　旅客國籍分析表

資料來源：靈知科技（股）有限公司

國際觀光旅館以行銷資訊系統為基礎的行銷策略，將國際觀光旅館行銷重點轉變為注重旅遊消費價值、強化商品服務。資訊之蒐集、分析、整合及掌握，為國際觀光旅館業行銷資訊系統發揮功能之關鍵。

問題討論：

1.請說明旅館客房價格可以分為哪些形式。

2.請說明旅館產品配銷系統中介者角色的功能。

3.請說明旅館產品直接銷售的優點。

4.請在網際網路中查詢某地區內（例如台北市）國際觀光旅館房價表，製作歸納房間型態和房價的交叉分析表。

關鍵字

1.American Plan

2.Cooperation Rate

3.CRS

4.European Plan

5.Promotion

6.Rack Rate

7.Return Guest

8.Sales Call

9.Seasonal Rate

10.Travel Agent Rate

11.Walk-in

Chapter 5 訂房作業系統

第一節　訂房作業與控制
第二節　訂房人員應具備的作業資訊
第三節　訂房作業程序
第四節　產值管理

學習目標

對旅客而言，向旅館訂房為旅客在旅行期間，確保住宿安排的一項過程；對旅館業而言，可以預估旅館商品銷售的情況，同時是做為服務旅客一項重要的過程。

本章第一部分說明訂房作業與控制的觀念，讓學習訂房的步驟中，能夠將訂房過程視為行銷策略的一環。

第二部分說明訂房人員的職責，與應具備的作業資訊，讓學習者瞭解接受訂房的過程中所應蒐集的資訊。

最後說明訂房作業的程序，並分析網路訂房與旅館內接受訂房之後所做的處理。

林經理常常需要到香港及上海出差，每次出差時都選定Sheraton爲旅途中重要的住宿旅館，林經理下個月必須再去上海與香港共20天，他請陳秘書幫他代訂這兩個地方的旅館。

陳秘書如同往常一般，向這兩個地區的旅館訂了房間，旅館也爲林經理安排好適當的房間。同時，旅館告知陳秘書，未來可以利用網路直接訂房，只要陳秘書輸入公司的簽約代號和陳秘書的密碼，也可以獲得相同的服務，陳秘書感覺相當方便。

王經理擔任Hilton旅館客務部經理，每天參加公司的晨會工作報告（Morning Briefing）之後，將截至今日預計的本月訂房預估表瀏覽一次。王經理注意到本月訂房預估已經達到86%，預期住房績效已經不錯，但是他發現本月20日的住房率已經高達98%，同時有一旅行團預訂40間客房，王經理請訂房主任確認此項訂房資料，並要求收取訂金，以確保雙方權益。

同時，王經理請訂房主任瞭解該旅行團的住客名單資料，以瞭解客人習性或有特殊要求的部分，以便於用來確認每一位預排房客需求的房間是否正確，同時可以提早準備對方提出的特別需求。

訂房業務是聯繫旅客及旅館作業之間一項重要的功能，負責訂房業務的人員必須清楚地瞭解旅館客房設備特色、種類數量、訂價、折扣政策、優惠住房方案及相關服務設施內容，同時必須溝通客人對住宿需求上的認知等，以圓滿地爲客人在旅程中提供安心的住房資訊。

第一節　訂房作業與控制

一、訂房作業程序

(一) 初步的訂房程序

當旅館訂房部門接到訂房訊息後，應立即查閱預估訂房報表（Forecast Report）的資料，或旅館資訊系統中可查閱是否仍有空房，以便決定是否接受訂房的處理。

一般旅館在接受旅館訂房之後，會立即將訂房資料輸入電腦系統中。在協助訂房人員瞭解及記錄客房之型式、類別、價格、折扣、貴賓優待及房間經常變化狀況，輸入資料必須正確，才能有效控制訂房。

(二) 接受旅客訂房的基本做法

旅館接受旅客訂房的基本做法可以分成二類：散客（F.I.T.）與團體客人。對於散客的處理較爲單純，僅需查閱住房狀況，就可以立刻決定接受的處理。

相對於散客的處理，對於即將於旅館內開會或舉辦研討會、展示會（Exhibition）、服裝秀等活動的團體客人，同時提供之會議或展示場地（Function Room），或是旅行社安排的旅行團，因爲涉及價格的協商，以及旅館內部其他部門，例如與餐飲、宴會及相關部門聯繫有關租用等事宜，必須先調查房間與相關場地的使用狀況，再決定接受訂房的決策。

對旅館而言，當旅館同意接受旅客訂房要求的時候，無論是否接受訂金，即視爲旅館對於旅客的一項承諾。對於一間重視顧客服務的旅館而言，這項承諾在接受訂房時即發生，不可因爲後訂房的旅客，願意付出更高的價格，而有所更動。

對旅客而言，向旅館訂房爲旅客在旅行期間，確保住宿安排的一項過程；對旅館業而言，可以預估旅館商品銷售的情況，同時透過旅客訂房的資訊，是作爲服務旅客一項重要的起始步驟。

（三）瞭解住房旅客的基本資料

旅客訂房時所需瞭解住房旅客的基本資料，包括訂房人姓名、聯絡電話、公司名稱、抵達日期（時間）、班機號碼、接機需求、遷出日期、要求的房間型式、數量等。接受訂房的服務人員可立即依當季（時）客房所能提供的客房房價回覆客人，並註明於訂房單上。若爲旅館的簽約公司，則可查詢簽訂的合約價格回覆客人。完成訂房程序之後，訂房人員應由客人歷史資料中查詢出住房記錄是否需提供特定客房服務準備，如升等安排、歡迎信函、鮮花、酒或其它應注意之事項。

二、客房銷售預測及訂房控制之準則

（一）最適當的客房銷售方式比例

旅館設計各式的客房，每日訂房須衡量客人對客房型式的需求、房價政策及淡旺季因素之考慮，而決定最適當預訂訂房比例，以產生最佳的客房銷售。能持續維持高住房率，是旅館營運應努力的重點。

（二）超額訂房（Overbooking）政策

超額訂房的策略源起於旅館業爲了避免旅客已經訂房，但是卻在未取消訂房（Cancellation）的情況下，未出現在旅館中住宿（稱爲No-Show）所做的接受訂房策略。旅館因應住宿高峰接受超收訂房是必要的，一般旅館會依照歷史資料，計算出取消訂房與No-Show的比率，按此比率做爲接受超額訂房的比例依據。

（三）保證訂房（Guarantee）制度

保證訂房制度原意上是旅客爲了確保商品售出後，旅客無法任意轉換或取消的設計；換句話說，當旅客做出保證訂房的決定之後，如果沒有依照訂房的日期，住進預定的房間時，旅館仍然可以收取一日的房租。此制度同時也保證旅客無論在何種情況下，都有權利使用房間，旅館不得另行出售已經接受保證訂房的房間[1]。

在住房旺季或旅客特別需求（如指定某一時間內之某一種客房），旅館可要求客人做保證訂房。程序上，旅館可要求客人直接匯入保證訂房之金額，或以信用卡授權書爲客人辦理保證訂房。

當保證訂房一經確認，旅館即須滿足旅客住房的需求，在房間不足時，旅館必須安排旅客轉住同級之旅館並代付差額。

現在許多網路訂房的機制中，在訂房步驟中，加入信用卡付款

註1許多旅客認為保證訂房的意義，僅止於「保證訂得到房間」，卻不知如果沒有依照訂房日期住進，將負擔一日的房租，這是對保證訂房制度的誤解。旅館接受訂房處理的人員，在接受保證訂房的過程中，應該以書面或是其他方式善盡告知的責任，以確保雙方的權益，並避免發生不必要的誤會。

的交易機制，這種機制可以視爲保證訂房的一種設計，目的在保障旅館業與旅客可以透過這個機制，買賣雙方所認同的商品[2]。

（四）預付訂金（Deposit）制度

當團體訂房或旅行社代訂房時，旅行社會制定一預付訂金的制度，以確保訂房的權益。一些位於風景區的旅館，由於位置因素，同時住宿淡旺季明顯，所以在接受旅客訂房的過程中，會要求旅客先預付若干訂金，確保訂房成功。

對於保證訂房或預付訂金之後，如果旅客因某些因素必須取消訂房的時候，每一間旅館對於旅客取消訂房所需負擔的費用不同。旅客在訂房時也應該詳加瞭解。

（五）產能管理（Yield Management）的考量

旅館根據市場供需情況及住客客源之分析，制定不同的房價政策，對於不同的目標市場給予不同的優惠。因此訂房的資料即成爲上述房價政策的參考；相對地，可由市場的變化，擬出不同的接受訂房策略，在客房銷售管理中，「產能管理」理論常應用於訂房策略之制定，即旅館營運高峰時，旅館制定較高的房價政策，使旅館平均房價及總收益增高；淡季時，可考慮以較低的房價提供給住客，以期增加住房率。在訂房預測上，可應用此產能管理理論，提高營運績效。

註2提前退房是否應該收取住房費用，必須視訂房的來源、旅館的住房政策而定。

第二節　訂房人員應具備的作業資訊

一、訂房人員的職責

訂房人員的主要職責爲接受客人的訂房業務，相關作業細節將於另章專篇討論。訂房人員需充分瞭解客房各類型的產品內容、價格及數量及特定期間內促銷方案的特點，隨時與業務部門及客務主管溝通住房的情形，並在規定時間內與已訂房之客人確認（Confirm）訂房。任務分派上包括訂房主管及訂房人員，主管須負掌握訂房情況之責。

一般旅館在客務部門內設立訂房組，負責處理訂房的業務；主要原因在於訂房業務與住房接待聯繫密切，因此這種編制最爲常見，訂房作業人員接受客務部主管的督導，在制定訂房策略時，也接受客務部主管指示。

也有的旅館將訂房業務與業務部門結合，其目的在於當業務部門承接許多簽約公司業務，則可以同時處理業務與訂房作業；如果當簽約公司代訂旅客住房時，能同時反應與處理旅客和簽約公司對於訂房作業上的需求及期待。

有些大型旅館，由於客房數量多，旅館會將訂房作業的層級提升，例如設立訂房中心，直接向總經理呈報訂房資訊，並且規劃訂房作業的政策，這對於旅館在預估訂房作業與調整訂房作業及房價上較具有彈性。

而連鎖旅館，特別是國際性連鎖旅館，會整合區域上的需要，設立區域性的訂房中心。現今電子商務盛行，需多企業結合相關旅遊資源，成立網路訂房中心，提供旅客訂房業務。

二、瞭解訂房的來源

訂房作業是旅館服務住宿旅客的起始。訂房人員首先需瞭解訂房作業中的專業訊息，如旅館訂房的來源，即誰會訂房（Who Makes to Reservation）。一般訂房的來源如下：

（一）個人

指旅客直接向旅館訂房，因不涉及旅行社或其它第三者，此種訂房不會涉及佣金問題。旅館會依公司的政策而給予不同的折扣，或仍收取原價。除了旅客本人之外，旅客也會透過需要洽公的公司尋求訂房的協助，此時訂房人員雖然不是面對旅客本人，對於代訂旅館的接洽人員也要瞭解。

在我國，商務型態的旅館主要業務來源爲代旅客預定房間簽約公司，這些簽約公司每年預訂的客房總數少則數百間，多則數千間；負責訂房業務多爲企業內主管的秘書，因此許多旅館特別禮遇這些簽約公司的秘書，以期在爭取旅客上獲得優勢。

（二）公司或機關團體

公司或機關團體訂房，會爲某些活動而作團體訂房，例如爲舉辦員工自強活動、獎勵旅遊（Incentive Tour），社團組織召開年會、各公司行號或機關團體辦理之講習、說明會或研討會等。由於人數較多，可與旅館商談較佳的優待禮遇。

許多旅館的業務人員會針對會議舉辦的地點及對象進行相關的

業務拜訪工作，例如台北世界貿易展覽館定期舉辦的展覽，就爲周邊的旅館業者帶來可觀的商機。相對地，這些旅館的業務相關人員則會積極的爭取相關參展廠商，安排住房的工作。

（三）旅行社

代訂客房爲旅行社業務之一，個人亦可請旅行社代爲訂房，而持得住宿券後至旅館辦理住房登記。旅行團之團體住房則由領隊或導遊辦理遷入及遷出之程序，並由飯店統一向旅行社請領款項。

旅館對旅行社團體訂房可視情況要求給付訂金，或做保證訂房，以確保客房銷售之情況。

電子商務的時代，旅行社也積極朝電子商務發展，旅行社除了傳統的規劃安排旅遊行程之外，也會與旅館或航空公司合作，提供旅館訂房的服務。

（四）網站服務訂房

旅館業者因應電子商務的時代，也積極朝向電子商務發展，規劃網頁內容與訂房的服務，除了早期以e-mail方式互傳訊息之外，現今也規劃即時訂房的服務，在交易的迅速及安全上，大大提升交易的保障（Choi and Kimes，2002；Carroll and Siguaw，2003）。

除此之外，旅行社也擺脫傳統的業務，朝虛擬網路旅行社發展。旅遊網站興起，提供給客人網路訂房的便利性，此類型的訂房會要求客人以信用卡作保證訂房後，才接受旅客的訂房要求。

三、需瞭解的客人資訊

旅館訂房人員除瞭解訂房的來源之外，也要瞭解旅館所需要的客人資訊，這些資訊包括：

（一）客人抵達日期（Arrival Date）

訂房人員應清楚明瞭客人抵達飯店的日期。若是全球訂房中心的服務人員更應知道旅客會至哪一城市及旅館的正確名稱。

（二）客人離開日期（Departure Date）

旅客離開飯店的日期需清楚地確認，以便訂房作業不致有過度超額訂房的情形。

（三）房間的型態（Type of Room Required）

針對客人的需要或房間銷售的情況，提供客人該飯店適當的住房型態。

（四）住房的數量（Numbers of Room Required）

訂房人員應清楚地瞭解客人對房間數量的需求。

（五）價格（Price）

依據被預訂住房的期間，讓客人瞭解該預訂客房的原訂價，折扣或優惠的額度及實際享有的價格。

（六）客人的訊息

包括客人的姓名、聯絡的地址、電話，若代他人訂房則可同時留下代訂房聯絡人的姓名及電話。同一位客人若預訂二間以上房間，可詢問客人訂房名字是否可用不同人名或統一由一人名字訂房。此外，應同時詢問客人是否須安排接機或班機抵達時間，更進一步瞭解客人可抵達旅館之時間，周延訂房的資料。

（七）客人住宿歷史資料（History Data）

若客人表示曾住宿該旅館，可由旅館歷史資料中瞭解住房紀錄，曾有習性或特別的需求，以使客人抵達前提供更好的安排。

四、旅客訂房的方式

訂房人員第三部分需瞭解旅客訂房的方式。一般旅客會藉由以下方式訂房：

（一）電話

這是一般客人最常使用的方式，無論任何時間，旅客透過電話即可以詢問或預定想要住宿房間的資訊；除了網路服務之外，多以此方式訂房。

（二）信函

過去以信函方式訂房者，大多以海外旅行社或是公司居多。通常旅行社在開立訂房單之前，會先用電話與旅館聯繫後，待旅館確認之後，再向客人開立訂房確認單。

旅館在回覆旅行社或旅客訂房時，須註明是接受訂房或是候補（on Waiting），並將訂房注意事項記錄清楚，同時蓋上旅館訂房組印章，或由訂房部門主管簽字認可。

（三）傳真訂房

若訂房是以傳真方式，訂房旅館是否接受訂房係以旅館確認信函（Letter of Confirmation）回覆，其注意事項與信件訂房相同，現在由於信件往返較爲費時，多以傳眞回覆訂房結果。

（四）口頭直接訂房

此種方式以旅客本人在住宿期間，預訂下次宿期者爲最常見。許多行程確定的旅客，常在離開飯店（Check out）時，請旅館服務人員安排下一次的住房。此外，旅客也可以透過旅館所在當地的友人，到旅館訂房較多。

（五）國際網際網路

利用國際網路訂房爲目前潮流趨勢，國外甚多旅館已將本身相關特色及基本資料，製作旅館網站，旅客只需藉由網際網路，即可依個人需求選擇適當的旅館，甚爲方便。

第三節　訂房作業程序

清楚各項訂房資訊之意義後，訂房者需瞭解完整的訂房程序及服務人員訂房過程中，應如何溝通完成訂房的程序。

旅館如果將客房商品透過網路接受訂房時，通常會考慮人工作業成本、旅客的方便性、交易安全性及訂房的保證性等因素，規劃相關流程。

以單一旅館爲例：旅客在進入旅館網站之後，找到線上訂房的部分（見**圖5-1**）。

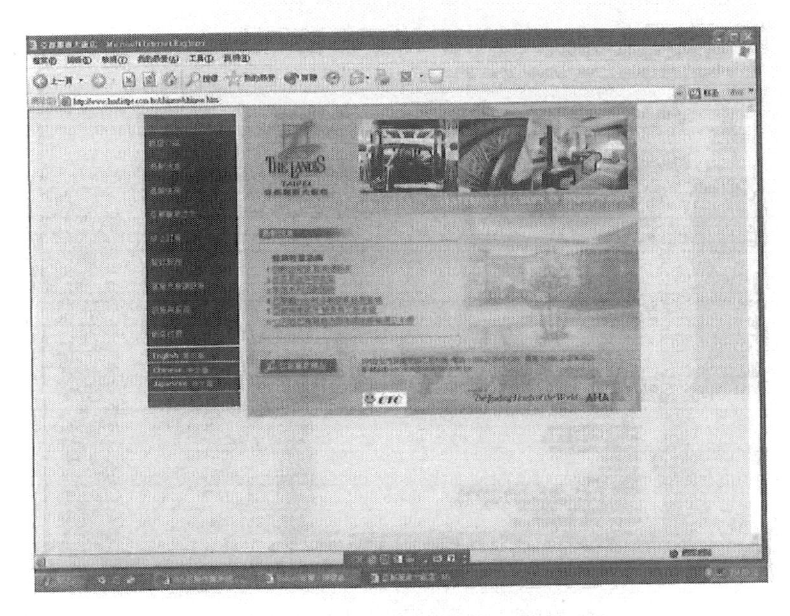

圖5-1　台北亞都麗緻飯店網路訂房

資料來源：台北亞都麗緻飯店

當進入訂房畫面之後，可以查詢各種房間的促銷資訊（見圖**5-2**）。

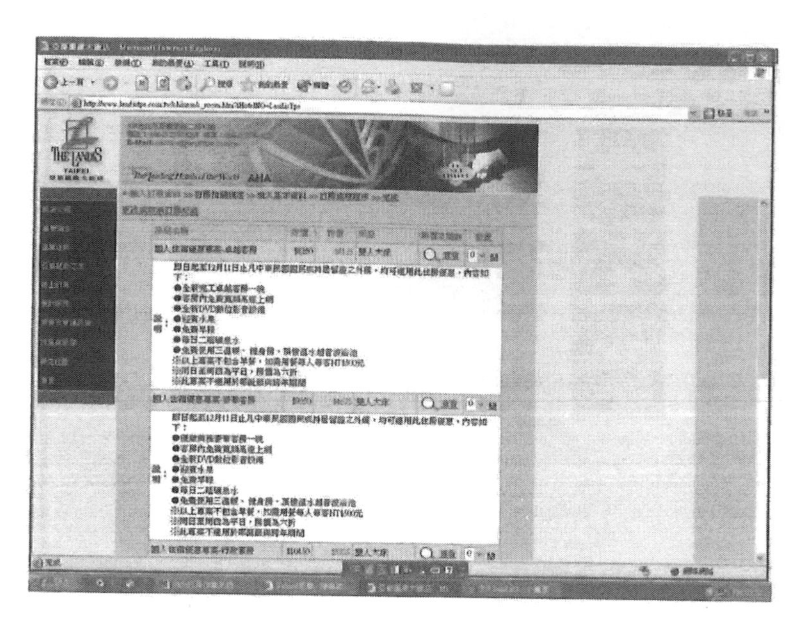

圖5-2 台北亞都麗緻飯店網路訂房
資料來源：台北亞都麗緻飯店

旅客可以查詢喜愛的客房，在預定抵達的日期內，是否仍有空房可以提供；有些網路訂房步驟的設計是先請旅客先設定查詢預定住房的期間，系統根據查詢設定，提供旅客可以選擇住宿客房的種類及資訊，不同的設計各有優點（見**圖5-3**）。

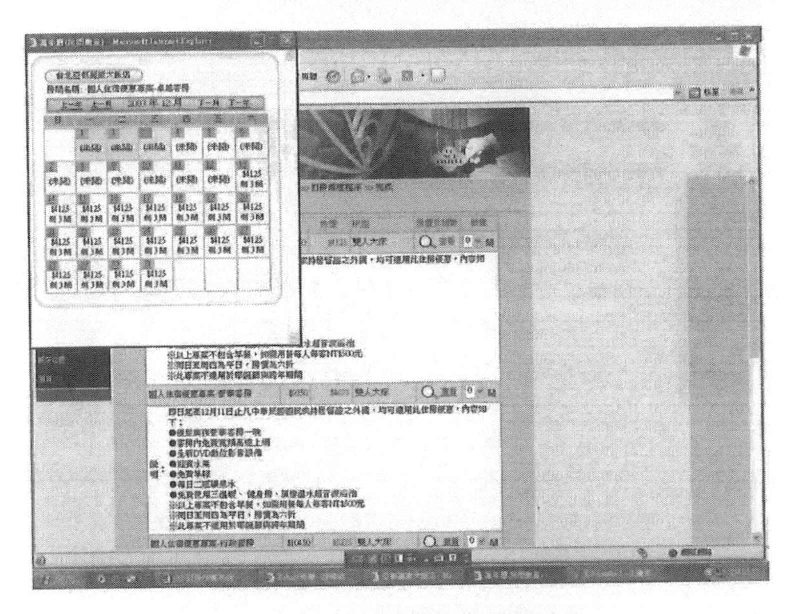

圖5-3 台北亞都麗緻飯店網路訂房

資料來源：台北亞都麗緻飯店

當選定預備住房的型態之後，網站會出現選擇的結果；如果預定住宿的日期中，某房間已經銷售完畢，則會請客人重新點選其他的客房型態，直到選擇完畢（**圖5-4**）。

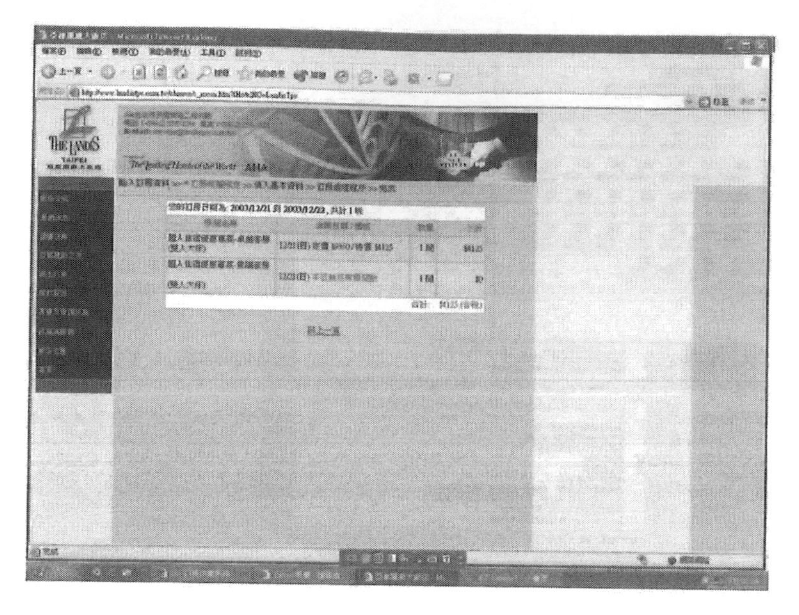

圖5-4 台北亞都麗緻飯店網路訂房

資料來源：台北亞都麗緻飯店

此種選擇的方式對於一次將住宿二種以上型態的旅客而言有些不便，因爲在選擇的過程中，必須重新返回選擇介面，才可以進入交易的介面，將會降低交易的意願。

但對於必須選擇二種房間型態的旅客而言，當旅客在愼重選擇了訂房的過程中，重複選擇的步驟將減少取消訂房的機率，會減少旅館內部對於取消訂房的處理。

在選擇完畢客房商品之後，旅館訂房系統進入付款交易機制，交易機制通常經由信用卡線上付款的方式完成，旅館同時會對付款訂房過程說明，此部分如同保證訂房的機制一般，除了說明付款後買賣雙方的權利及義務之外，同時也說明如果取消訂房所需的注意事項及應負擔的責任（見**圖5-5**）。

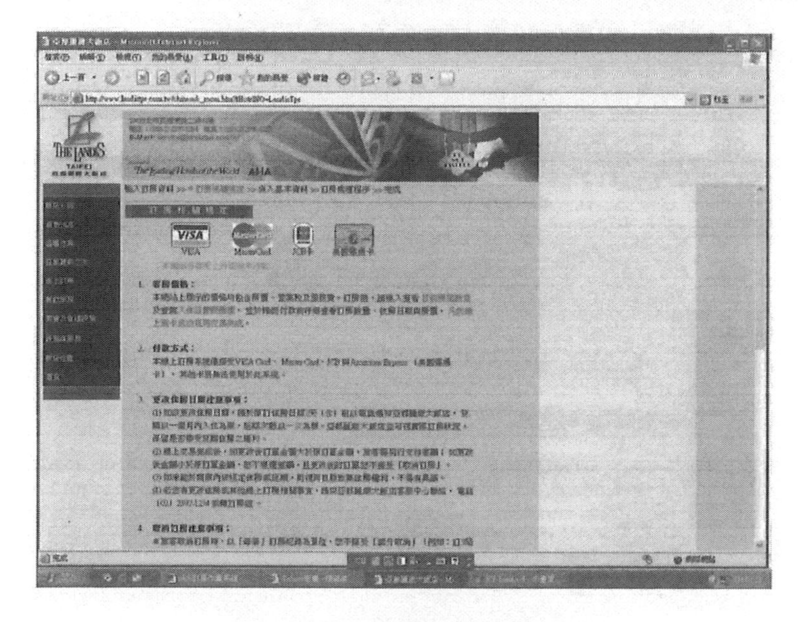

圖5-5 台北亞都麗緻飯店網路訂房

資料來源：台北亞都麗緻飯店

當付款完畢之後，訂房系統將請旅客填寫訂房者的基本資料，以供旅館確認旅客的資訊。訂房的基本資料如同本章前面敘述部分，除了住房者的基本資訊之外，旅客也可以透過這個步驟，向旅館提出住宿上的特別要求，如非吸煙樓層、高樓層等（見圖**5-6**）。

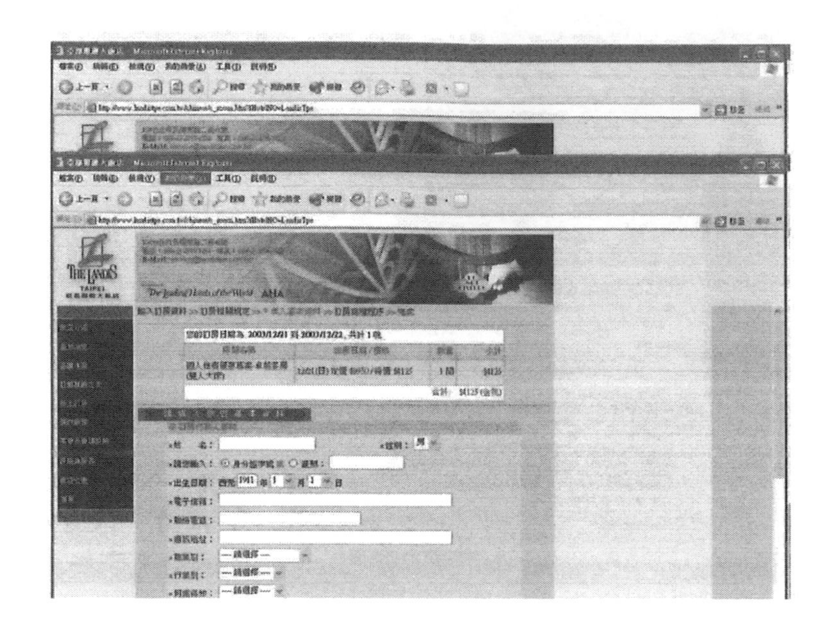

圖5-6 台北亞都麗緻飯店網路訂房

資料來源：台北亞都麗緻飯店

其次，如果以連鎖旅館而言，旅客進入連鎖旅館的網站時，相對於單一旅館所不同的地方，在於旅客可以選擇相關旅遊的目的地，並且選擇相同品牌或相關的結盟業者，可以搜尋到多種選擇的旅館，然後根據自己選擇喜愛的旅館，選擇訂房的作業。旅客也可以先選擇旅遊的目的地，系統將會出現目的地中可以提供的旅館資訊。當旅客選擇喜愛的旅館後，系統將請旅客選擇預定住房的日期，以及希望住房的型態，系統將會搜尋出可以住宿的客房型態。

值得一提的是，旅館提供旅客輸入客房的型態步驟中，是詢問旅客住宿的成年人數、兒童人數及希望客房內的床位數量，並不直接請客人點選房間名稱，這對於不常住旅館的旅客而言，相當方便，旅客也不至於因為不瞭解旅館客房種類，而訂了不適合的客房。

當旅客選定了預計住房的日期之後，系統會將此日期之內可以提供的客房一併列出，同使說明客房產品與價格相關的資訊，旅客可以衡量住宿的花費，選擇喜愛的客房。

當選擇客房之後，將住客的資料填入，完成付款的程序，就算是完成訂房的程序。

以上的二個例子都是說明旅館如何運用資訊系統，讓旅客容易選擇並完成訂房的例子。在電子商務的時代，企業直接與客人接觸是相當重要的觀念，網路訂房的即時性與便利性顯得格外重要。

旅館業訂房人員對於接受訂房過程中，應隨時瞭解目前旅館內部客房銷售的狀況，一般而言，訂房人員必須根據旅客訂房的日期查詢房間數量是否充足，以確認是否可以接受訂房（見**圖5-7**）。

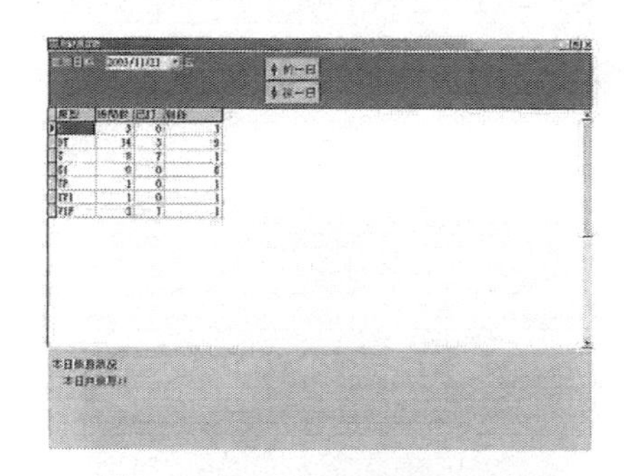

圖5-7 旅館內客房數量查詢

資料來源：靈知科技（股）公司

無論旅客透過電話、傳眞、信件與口頭方式向旅館服務人員訂房，如果訂房人員接受旅客訂房之後，服務人員紀錄下所需資訊，填寫訂房單即可，並將訂房資料輸入電腦資料即可。

對於非當日的訂房，服務人員可以進入系統畫面中，在「房務」

下拉表單中，選擇「房型庫存已訂區間表」，或「輸入預住天數顯示房間餘額」功能，選取「日期」，並「查詢」資料，就可以查詢可售客房的數量（**圖5-8**）。

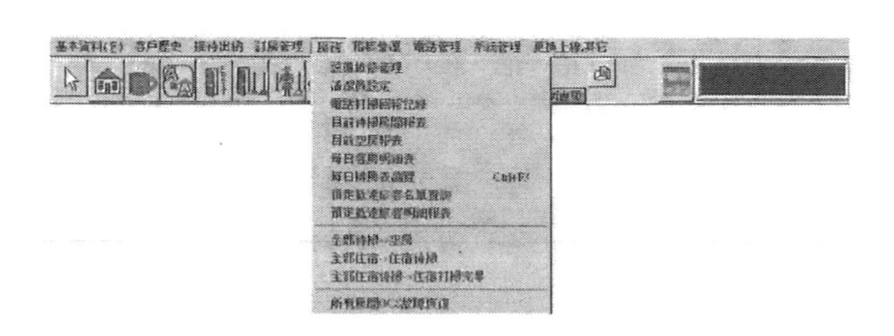

圖5-8 旅館內客房整理查詢

資料來源：靈知科技（股）公司

進入系統畫面中，在「訂房作業」下拉表單中，選擇「訂房流程」功能，並選取「新增」中的「查詢」（**圖5-9**）。

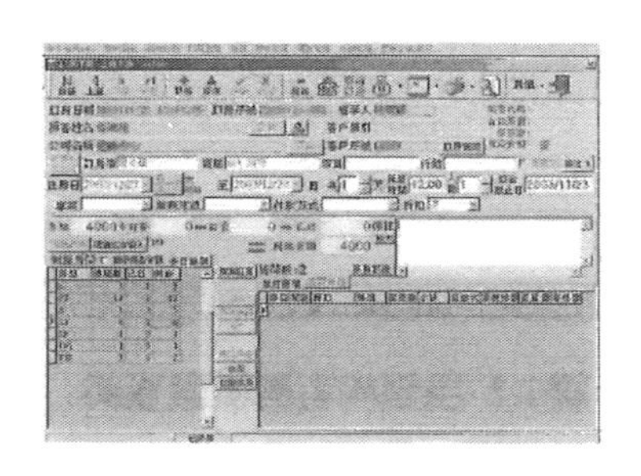

圖5-9 訂房作業系統畫面

資料來源：靈知科技（股）公司

輸入想要查詢的客人名稱，系統畫面會出現符合條件的旅客名單。

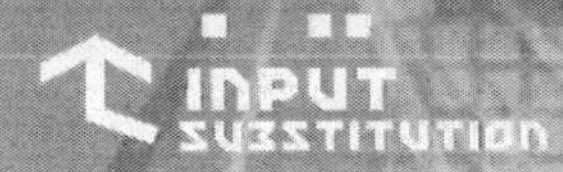

然後選取正確的名單資料，並選擇「選定」鍵，客戶資料的畫面即會出現（**圖5-10**）。

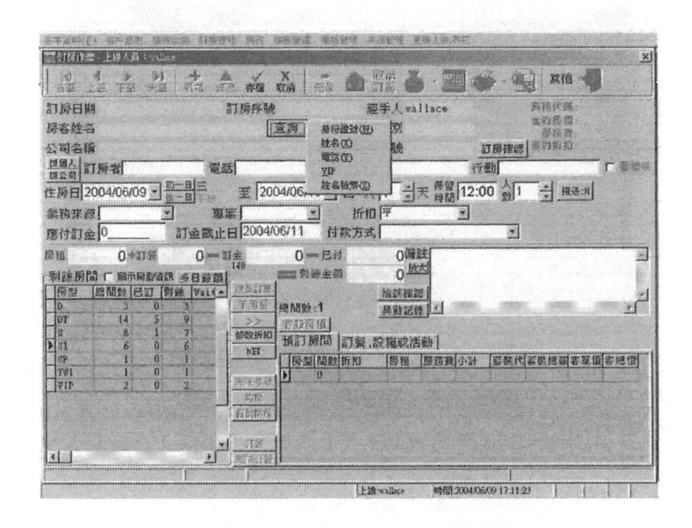

圖5-10 旅館資訊系統旅客資料輸入

資料來源：靈知科技（股）公司

如果訂房旅客對於客房住宿有差異性的需求時，例如舉行婚禮所需的新人房，或是爲貴賓所準備的客房，旅館可以透過鎖房（Block Room）的程序將特定房間保留（**圖5-11**）。

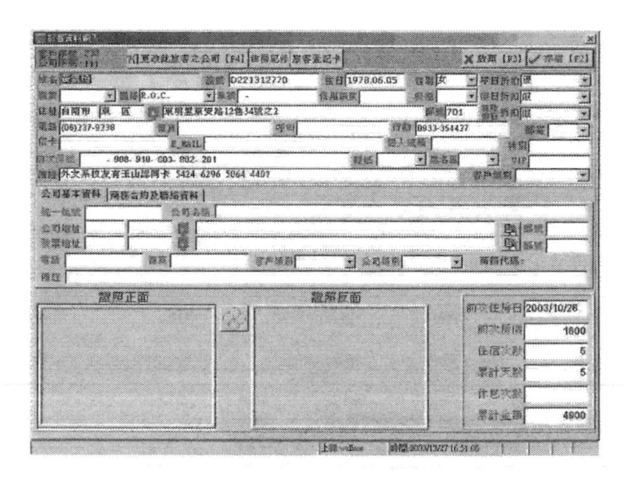

圖5-11 旅館內客房鎖房的程序

資料來源：靈知科技（股）公司

二、訂房資訊之查核

（一）訂房確認

旅館依據政策或客人請求，於接受訂房後，旅客到達前，傳真或寄送訂房確認函予客人，以確認該訂房正確無誤。如果旅館收取旅客訂金，則須將訂金資料記錄在系統中（**圖5-12**）。

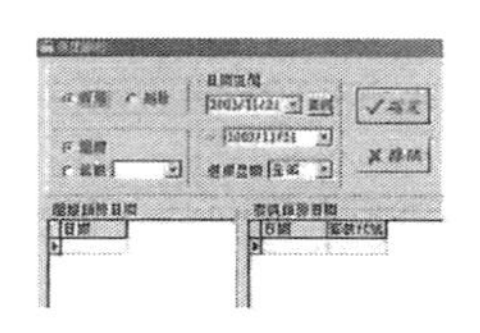

圖5-12 訂金資料記錄畫面

資料來源：靈知科技（股）公司

（二）等候訂房

當旅館營業高峰時，對於未能及時回覆確認訂房者，先將客人安排至等補狀況，等到有其他人更改或取消訂房時，即依需求而予以確認。資訊系統中，可以先將旅客訂房資料輸入，然後將訂房狀態調整至等候訂房即可。

三、取消訂房

當訂房確認後，取消原訂房稱為取消訂房（Cancellation），客人若有行程變更應主動向旅館取消，以保持良好之訂房記錄及避免旅館之損失。當旅客通知旅館取消訂房時，接受通知的訂房人員僅需將資訊系統中此筆訂房的記錄狀態改成「取消」即可，此記錄並非自系統中刪除。旅館同時可以印製取消旅客的統計名單，做為行銷的分析（**圖5-13**）。

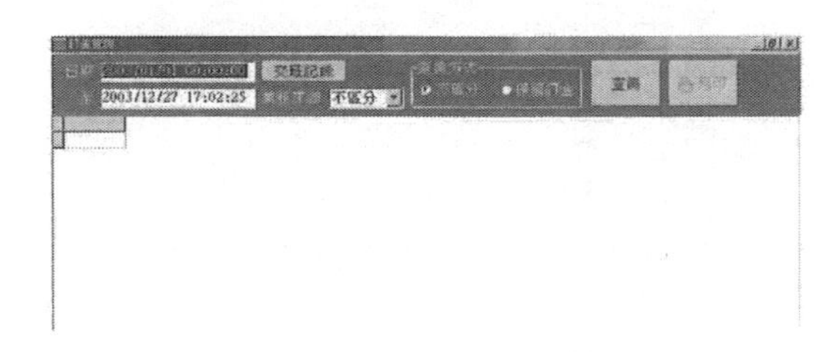

圖5-13 旅館內取消訂房查詢報表

資料來源：靈知科技（股）公司

（四）更改訂房

旅客因班機、行程變更，而改變住房日期，可由旅館作更改訂房，以保障訂房權益。當旅客更改訂房時，僅需將原訂房記錄依照客人的需求調整訂房內容，不用再次輸入新的訂房記錄，系統會記載訂房更改的時間，以做爲未來追蹤訂房記錄的參考。

（五）未出現

當確認訂房後，未於住宿當日住宿，旅館會將該訂房資料以未出現（No Show）方式呈現，若爲保證訂房，旅館亦可收取一日之房租。與取消訂房相同的部分，當旅客未出現，僅需在系統中將該筆訂房記錄變更爲未出現，並且印製未出現報表，也可以做爲行銷的參考（**圖5-14**）。

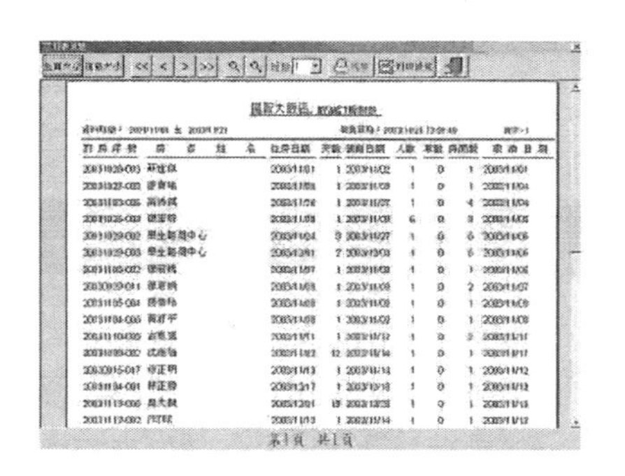

圖5-14 旅館內未出現旅客查詢報表

資料來源：靈知科技（股）公司

訂房組靠客房銷售預測報表掌握客房銷售，同時對於每位客人因行程變更而產生訂房狀態的改變，如變更訂房、取消訂房，能隨時將變更資訊輸入電腦以維持訂房資訊之完整，並正確地產生客房銷售報表。在客人住房前數日視訂房狀況將等候訂房者納入確認訂房中，讓客人能在行前順利規劃行程前來住宿（**圖5-15**、**圖5-16**）。

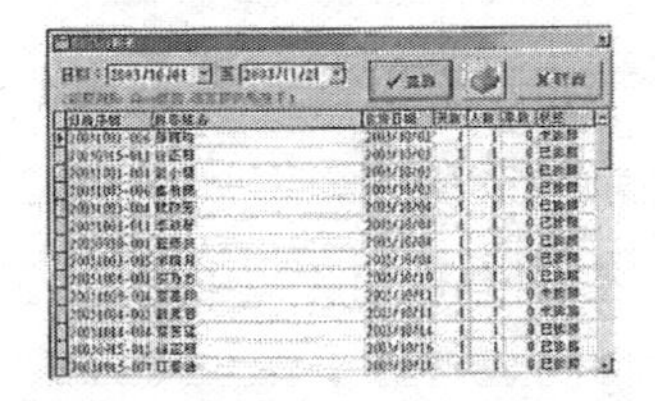

圖5-15 旅館內訂房每日預估查詢報表

資料來源：靈知科技（股）公司

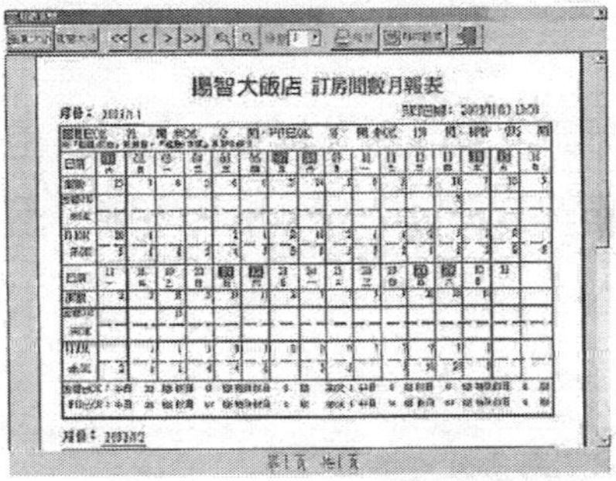

圖5-16 旅館內每月訂房預估查詢報表

資料來源：靈知科技（股）公司

四、團體訂房程序

除了一般訂房的客人之外，團體旅客的市場亦爲旅館經營的重點，團體訂房（Accommodating The Group Reservation）的形式很多，例如公司團體旅遊、會議、展覽或是獎勵性旅遊住房等，均受旅館經營者的重視。國外有許多賭場型旅館（Casino Hotel）亦逐漸重視團體旅客的開發，國內許多度假區旅館亦重視團體訂房的比例。

處理團體訂房通常由旅館內部業務部門（Marketing and Sales Dept）負責。業務部門會根據團體訂房公司之目的、需要及期待合理的優惠房價，而與該團體簽約合約，並議定付款者、付款方式、期限及相關取消訂房之限制等，以保障雙方的效益。

在處理團體訂房資訊確認時，應格外注意訂房的種類與數量，避免因為資料輸入錯誤，而產生訂房預估上的錯誤。基本上處理團體訂房仍依一般訂房的程序辦理之外，訂房單上另應註明團體名稱、訂房主要聯繫人、付款方式及住宿期間其它相關設施之準備，如會議室、用餐等。

訂房資訊對於旅館業客房服務與業務行銷是一個相當重要的基礎，訂房人員在處理訂房資訊中應相當謹慎，為旅客服務提供完善的服務。

第四節　產值管理

一、產值管理的發展

服務提供者面臨了許多問題，主要有時效性（Perish-Ability）和生產力限制（Capacity-Constraint）。產值管理出現在1980年航空業中，漸漸地也在旅館業、運輸業、租賃業、醫療院所和衛星傳達等行業中出現。以美國航空的定義為例，它控制平均收益與承載率使得收益最大，在適當的時間將適當的座位賣給適合的旅客，以達到收益最大化爲目的。產值管理一般指的是訂價及訂位的控制，在航空業裡就屬艙位的分配，它的目的是希望藉著高票價及低票價來對艙位做適當的分配，以求取最大的收益。也就是針對不同等級的旅客做分配，以避免空位起飛或是過多的低價票艙位，造成收益的損失，有時候航空公司也會傾向接受超額訂位，以降低可能的收益損失。藉此航空公司的經營績效有顯著的提升，使得飯店等服務性質的行業也紛紛跟進，於是飯店業逐步研究運用。

二、產值管理與服務業

目前產值管理系統出現在其他服務業，包含了住宿、運輸、租賃公司、醫院、和附屬的傳達。飯店業與航空公司的相似點，例如固定的容納量（機位、房間都有限制）、顧客的類型可以區分（商務、觀光、團體）、接受預約、需求的高低（季節性等）、當日未售出的機位或房間，成爲無法賣出的成本等。在產值管理的領域裡，大多都包含了幾個特性：存貨都具有不可儲存性、有固定容量的限制、較清楚的市場區隔能力、產品可以透過訂位系統預先出售、需求的波動較大等特性。而値得注意的除了適用在航空業之外，旅館業也相當符合這幾項特性，因爲艙位跟客房都具有時效性，在固定時間內尚未賣出的存貨即會失去價値。因此業者可以在這「存貨」賣不出去之時，以不同價位折扣的方式來增加存貨的使用率，才能使平均收益與承載率增加。美國航空的例子是藉由監控即將起飛的班機、競爭者相同航線的班機狀況，訂定後補機票價格和座位數量，由此達到營收管理最大化的目標，也就是以達到收益最大化爲目的。

三、產值管理系統的意義

產值管理系統是一種可以協助公司針對特定的顧客做適當的銷售，包括如何於正確時間點與正確的價格下銷售產品。產值管理系統的目的是爲了使每個房間獲得最大的收益，依據顧客對房間的需求和飯店所供給的房間數來訂定房價。然而，在今日飯店業的廣大競爭之下，各業者無不想盡辦法來降低成本與增加收益，依據飯店對過去的歷史資料和現在的訂房率，以及No-show的人數利用Over-booking來控制。當服務業的生產力有限時，管理者運用產能的能力成爲企業成功的要素之一。在生產力集中的服務產業中，產能管理系統可幫助業者得到最大的利益，因其邊際成本遠低於邊際收入。對於餐旅業也是如此，像是房務員多清掃一個房間的成本遠低於賣出一個有折扣的顧客所得到的利潤，所以優秀的飯店管理人會接受一定程度的折扣房價。

四、產值管理系統的相關概念

產值管理系統奠基於多時期的價格和市場區隔的基本概念。產值管理系統的定價，依據這兩個概念來運作。產值管理系統往往會藉著生產力劃分出分離的時期，舉例來說，產值管理系統也許切割購買航空票的時間爲三個時期：(1)班機之前21天(2)班機之前7~21天(3)班機前7天之內，票價依照時期而有不同。找出這些價格是困難的，而且需要複雜的產值管理系統來分割時間、定價和在各價格的銷售限制。在市場區隔上，我們又把消費客人分成兩個區間：非價格敏感客人（Price-Insensitive）和價格敏感客人（Price-Sensitive）。因爲兩個不同區間的差別，產生了對於產業最大容量服務的不同評價，評價較高的區間，願意爲了服務付較多的錢，屬於非價格敏感客人；價格敏感的客人，對於產業最大容量服務的評價較低，願意付的錢也較少。

從上述兩個區間裡，又劃分出三種服務特性爲：(1)價格敏感客人，這類的客人會計劃性地提早預約，相對於非價格敏感客人，他們希望付較少的費用，因爲他們對於產品和預約價格的價值認定較低。這種情況，通常發生在旅行業中，例如：旅館、旅行社、航空公司…等，客人來自於個人或是家庭，他們會預先計劃假期和旅程，提早預約，以達到較低價格的目的。(2)非價格敏感客人，這類的客人願意提早到達，而且願意付較多的費用，因爲他們對於預約價格的價值認定較高，例如：麵包店麵包剛出爐時，第一位客人對於麵包的種類，擁有最多的選擇權，所以他們願意提早到達，並付較多的錢。但是相對於晚到的客人，他們對於產品的價值認定降低，願意付的費用也相對減少。(3)不會因爲提前預約或是到達時間的早、晚，而改變其花費的客人。例如：在餐廳的服務裡，晚到客人會得到和早到的客人一樣好的的服務；對於提前預約的客人，是因爲有特別的需求。所以，應該避免用客人到達時間，衡量其消費意願。

而產能管理系統的定價策略，分別爲：(1)早期定價低，隨著時間慢慢升高。(2)早期定價高，隨著時間慢慢降低。(3)一開始就必須定好價錢，並達到客人的需求，每個時期經過觀察之後，再決定調升或降低價格。

五、團體客與旅館營收

實務工作中，許多旅館倚賴團體客源，團體住宿對飯店獲利扮演著重要的角色。包括觀光團、重大集會會議、重要展覽的舉辦或是知名的表演團體來台等，都是飯店團體住宿的商機。對旅館業來說，團體的生意代表很多不同的立場，包括大型的會議、博覽會、展售會，中型的公司會議，以至小型的旅行團、獎勵旅遊等，都佔有很大的地位。有些旅館住房比率中，團體客人就佔90％以上，但有少部份旅館卻排斥接團體客人。但大體上團體生意已成爲很多旅館的主要依靠，且團體的訂房方式跟一般的不太相同，團體訂房需注意很多問題、小細節、優惠折扣方式等。團體生意對旅館的貢獻依型態而有所不同，有些旅館本身以接收團體客人爲主，有些則在淡季時才收，接收團體生意會替旅館帶來一定的收益，所以業者大多願意接收。飯店接收團體客的原因包括：因爲團體生意佔有相當大的市場、團體客人帶來某些經濟效益、及團體代表有更多的花費。

旅館的住房統計資料中，顯示團體訂房的比例很高，這代表團體生意佔有極大的市場。團體客人在住房期間，不單是房價還有其他的消費，例如餐飲費，而在團體客人住房後和退房前的空檔期間，飯店可節省很多人力資源，例如前檯人員、行李員、房務部的人員等，團體客人中有很多是因公務而來，並不是自費的，所以他們比一般客人有更多額外的消費機會。在這些喜歡接收團體客人的旅館中，有一種較特別的旅館型態，就是賭博型的旅館，這種旅館雖然喜歡團體客人，但卻會從中選擇，其依據是客人對賭場涉及性之高低而定，因其主要的收益有一半是來自於賭場中。

雖然團體生意會替旅館帶來很多好處，但有些旅館卻不喜歡，特別是休閒度假旅館，因爲業者怕團體客人會影響其他散客的權益，例如團體客人的吵鬧聲使散客有疏遠孤立的感覺或佔據設施等，抱怨因此而生，且旅館也會招致不好的聲譽。在旅館業營運中必須要面對的問題是處理團體客要求折扣，因此接受團體生意需花費更多準備，且還要給予折扣。所以團體生意對旅館的影響在於自我考

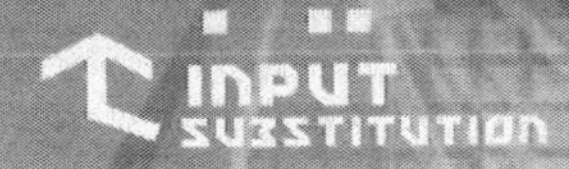

量和定位，能否帶來更高的收益，都要先做正確的評估再決定是否接受或其比重等決策。

六、產值管理系統的目的

除了倚賴團體客源的訂房之外，複雜的產值管理系統會根據Early Booking的數量來調整房價，也會在Overbooking時停止接受客人訂房。YMS系統最主要的目的是隨著每天時間的變化，調整每段時間的價錢。例如，在稍早的時間收取具有折扣的價錢；在晚一點的時間收取不具折扣的價錢，以有利潤性的填滿容量，達到策略性價格增加產業利潤的目標。例如，飯店平時的一間房價為100美元，當這天的時間愈來愈晚，且飯店大部份的房間也已經賣出差不多，但仍有保留一些空房，此時，YMS系統就會自動調高每間房間的價格，來增加今天的利潤，因為晚到的客人為了要住房，所以他們願意付比較高的價格。

藉由績效管理的概念，在旅館業中，我們可以預測房間的可用性（Forecasting Availability）盡量達到館內房數與接受訂房的房數一致程度。太過保守的估計，則飯店就有未售出的房間；接受太多的訂房，則飯店就無法讓Walk-in的客人順利進住，如此飯店利益的收取將會有所影響。

另外，有別於以往所用的訂房紀錄手冊，現在已開發一種自動化的系統，亦即以房間型態來查詢並追蹤房間是否已租用以及房間的狀態，例如OOO、OOI等，不再以過去使用房間號碼的方式來做登記，大幅節省時間。諸如此類績效管理的運用，使得作業更有系統、更為便捷，並且使企業更有利可圖。然而，對企業來說，開始產能管理的施行是要非常小心的。當管理方面專注於使產能最大化時，公司可能會只專注在短期利潤，而忽視了長期利潤及提升服務品質、調整產品缺失等事務。專注於有效率的使用資源會使管理人員的注意遠離服務，而這將會導致顧客相當多的財務損失。

問題討論

1.如果您是一位旅館中負責訂房的人員，請說明接受訂房過程中，應該瞭解旅客的資料有哪些。

2.請討論網路訂房的過程中，系統可以提供哪些方便的步驟協助旅客瞭解旅館的商品。

3.請說明旅館處理旅客訂房變更、取消訂房的相同及相異之處。

4.請說明訂房人員在銷售預測與訂房準則上應考慮的事項爲何。

5.請選擇二間並比較網路旅行社訂房程序上的差異點。

6.請說明產值管理的意義。

關鍵字

1.Cancellation

2.Confirmation

3.Deposit

4.Forecast report

5.Guarantee

6.History Data

7.No Show

8.Overbooking

9.Yield management

Chapter 6 旅客遷入手續

旅客遷入作業是旅館與客人面對面服務的開始，自掌握旅客的資料、機場接待、櫃檯接待、安排適當的客房、提供資訊詢問服務等，是旅館櫃檯提供旅客遷入服務程序中相當重要的環節。

本章即是介紹各項作業的流程，及彼此的關聯性。學習者應清楚地瞭解各項作業的意義，及培養作業的正確性，以便銜接次章節所樹立客帳作業及旅客遷出的作業服務。

本章旅館資訊作業畫面由靈知科技股份有限公司提供

陳經理擔任旅館客務部經理，每天參加完公司的晨會工作報告（Morning Briefing）之後，即將今日預計到達旅館的客人名單瀏覽一遍，指示接待主任瞭解特殊要求的客人習性，並逐一確認每一位預排房客需求的房間是否正確。

Mr. Smith爲麗緻酒店的常客，陳經理發現：Mr. Smith已經住房超過100晚，陳經理本次將爲Mr. Smith升等客房。但另一方面，Mr. Smith 因爲班機延誤，由香港撥了一通電話到台北預定的旅館，請旅館務必保留房間。

等到班機到達後，旅館接待的貴賓車已經準備好接待的工作了，當住進旅館（Check-in）時，旅館早已爲Mr. Smith安排好適當的房間，櫃檯接待服務人員從容地取出房鎖，引領Mr. Smith到房內，讓Mr. Smith每次都感覺到回到家一樣的溫馨。

Mr. Smith 剛抵達旅館，發現離開航站大廈時，少取了一樣行李，立即請Concierge協助。旅館服務中心的王主任，憑藉其多年的工作經驗，請客人敘述行李的特徵，並立即聯絡航警局服務人員協助尋找。

五分鐘之後，林主任接到航警局電話通知已尋獲行李，王主任請 Mr. Smith 影印護照證明文件，並草擬帶領行李委託書，交待機場接待將行李領回。

櫃檯接待是客務部的服務中心，處理旅客抵達旅館前的準備事宜，及旅客抵達後安排房間等工作，必須和訂房組、房務部、工程部等部門保持密切的聯繫，以求提供完好的房間狀況給予客人；另一方面客人從客務部所得到的服務也可以看到旅館的服務水準。

第一節　櫃檯接待的職責

訓練有素的櫃檯接待服務人員，常常能使顧客在踏入旅館的大廳時，就產生一種賓至如歸的感覺。由於旅館櫃檯服務人員為24小時全年無休地為旅客提供服務，接待服務人員必須掌握旅客住宿的相關訊息，並且做好交接工作，以落實客人服務的細節。本節將介紹其主要的工作職責，及其工作交接重點。

一、櫃檯接待員的職責

櫃檯接待員主要工作為服務客人，但其工作職責包括：(1)瞭解各房間的位置、型態、陳設、樓層屬性及房價。(2)聯繫訂房組準備住宿的前置工作和房間的安排與控制。(3)接待住客辦理住宿登記與分配房間，並接受客人的詢問。(4)能夠有效處理公司既定的信用卡、支票、現金入帳作業程序；為住客開立住房總帳和各類明細帳。(5)掌握房態，製作有關客房銷售的各種報表。(6)處理客房鑰匙的管制。(7)辦理客人貴重物品的存取。(8)維持與各部門聯繫，透過電腦、電話、單據、報表等方式和途徑，把客人的有關資料傳送給旅館各個部門。

二、櫃檯接待工作的班別流程

一般而言，櫃檯接待工作為因應我國勞基法所規定的工時及工作特性，大致分為早班、晚班及大夜班等三個班次。各班次依時間及工作特性，各有不同工作範圍，分述如下：

（一）早班

1.確實瞭解當日將抵達的旅客名單中特別的住宿需求。

2.與大夜班接待人員做好交接班工作，及瞭解特別需要注意的問題。

3.與房務部核對房間整理情況，做好接待客人和分配房間的準備工作。

4.提示房務部當日提早抵達的旅客，將客房優先整理。

5.對當天延遲退房或續住的房客，在中午十二時前與房務部確認。

6.協助辦理退房工作。

7.整理該班退房客人所有帳務。

（二）晚班

1.與早班接待員進行交接。

2.瞭解今日抵店客人名單，尤其是V.I.P.客人的住宿要求。

3.與房務部核對房間狀態與房間整理情形，特別是臨時取消、增加訂房的確認。

4.與續住旅客確認離開旅館日期。

5.檢查輸入電腦中住房客人姓名、房價、離開日期、特別要求及付款方式有無差錯。

6.準備好翌日抵達旅館的訂房單資料。

7.與大夜班接待人員交接班。

（三）大夜班

1.根據櫃檯接待組的工作特點，要與下午接待員做好交接班。

2.再檢查電腦中住房客人姓名、房價、離開日期、特別要求及付款方式有無差錯。

3.列印或製作各種統計、營業狀況報表。

4.做好團體住房旅客資料的帳務整理工作。

5.辦理住客清晨時的退房。

6.遞送各式報表至各部門。

7.與早班接待員進行交接班。

旅館資訊系統提供交接班次功能，以方便作業服務人員交接業務；進入系統畫面，在「接待出納」下拉表單，選擇「櫃檯交接班作業」功能（見**圖6-1**）；進入系統畫面中，在「接待出納」下拉表單中，選擇「櫃檯交班」功能：輸入班別與報表格式，就可以完成交班報表作業（**圖6-2**）。

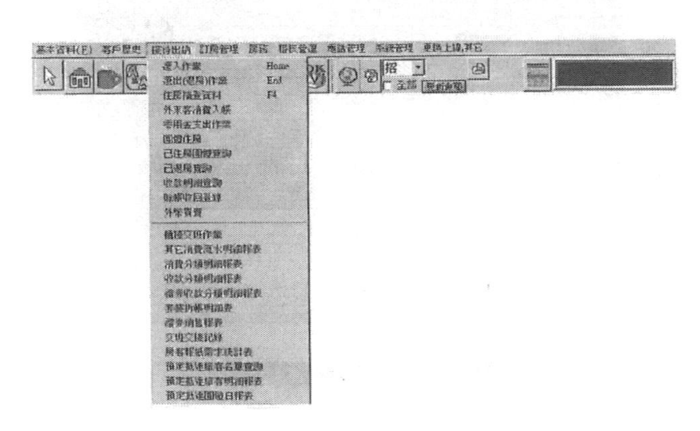

圖6-1接待出納畫面

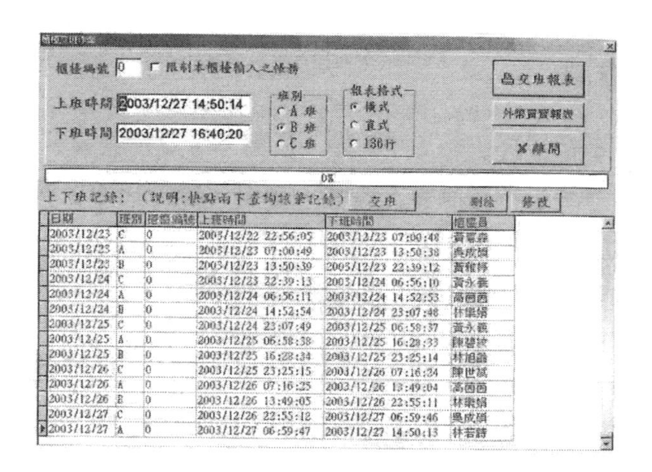

圖6-2櫃檯交班作業畫面

在交接班過程中，如果不同班別之間有特別事項必須交接，可以利用系統紀錄交接內容[1]。

在櫃檯交班功能視窗中，選擇「交班交接紀錄」功能（**圖6-3**），輸入班別與報表格式，可以列出交班報表（見**圖6-4**）。

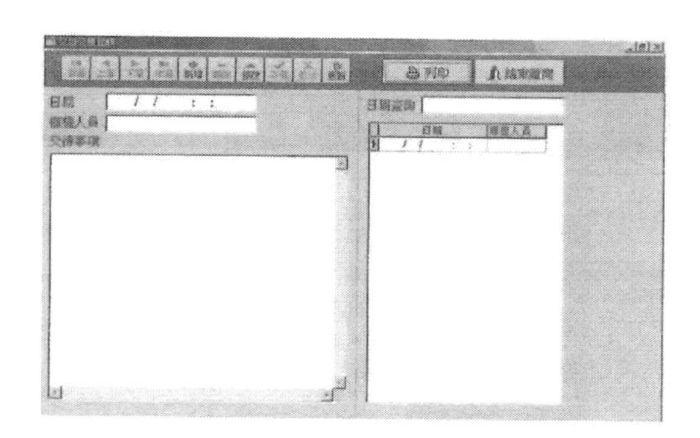

圖6-3交班交接紀錄畫面

註1旅館交接班紀錄除了運用資訊系統之外，也會利用“Log Book”記錄交接事項。

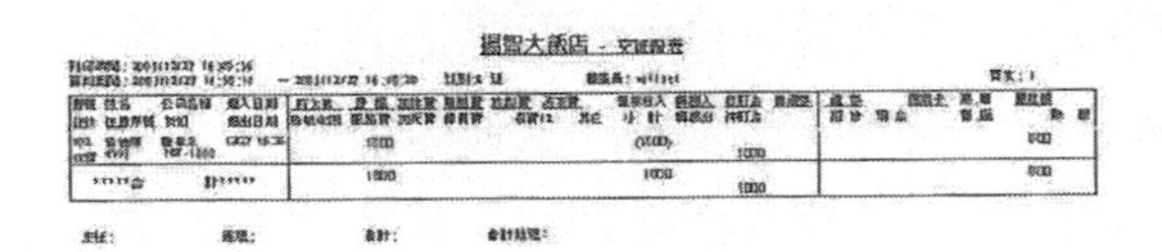

揚智大飯店 - 交班報表

圖6-4交班交接紀錄報表

交接班的人員也需要變更系統使用者人員，進入系統畫面中，在「系統功能」下拉表單中，選擇「更換上線」功能，輸入上線密碼，就可以更換交班人員工作（見圖6-5）。

圖6-5使用者登入畫面

第二節　客房遷入作業服務

旅客到達旅館之後的第一件事即爲登記住宿，若旅客爲第二次再度住宿同一旅館，多數的旅館會保留旅客的住宿資料，作爲提供服務的重要資訊，旅客再次住進旅館時僅需簽名即可。

旅客住宿登記的目的有三：其一爲確定客人的住宿日數，亦即旅館藉此確認客人的離開日期，以掌控住房情況。所以客人抵達旅館前的訂房資料和抵達旅館後填寫的住宿登記單，是旅館掌握住房資訊的關鍵，可做好接待服務工作，縮短登記住房程序。

其次利用客人的資料累積爲顧客歷史資料；此部分可做爲旅館的市場行銷分析，調整經營策略以加強競爭力。

第三爲累積客人正確的住宿資料，俟客人再次前來住宿時，能掌握最正確的住房習性資訊，提升服務品質。不僅可使館方知悉客人的特殊要求，以提升客人的滿意程度；同時也使旅館掌握客人的付款方式，縮短退房程序及結帳時間，並提高旅館的住房業務預測。

一、客人遷入的前置作業

爲確保旅客住宿的正確性與迅速性，在辦理客人住宿登記及分派房間前，櫃檯接待人員必須充份瞭解客房及欲住宿客人之個人需求特性，以確保工作的正確與順利進行。櫃檯服務人員會在旅館遷入的前置作業，即可掌握將要抵達旅客的資訊，同時藉由以下介紹的各項報表，可以提早做好接待工作，茲敘述如下：

（一）客房銷售報表（Room Sold Report）

在客人住宿前一天，櫃檯接待人員預先瞭解每日客房預訂（Reservation）數目、超賣情況（Overbooking）及後補（Waiting）等輔助報表，以掌握客房數量。櫃檯服務人員藉由此報表瞭解各類型客房已經銷售的情況，以及可以銷售的房間型態及數量。

（二）當日抵店客人名單（The Arrivals List）

當日抵店客人名單是指遷入當日所有已訂房客人名單，包括客人姓名、離開旅館日期、訂房者（聯絡人）的姓名、聯絡電話、房間型態、數量、價錢、住宿需求（如非吸煙樓層）、班機代碼等，以便於安排適當客房及旅客接送安排的訊息。

本書示範系統中，可以自系統畫面中，在「訂房」下拉表單中，選擇「預定抵達旅客」功能之後，依畫面指示選擇查詢當日預備到達的旅客名單（**圖6-6**），旅客名單如**圖6-7**。

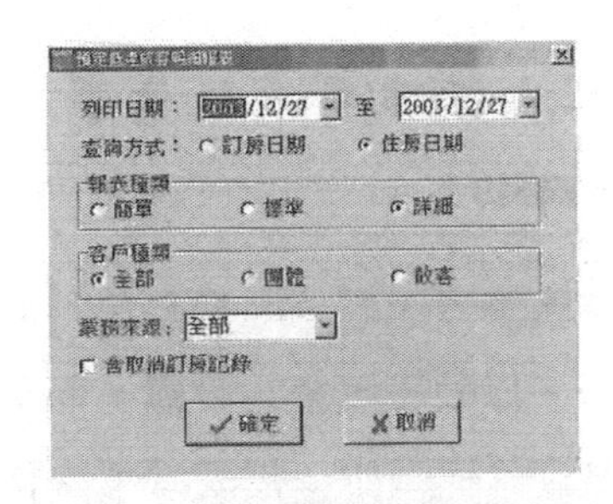

圖6-6　預定抵達旅客明細畫面

圖6-7　預定抵達旅客明細表

（三）歷史檔案資料（The Guest History Record）

櫃檯接待應根據當日抵店客人名單，查看是否有建立客人歷史資料，以瞭解客人曾經住宿的特殊要求或服務，以使客人能夠住宿愉快。根據歷史資料，可以瞭解客人住房的習性，例如喜愛高樓層的客房、住宿的次數及日數，以配合旅館提供之升等禮遇計畫（Upgrade Program），或累積住宿優惠（Referred Programs）提供客房住宿升等或相關優惠，或客人特有的需求，如高樓層、偏愛某種水果等，以作安排時周延考量。

（四）當日抵店客人特殊要求注意事項（Arrivals with Special Requests）

若客人第一次至旅館或因需求而於訂房時要求特別服務，相關的部門就必須被告知，以做好服務的準備。而櫃檯接待人員亦應將此特別要求列入歷史資料訊息中，以便於下次當客人再訂房時，即可與客人確認或再爲客人預作服務準備。若爲重要公眾人物，旅館總經理或重要主管將會同公關部門，做好檢查房間及協助歡迎拍照等工作。同時，經由旅館所予以禮遇之V.I.P.，包括政要、名人、企業負責人或長期顧客等，在住宿期間須給予特別的禮遇。這些禮遇包括事先給予客房升等，在客房內辦理住宿登記（Room Check-in），抵店時由旅館高級主管代表歡迎致意，及引導至客房等禮遇。

（五）列印住宿登記單（Printed Registration Card）

爲了減少辦理住宿登記的時間，接待員預先把住客的住宿登記單先列印好，諸如姓名、地址、抵店與離開旅館日期、付款方式等，一旦客人到達，只需查看資料是否正確，隨後簽完名字即可完成登記程序，以減少等候時間。資訊系統允許將訂房資料直接轉換成住房資料（**圖6-8**）。

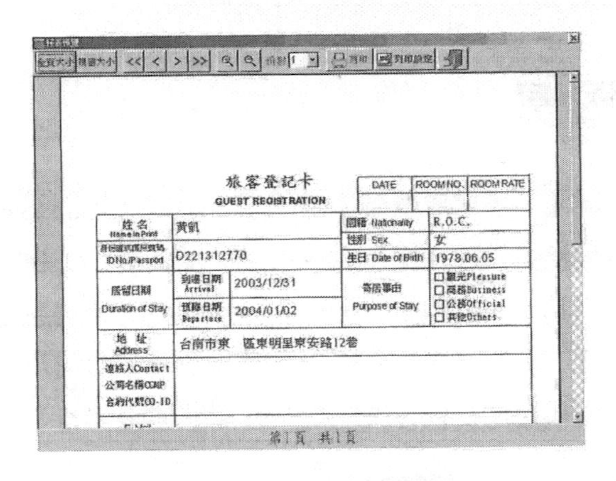

圖6-8 旅客登記卡畫面

二、機場接待

機場接待員是旅館的第一線人員，必須養成服裝整潔、配掛旅館識別證，以迎接客人。機場接待應瞭解每日住客抵達名單，並核對每班班機到達時是否有本館旅客搭乘，以便作適當的安排與接待工作。

當有班機之到達時間因氣候或其他因素而提早、延遲或取消的情況發生，應隨時依最新狀況，注意旅客及班機情況。發現訂房旅客不在預訂搭乘班機之乘客名單上時，並不表示該旅客不來，而是有可能會搭乘其他班機抵達，機場接待應立即與旅館聯絡，以掌握客人動向。接到旅客後，應妥善照顧行李及安排車輛接回旅館。如有特殊情況要請客人稍候或等候時間較長時，應以婉轉的口氣告訴客人，讓客人明瞭情況。

當正確接到住客之後，應與旅館取得聯繫，讓在旅館內服務的同仁有充分的準備等待旅客，完成接待的準備工作。

三、房間分配

在客人到達前，櫃檯接待必須持有一份最完整而正確的客房現狀報表，以瞭解當日住客使用狀況。同時藉由顯示各種房間的情形，以安排當日抵達旅客適當的房間。一般而言，客房狀態通常區分以下數種情況，使客務與房務可以清楚地瞭解客房使用與房間整理的進度，以便迅速地安排客人住宿。客房狀態說明如下：

1.可售空房（Vacant／Clean）

表示房間已整理完備，隨時可以售出的房間。

2.退房待整中（Check out／Dirty）

客人退房不久，房間尚未整理，或整理中的房間。

3.住宿中（Occupied Room）

表示客人住宿當中，並未於當日退房的房間。

4.故障房（Out-of-Order Room）

這種房間無法使用，可能是因爲房內某些設施故障，或是重新裝修的房間，此類型房間狀態需在整理完成之後才可售出。

5.指定房（Blocked Room）

這些房間基於某些理由保留給特定的人士，例如保留給V. I. P.人士或旅行團，或是房間基於旅客習性而經客人訂房時已指定。

6.館內人員使用（House Use Room）

指館內服務人員因值勤需要而住宿的房間，此房間狀態並不計入住房率及平均房價。一般而言，旅館總經理或高階主管住宿的客房即是以此狀態表示。

以上這些房態資料可以幫助櫃檯接待員正確地銷售房間和調整房間的銷售。分配房間必須按客人的訂房狀況、抵館時間、住宿條件的狀況，分配正確及適當的客房予客人。系統可以提供預先安排房間的功能，如**圖6-9**爲預訂抵達客明細表。

揚智大飯店 - 每日客房明細表

列印時間: 2003/11/21 14:02:33
資料期間: 2003/11/20 07:00:00 ～2003/11/21 06:59:59

房號	住休	住房時間	退房時間	預離日期	備註
210	住宿	09/28 13:25		11/22	
102	住宿	11/20 20:28	11/21 09:01		
202	住宿	11/20 22:06	11/21 08:44		
107	住宿	11/20 23:13	11/21 11:28		
103	住宿	11/20 23:58	11/21 08:53		

圖6-9 預訂抵達客明細表

本書所舉例的旅館資訊系統中，進入系統畫面，在「訂房作業」下拉表單，訂房畫面，在選擇完訂房資料後，畫面會出現「是否繼續輸入房間」功能，可以依照畫面指示選擇安排的房間號碼；完成預先安排房間的工作。[2]

對於已經分派的房間，服務人員可以進入系統畫面中，在「房

註2作者註：依筆者工作經驗，建議旅館服務人員不要預先為客人在系統中安排房間，而在旅客到達名單中以鉛筆註記預先排好的房間即可。原因是排房之後，如果當客人抵達時房間仍舊沒有清潔完畢，或原先住客未遷出，勢必須重新安排房間，這會增加櫃檯人員安排旅客住宿簽入的時間，減低服務的效率。這種情況最常出現在住房率高峰期，且同一天中住宿遷入與退房的數量都很高的時候。如果必須事先安排客房，可以依照“Block Room”的觀念，為特別需求的客人安排客房。

務」下拉表單，訂房畫面中，選擇「每日排房表瀏覽」功能，可以瞭解預先安排房間的狀況（**圖6-10**）[3]。

訂房排房表

頁次：1

日期：2003/12/27　　製表日期：2003/12/27 16:57:17

房型	房間設備	房號	訂房序號	房客姓名
S1	單仁房	001	20031128-005	朱麗心
S1	單人房	002	20031212-002	劉怡
S1	單人房	003	20031212-002	劉怡
S1	單人房	005	20031212-002	劉怡
S1	單人房	007	20031201-010	鄒凱婷
D	雙人房	009	20031031-003	陳小姐
D	雙人房	010	20031212-002	劉怡
D	雙人房	011	20031212-002	劉怡
S	雙人房	105	20031224-003	蔡琬如
S	雙人房	203	20031201-006	楊騏瑜
DT	二大床	206	20031211-010	廖淑燕

圖6-10訂房排房表

對於提早抵達旅館之客人（Early Check in），客務部應優先安排昨日未售出之客房，若有特別需求之客房，應會請房務部優先整理，以利客人遷入。而對於當日延遲退房之客房（Late Check out），應排給較晚抵達之旅客，以使房務部有充分的時間整理最完美的客房給客人。

旅館資訊系統中，進入系統畫面，在「接待出納」下拉表單，選擇「遷入作業」功能之後，依畫面指示選擇安排的房間號碼（**圖6-11**）。畫面會出現住房作業畫面，服務人員依序輸入各項資料（**圖6-12**）。

註3房務清潔人員可以事先查詢此功能，作為清潔客房順序的參考。

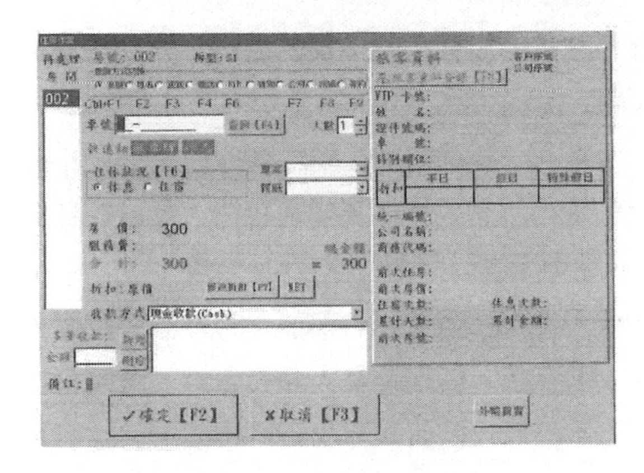

圖6-11接待出納畫面

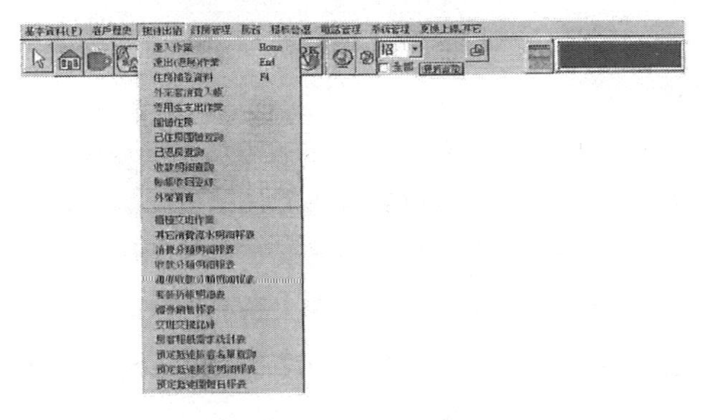

圖6-12 住房作業畫面

四、住宿登記作業

「登記」對旅館初次抵達的客人而言，是旅館與客人互動的第一步，我國觀光旅館業管理規則第十五條規定觀光旅館應備置旅客登記表，將投宿之旅客依規定的格式登記。住宿登記的目的是記錄客人的資料，並利於旅館各種作業的進行，同時旅館則視為建立檔案的重要資料。

當有訂房客人一抵達旅館後隨即辦理住宿登記和分派房間，客人在登記時必須出示有效證件讓櫃檯接待人員核對身分；外國人出示護照或是在台居留證，本國人則為身分證。

接待服務人員將住宿登記卡與客人的訂房單核對，同時再一次與客人確認住宿資訊，特別是客人身分資料、離開日期及付款之項目。旅館資訊系統可以將旅客訂房資料轉印成為住宿登記卡，若有預先訂房的客人可以直接印出住宿卡，請旅客簽名即可。

一般而言，客人付款資訊上，以信用卡結帳者，將先行預刷（Imprint）徵信額度，並將此刷卡單與旅客登記卡合併裝訂，以便於旅客退房時確認。

若為付現，則先行預收一日以上之房租，並且依照訂金收取制度記錄在資訊系統之中。最後請客人於住宿登記單上簽名。

對於客人沒有訂房進住時，櫃檯接待則查看可售房間的狀態，並依上述方式填住宿登記單後，請客人簽名，完成登記程序。

各家旅館住宿登記單的格式設計不盡相同，但內容並沒有什麼差異。其填寫方法說明如下：

1.姓名（Name）

訂房單中客人的姓氏、名字均列印在住宿登記單上。接待員有必要再核一下正確與否，拼法是否正確，會影響到住宿客人的查詢、客帳、電話留言及其他文書作業，故對姓名的核對應很仔細。

2.公司名稱（Company Name）

如果是簽約公司為客人預定的客房，或是客人的住宿帳是由代訂房公司代為支付，客人所寫的公司名稱必須與行銷部門所簽訂合約的公司名稱相符。如果是旅行社訂房，旅行社的名稱應被列入登記單中。

3.護照號碼（Passport Number）或身分證字號（ID Number）

接待員持客人護照或身分證件，詳細核對並予以登記。

4.國籍（Nationality）

客人的國籍必須登記下來。如果客人曾經來過，則國籍欄的記載也會自動轉入客人歷史資料中，此部份可用於業務推廣的重要參考資料。

5.抵達店日期（Arrival Date）

抵店日期在訂房上已有記載，住宿登記單據以列印出來。

6.離開旅館日期（Departure Date）

列印方式同上，但客人在登記塡寫時仍須向客人再確認一次，避免發生錯誤。

7.房間型態（Room Type）

接待人員須再度與客人確認訂房時的房間型態，因爲客人也可能基於某些理由給予客房升等（Upgrade）的待遇，或是根據與對方公司的合約規定給予特殊型態房間。

8.住址（Address）

登記客人地址可以作爲信件連絡，或市場行銷的資料。若客人爲第二次再度回到旅館，這些資料都將轉列印於住宿登記單上。

9.房價（Daily Rate）

若是有訂房的人，房租在訂房時已確定，對無訂房客人，則先確認房間型態，再決定房租，並明確告知客人。但對於旅行團的住房旅客，因牽涉佣金問題，因此不標示房價給住房客人瞭解。

10.房號（Room Number）

接待人員先找出適當房間後，再分派房號給客人，並註記於住宿登記單上。

11.訂金（Deposit）

若客人有預付訂金，服務人員需開立訂金單據交客人收執，其數目也將被記錄在訂房單上。住宿登記單也會據以列印在表格內，預付款帳目也將轉入客人房帳中。

12.付款方式（Payment By）

訂房單已有註明而列印在登記單上，所謂付款方式即是客人支付帳目的方式，爲現金、簽帳（公司支付）、信用卡、住宿券或其他方式，接待員必須向客人確認。至於公司付帳的程度是全額支付或是房租（Room Only），也要再確認清楚，以免向公司請領帳款時發生問題。

13.客人簽名（Signature）

這是一道重要的步驟，表示客人已認可登記單所印的內容，也正式接受旅館提供的住宿條件。簽名於住宿登記單即是支付客房價金的重要憑證。

14.接待人員簽名（Receptionist Signature）

只有親自接洽客人的接待員最清楚客人住宿的細節內容，如果客人對住宿有任何問題，則可找接待人員澄清與解決問題。

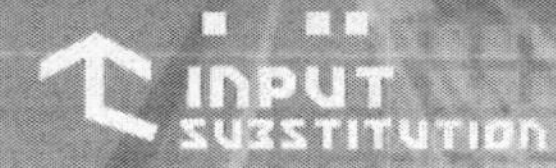

15.住宿政策說明（Policy Statement）

住宿登記單上除了上述的登記項目外，在下方還附有旅館的對客宣示，這是讓住客藉登記之時瞭解館方政策的說明。例如退房的時間、房價是否應另加稅或服務費。住宿登記完畢，則將相關資料登錄到系統之中[4]（**圖6-13**）。

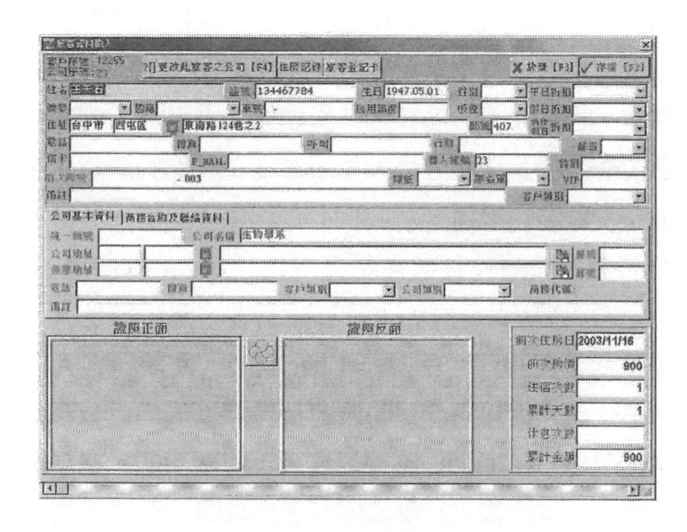

圖6-13 旅客資料輸入畫面

五、分配房間鑰匙和引導客人至客房

住宿登記完成及分配房間後，接待員給予客人鑰匙，並發給住宿卡（Hotel Passport），它是一種住宿證明，用來證實客人的住客

註4如果由訂房資料轉換過來的登記資料，則僅需要將該訂房資料分派客房即可。

身分，憑此卡領取鑰匙，或在其他餐廳消費簽帳。使用電子門鎖系統（Electronic Locking System）的旅館則在住宿登記完成後發給一張有磁帶的卡式門鎖，此種電子門鎖在台灣已逐漸為各旅館採用。

領取門鎖後，是否引導進入客房，則視旅館所提供的服務而定。一般小型的旅館，櫃檯接待僅告訴客人電梯方向，並不作引導進入服務。較大規模的二十四小時服務的觀光旅館則由行李員幫客人提行李做引導進入服務。較高級的旅館也有接待員負責引導客人至房間，隨後行李員把行李送至客房。這種服務方式的目的是表示對客人的尊重，讓客人有一種被重視的感覺。引導進入的接待員為客人解說房間的設施及使用方法，並回答客人提出的問題，讓客人能感受親切及受歡迎的禮遇。

大型旅館在大廳設有顧客關係主任（Guest Relations Officers, GRO），負責接待剛到達的V.I.P.及旅館常客，並引導進入至客房，完成快速住房登記程序（Express Check-in）。此類型客人多在客房內辦理住宿登記，因為事前房間鑰匙及房間號碼均已分派好了，客人一進旅館門口，GRO即一路帶領客人至樓層房間，在房間辦理住宿登記手續，可減少客人於櫃檯前的等候時間。資訊系統提供快速登記的功能（**圖6-14**）。

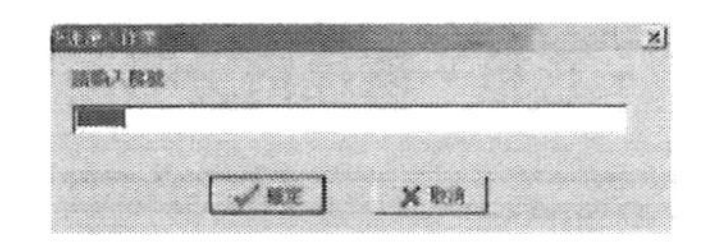

圖6-14 快速遷入作業畫面

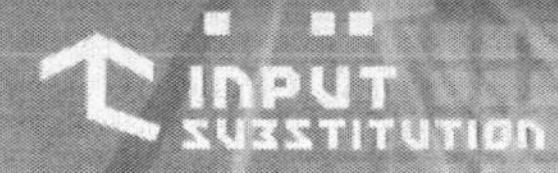

旅館資訊系統提供團體住房遷入作業功能；進入系統畫面，在「接待出納」下拉表單，選擇「團體住房」功能之後[5]，依畫面指示選擇安排的房間號碼；畫面會出現住房作業畫面，服務人員依序輸入各項資料，完成團體住房功能（**圖6-15**）。

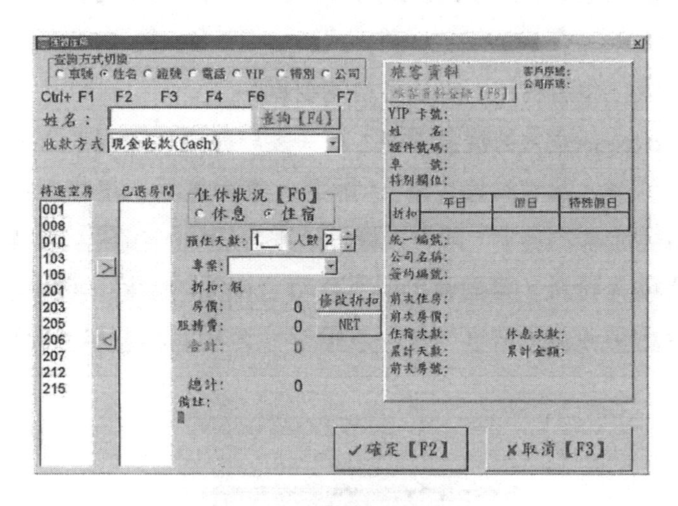

圖6-15 團體住房畫面

當旅客因為行程提早住進旅館，但是旅館由於前一晚住宿客滿，或其他原因，而無法及時提供客房給予旅客，此時，我們稱所有客房狀態為客房處於變更（on Change）的狀態。旅館的服務人員可以先為旅客登記住房資料，處理隨身的行李，讓旅客先行處理其他的事情，不用在櫃檯前等候客房。待旅客預定的房間清潔完畢之後，櫃檯服務人員將旅客行李先行送至客房之中，讓旅客回到飯店之後，可以立刻使用客房。

註5系統也提供「旅客郵寄標籤」功能，操作方式與公司行號相同，但是習慣上，旅館並不任意寄送DM給曾經住房的客人。

六、住宿旅客的查詢

櫃檯詢問處經常有外來客人查詢住店客人的有關情況，Concierge運用資訊系統協助訪客查詢住客資訊是常見的詢問項目之一。查詢的主要內容包括：(1)有無此人住宿旅館；(2)住客是否在房內（或在旅館內）；(3)住客房間號碼[6]。

Concierge進入系統畫面中，在「客戶歷史功能表」下拉表單中，選擇「個人旅客快速查詢」，即進入查詢畫面。在此畫面中，輸入欲查詢旅客的名字，即可以瞭解該旅客住房的相關資訊（**圖6-16**）；只需輸入姓氏，畫面會出現所有符合條件的結果（**圖6-17**），然後選取想要查詢的旅客，就可以瞭解住客相關的資料（見**圖6-18**）。

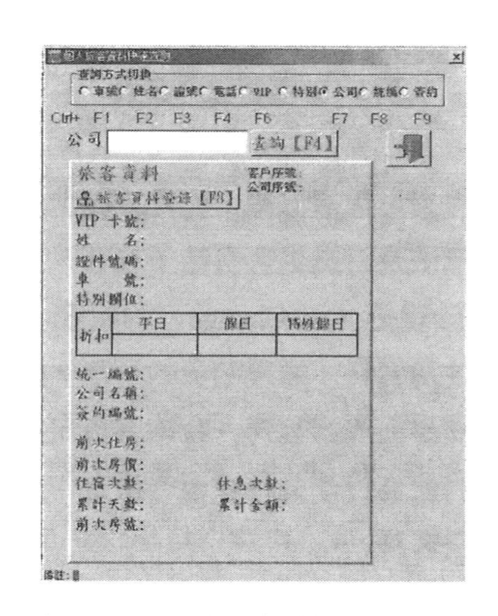

圖6-16 個人旅客資料快速查詢畫面

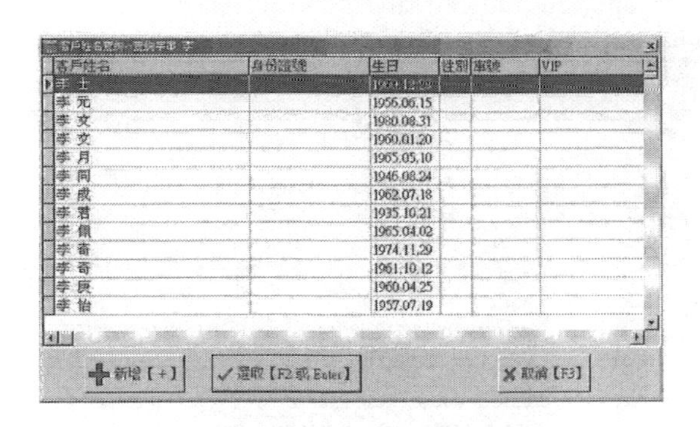

圖6-17 客房姓名查詢畫面

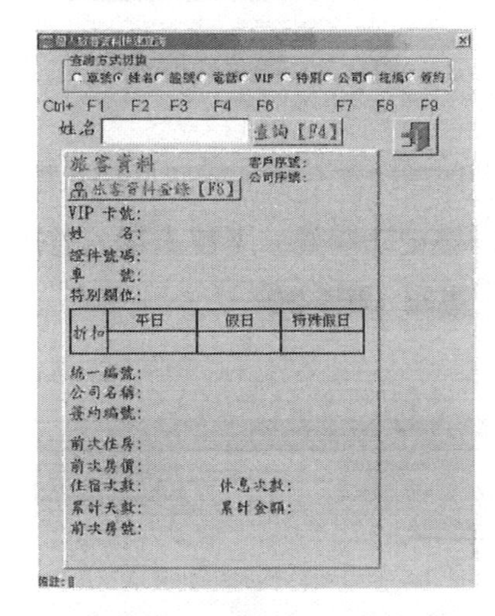

圖6-18 個人旅客資料快速查詢畫面

旅行團體的住宿，由於住宿旅客多，有的時候旅館僅登錄團體的名稱，系統也可以針對旅行團體查詢（**圖6-19**）。

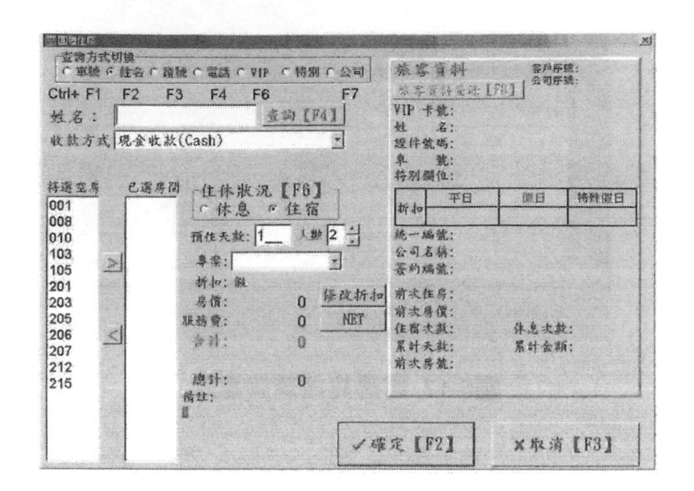

圖6-19 團體住房畫面

如果無法完全知道住客全名，資訊系統也提供查詢畫面。進入系統畫面，「客戶歷史功能表」下拉表單，選擇「目前住客查詢」，系統會出現查詢畫面（**圖6-20**）。

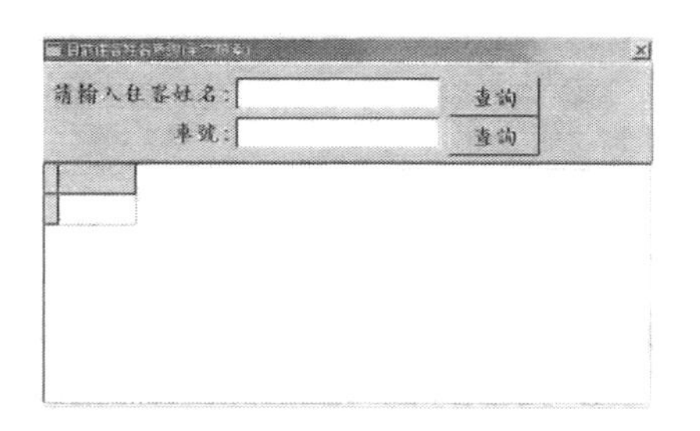

圖6-20 目前住客姓名查詢畫面

對於已經退房不住在旅館內的客人，資訊系統也提供查詢畫面。進入系統畫面，在「接待出納」下拉表單，選擇「已退房查詢作業」功能[7]（**圖6-21**），依「切換排序」功能指示輸入查詢內容，畫

面就會出現查詢的結果。點選某一筆資料後，可以看到該資料所有內容（**圖6-22**）。

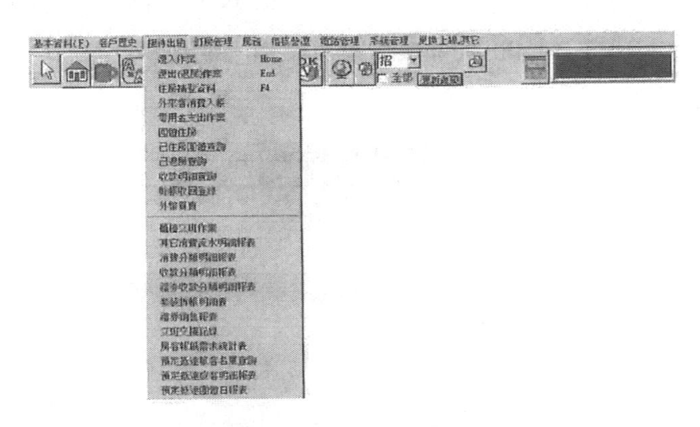

圖6-21 出納接納畫面

住房序號	遷入日期	遷出日期	住休	房號	訂房序號	客戶序號	房客姓名
4647	2003/11/15 19:10:2	[illegible]	住宿	010	20031114-012	11352	洪維儒
4648	2003/11/15 19:48:3	2003/11/16 10:38:4	住宿	111		34606	劉冠毅
4649	2003/11/15 19:54:1	2003/11/17 10:25:1	住宿	101	20031108-001	1778	梁佩怡
4650	2003/11/15 20:40:0	2003/11/16 09:27:0	住宿	201	20031027-003	64188	李瓊玉
4651	2003/11/15 20:40:0	2003/11/16 09:27:1	住宿	202	20031027-003	64188	李瓊玉
4652	2003/11/15 20:40:0	2003/11/16 09:27:2	住宿	203	20031027-003	64188	李瓊玉
4653	2003/11/15 21:21:3	2003/11/16 11:48:3	住宿	112	20031112-004	45865	龔嘉祥
4654	2003/11/15 23:30:5	2003/11/16 13:11:4	住宿	108	20031104-004	66812	林鳳芳
4655	2003/11/16 07:21:1	2003/11/16 11:41:3	住宿	003		12255	王天石
4656	2003/11/16 15:37:5	2003/11/17 09:46:0	住宿	106	20031111-003	64200	黃麗琪
4657	2003/11/16 15:37:5	2003/11/17 09:46:1	住宿	107	20031111-003	64200	黃麗琪
4658	2003/11/16 17:14:0	2003/11/17 10:57:5	住宿	203		31737	黃淳鈺
4659	2003/11/16 19:59:1	2003/11/17 11:54:4	住宿	205		41271	薛慶祥
4660	2003/11/17 02:31:0	2003/11/17 11:26:0	住宿	108		66842	鄭琪威
4661	2003/11/17 19:32:0	2003/11/20 09:54:0	住宿	101		66849	陸兆佑
4662	2003/11/18 15:11:1	2003/11/19 11:53:2	住宿	203	20031117-002	66844	陳銘賢
4663	2003/11/18 21:38:5	2003/11/20 07:42:5	住宿	201	20031021-008	64745	趙彥寧
4677	2003/11/19 21:27:2	2003/11/20 08:56:5	住宿	211		5619	林迪智
4678	2003/11/19 21:29:1	2003/11/20 12:20:1	住宿	106	20030917-028	64817	李予文
4679	2003/11/20 20:28:5	2003/11/21 09:01:5	住宿	102		18580	蘇睿賢
4680	2003/11/20 22:06:3	2003/11/21 08:44:2	住宿	202		25297	蘇甫壹
4682	2003/11/20 23:13:3	2003/11/21 11:28:0	住宿	107	20031119-002	65118	劉石吉
4683	2003/11/20 23:58:5	2003/11/21 08:53:1	住宿	103	20031120-010	8860	施松柏

圖6-22 已退房查詢畫面

註7系統也提供「旅客郵寄標籤」功能，操作方式與公司行號相同，但是習慣上，旅館並不任意寄送DM給曾經住房的客人。

除了查詢功能外，提供旅客每日閱讀的報紙，爲客房服務的重要工作之一。服務人員可以利用系統登錄住房客人對報紙閱讀的喜好。進入系統畫面，在「接待出納」下拉表單，選擇「客房報紙需求統計表」功能，即可列印報紙需求統計（**圖6-23**）。

圖6-23 客房報紙需求統計表列印確認畫面

七、客房清潔狀況查詢

前檯服務人員除了藉由客房狀態查詢客房使用狀況之外，房務作業最重要的工作包括客房的清潔與整理、客房設備的維護、客房布巾類品、消耗品類的管理和對客人的服務。各旅館服務方式與範圍雖不全然相同，但提供舒適、清潔、便利的居住環境的目的則完全一致。

客房清潔的工作品質和效率之提升，自進行客房整理前之各項準備工作開始。完成工作分派後，檢查房務工作備品車[8]之用品是否齊全，同時閱讀工作交待簿之注意事項，使工作順利完成。房務人員也可以透過預定離開旅客名單、每日清潔報表安排客房清潔工作。

註8房務備品車是客房服務員存放整理和清潔房間工具的主要工作車。房務工作車中的物品應該在每天下班前準備齊全，進房清掃前，再檢查用品是否足夠齊全。清潔用具準備情況如何足以影響清潔工作之成效。

進入系統畫面，在「客戶歷史功能表」下拉表單，選擇「欲離旅客名單列印」功能，並輸入所需離開日期（通常是清掃工作的當日），選擇「確定」後即可完成列印（見**圖6-24**）。

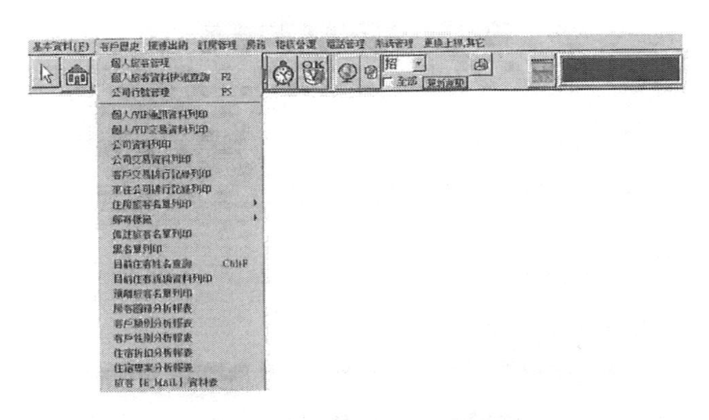

圖6-24客戶歷史功能表畫面

房務人員也可以進入系統畫面，在「房務」下拉表單，選擇「目前待掃房間表」功能，選擇「確定」後即可顯示待掃房間（**圖6-25**）及每日客房明細（**圖6-26**）。

揚智大飯店- 目前待掃房間報表

列印時間 2003/11/21 14:05:25

房號	住休	住房日	預退日	姓名	性別	國籍	人數	備註
003								
010								
102								
103								
107								
202								

圖6-2　目前待掃房間報表

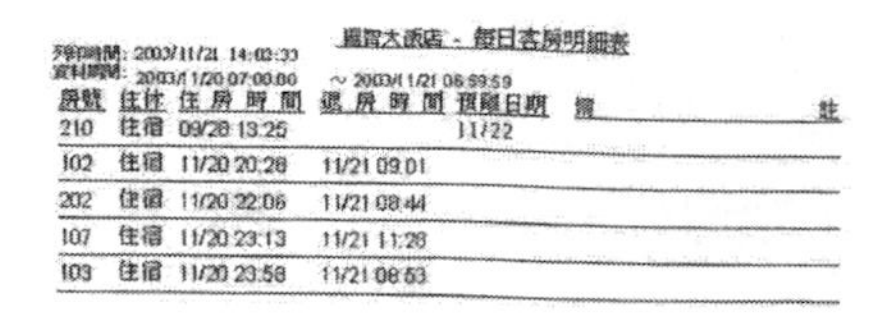

每日客房明細表

列印時間: 2003/11/21 14:03:33
資料時間: 2003/11/20 07:00:00 ~ 2003/11/21 06:59:59

房號	住休	住房時間	退房時間	預離日期	備註
210	住宿	09/28 13:25		11/22	
102	住宿	11/20 20:28	11/21 09:01		
202	住宿	11/20 22:06	11/21 08:44		
107	住宿	11/20 23:13	11/21 11:28		
103	住宿	11/20 23:58	11/21 08:53		

圖6-26　每日客房明細表

房間的打掃整理次序並非一成不變，視當日客房銷售狀況而定，每天可以優先整理的房間類型依序是：

1.已經遷出的旅客。

2.續住並且是特別貴賓。

3.有預訂抵達時間的貴賓，並配合客務部排房的客房。此類客房最好在客人到達前一小時準備好。

4.續住但客人在客房內的房間。

5.沒有預定到達時間的貴賓。

6.已告知晚到達的旅客。

當清潔房間完畢之後，房務人員也可以進入系統畫面中，在「房務」下拉表單，選擇「全部待掃→空房」功能，選擇確定後即完成客房狀態轉換（**圖6-27**）。

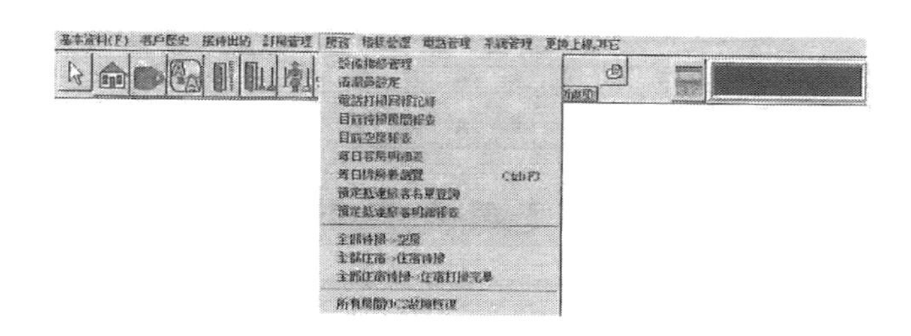

圖6-27　房務下拉表單畫面

第三節　住宿條件的變化與付款方式處理

住宿的客人在停留期間的住宿狀況、住宿日期的變更，或是旅館本身客房銷售的操作衍生問題，都需要旅館人員的個別處理，以確保整體銷售資訊的正確性，並使客人獲致最大的滿意。同時經由確認付款方式，確保飯店營收正常。

一、換房（Room Change）作業

客人在住宿登記時，雖已決定住宿房間的型態，或是根據所分派的房號而知道客房樓層的高低，但是對於客房的大小、陳設、位置與方位並不清楚。客人進入客房時感覺不理想，就會提出換房要求。

接待員在爲客人換房時，要先讓客人瞭解不同型態房間的特性、價格等，由接待人員塡寫換房單，並將新的房號及房價塡寫清楚，同時將資訊系統中房號予以變更，並通知各相關部門做好各項換房工作。

資訊系統會自動記錄同一位房客換房的記錄，對旅館客房的控制與帳務資訊都有助益。

二、住宿日期的變更

住宿日期的變更分爲：離開旅館日期的變更和延長退房時間。若是客人因事要延長住宿天數，則接待員須確認房間是否可以續住

，若住房情況許可，服務人員則直接更改電腦中住房資料，系統將自動更新旅客住房資訊及相關客房預估報表。

若為離開當日延長退房時間，則依一般規定，每天中午十二時前為退房時間，如果超過退房時間，旅館將依照旅館的政策向旅客收取一天的超額房租[9]。

客人可能因為飛機起飛時刻，或是火車時刻等原因，需要延長退房時間，這時接待員可根據客房出租的實際情況，經主管批准同意延後退房。有些國際旅館將延後退房時間作為提升會員服務的行銷策略之一，提供住宿套房等級的客人享有此禮遇。例如Ritz-Carton 提供住宿 Ritz-Carton Club 的房客延後退房至下午四點。

三、超額訂房的處理

按實務經驗，旅館訂房每日均有臨時取消或訂房未到（No Show）的客人。尤其在住房高峰的訂房時，若數量過多，將造成旅館潛在的損失。旅館實施超額訂房的策略，以彌補這類空房。超額訂房處理應採取下列方式處理：

1.先預估當天會有多少超額的房間。查看今日到達名單中，綜合所有保證訂房者、非保證訂房者（無訂金之非保證訂房）、下午六時後可能抵達者，及可能“No Show”者。詳細檢查其房間型態與數量，作為預估超額訂房的基礎。

2.檢查故障房的數量，以便緊急維修售出。若遇客滿，對無法及時修復房間如不得已售出時，可在事前告知客人房間之缺

註9每一間旅館對於超過時間應該收取費用的標準不一，在收取超額費用時，服務人員應格外謹慎，在服務的落實與收費中應該取得平衡。

點，並以折扣補償，如果客人同意的話可以售出。

3.確認簽約公司代爲訂房的客人是否會保證到達。

4.查核房間狀況的住客結構，瞭解有多少預計離開但後來卻續住的客人。若欲續住客人的客房型態仍有可售客房，應優先予以同意續住；若無可售客房，則應向其說明旅館因客滿而無法接受延長住宿的原因。

5.如果要把無法住宿的客人送至別家旅館，以住宿一夜的客人爲先，並要由主管審慎考慮決定。

6.送已訂房而無法住宿的客人至附近的旅館住宿，是相當不得已的，所以旅館除以免費交通送客人住宿別家旅館外，應對客人有所解釋，並致最大歉意。如屬兩天以上的住客，翌日旅館應予接回，並做補償的措施，以示對客人的尊重。

四、付款方式注意事項

當客人訂房時，付款方式即已記載於訂房單上。但是當客人到達時務必再確認一次。對無訂房的客人，在收取房租前也須問清楚支付的方式。確認的主要目的可以瞭解客人是依一般方式付款，或較特殊方式付款。例如外國人使用較不常見的外幣做爲支付工具，旅館可採取因應措施以保證可順利收到帳款；同時確認付款方式，也可間接防止客人逃帳（Walk-out）的行爲。旅館接受客人以現金、外幣、旅行支票、信用卡等方式付款，而較不接受以個人支票付款。處理客人支付房租的方法說明如下：

1.除了保證訂房外，旅館須建立事先收費的規則，即有無訂房、有無行李、須預收高於一天或所住天數的房租，或是要求客人以信用卡事先刷卡並簽名，以確保旅館營收。

2.以信用卡（Credit Card）支付的客人，櫃檯接待員必須透過電子刷卡機連絡信用卡所屬銀行，取得授權號碼，取得持卡人在住宿期間可能消費金額的信用額度。若是客人花費已近信用額度，最好請客人支付現金。若預知客人將在旅館有大額消費，或長期住宿，可連絡持卡所屬銀行先行保留此一筆款項，不做其他用途而做爲專門支付旅館消費的費用。

3.保證訂房若是只留客人信用卡號碼，爲避免屆時客人「No Show」而造成的損失，較佳的作法就是請客人以刷卡簽名的確認單郵寄或傳眞給旅館，如此對旅館亦較有保障。

4.當客人的帳是由公司或旅行社支付，接待人員必須瞭解哪些帳由公司、旅行社或由客人自付。由旅行社支付房帳的客人，多會持住宿券住宿旅館。

5.客人有預付款做爲保證訂房時，接待員與訂房人員確認無誤後，預付款的數目須列入客帳中。

6.客人使用的信用卡，旅館無法接受時，接待員應請客人使用旅館可接受的卡，或是支付現金。

五、外幣兌換服務

當房客要求兌換外幣時，櫃檯服務同仁應先檢視外幣兌換匯率後，並向客人說明兌換後之幣值。經客人同意後，塡具水單，並將兌換金額依數與客人確認。水單塡寫應力求清晰，並核對房客原歷史資料之護照號碼是否相同，兌換金額及匯率勿作更改，並請客人簽名之後完成兌換之程序。當旅客使用旅行支票（Traveller Cheque）付款時，旅館也比照外幣兌換的流程予以兌換。

旅館業基於服務，爲旅客提供外幣兌換的服務，但不做外幣買賣工作，所以旅館業管理者應該注意服務人員是否私下處理外幣買賣，以避免影響企業商譽。

旅客遷入程序中，資訊系統記錄住宿旅客的相關資訊，一方面讓服務人員可以清楚掌握旅客的習性與住宿需求；同時也方便旅客在住宿過程中享受旅館提供的服務，也可以將所有的消費，記錄在住房帳戶之中，待結帳時，一併付款即可。

第四節　訂房作業與旅館管理系統

一、前檯人員的任務

許多飯店業者認爲，客人的抵達程序，只是單純、簡單的歡迎客人、確認資料、付費、選擇房間而已。其實不然，這整個過程是客人第一次對飯店實際產生的感受，第一印象是具有批判與評論性，所以抵達和Check-in的過程，常被認爲是關鍵時刻（A Moment of Truth）。在辦理登記的同時，也有許多事情正在發生：訂房已被確定、客人被歡迎、設施需求再次確定、登記人員試圖賣出更好的房間、確認客人名字（正確拼法）及住址、推銷旅館的餐廳及設施等。但即使這是一些平常動作，前檯人員仍須密切注意突發狀況，且態度必須冷靜、友善。

每天早上，前檯人員開始確認今天要賣的房間，包括：有哪些是可立即使用的房間、有哪些要Check-out的房間，以便稍晚售出，再跟房務部作核對。最後前檯人員對所有可出售房間作進一步確認，同時也估計並保留Walk-in客人的房間數，因此一整天下來資料會被修改很多次。

針對某些客人的特殊需求而保留某些房間，當訂房少時，並不需要Block太多房間起來；相反地，當訂房多或超收訂房時，就會Block一些房間，同時建立優先次序表。順序爲：主管訂房、VIPs、保證訂房，接著則是保持先來者先服務的原則。通常較細心的前檯經理會提早將特殊旅客先Block起來，其中包括：Connecting Rooms、提早住房、殘障房間、主管訂房、VIPs。

前檯人員應盡量嘗試Up-sell，也就是賣給客人比他原本要的房間還要更貴的房間。Up-sell的最好辦法之一爲展示房間，運用網路，或是將展示房間的螢幕設置於前檯。但更好的方法是，擁有一個了解房間並懂得銷售的前檯人員，讓客人得到快速且滿意的服務。

二、旅館管理系統在營收管理上的重要性

（一）扮演的角色

對旅館訂房的運作而言，旅館管理系統（Property management Systems；PMS）在營收管理上扮演重要的角色：(1)包含了運用巧妙的價格及時間策略，消耗易逝性商品給有需求的顧客。(2)運用資訊系統及價格策略來配給，在正確的時間以正確的價錢將正確的物品給正確的顧客。(3)幫助預測需求等級來制定價格。因此價格敏感性的顧客願意在離峰期付出滿意的價格來購買產品，而非價格敏感性的顧客也會在尖峰期付出滿意的價格購買。

（二）在旅館作業中財務管理的運用

PMS在旅館作業中財務管理的運用廣泛包括：(1)訂房部門會根據管理系統報價；(2)有些連鎖旅館業，也有地域性的收入管理者，負責整合地方上的旅館收入；(3)飯店可以清楚的傳遞價格策略給顧客。

（三）達到營收極大值

除此之外，爲了達到上述目的，旅館訂房作業可以透過系統中的功能達到營收極大值。例如：

1.禮遇排房（Blocking and Assigning Rooms）

每一個房間都有其特色，房間的位置、景觀、裝潢的新舊或是重新粉刷均有關。鎖房或是事先分配房間給顧客是爲了確保可以達成特殊的要求。一個細心的前檯人員會預先保留一些特別的房間。例如，連通房、無障礙房間、特殊房號的套房…等取代性低的房間。當已準備好的房間很多時，預先保留的房間數就會少。當飯店超額訂房時，就會建立一個顧客的優先順序，從主管的訂房、VIP、保證訂房一直排列下去。但是眞的沒有房間的時候，這些優先的顧客也必須等待。服務人員可以把預先訂房的數目輸入PMS的系統內，這樣可以防止房間的重疊，也可以在客人要求更改訂房時快速的處理。

2.分派房間（Rooms Selection）

高價售出房間才是收益的關鍵，而最好的方法就是展示房間。展示的方法有：(1)在前檯用螢幕展示。(2)在網路上展示。(3)顧客有時翻閱圖鑑不知所云，如果前檯人員對房間很了解，就可以快速的使客人訂房。這個系統可在得到顧客名單時自行分配房間，例如有人訂了一間Double-Double，這個系統可以顯示他自己選的房間，但前檯人員也可以要求系統顯示出所有的Double-Double的房間（包括已準備好的、還沒準備好了和故障的）。管理部門可以控制電腦做的選擇，系統選的房間都是管理部門希望先賣出的房間。這樣可以使房間使用率相同、重新粉刷的房間賣高一點的價格等。此外，對於VIP和DG房間升級，或提供最好的服務，也可以藉由系統達成。將客人升等至一個比他原本要的還要更好的房間，有時是用來解決抱怨的一種手法，通常是對常客、VIPs、公司商務客、以及耐心等候的客人給予升等。。

3.自助式登記住房（Self-Check-in Kiosks）

爲了提供給客人更好更快速的服務，自動的設備讓顧客可以執行前檯的作業。會在大廳設立Check-in或Check-out的終端機。Check-in的終端機都會需要一張合法的信用卡。用終端機填入基本資料，這比較適用於Walk-in的客人。這類型機器可以提供電子地圖，可以選擇對自己比較方便的房間。有些終端機旁邊還會有印表機，可以印出收據。或是使用手觸式螢幕來點選。

三、考量商業機密性

很多營收管理系統被用於餐旅管理產業中，也須考慮商業機密，擁有者要採取適當的步驟和預防去使用它。這個系統的擁有者應該了解商業機密預防保護的必要條件，並且積極的採取保護。很多雇主不喜歡讓新進的員工簽機密契約或其他限制的契約，雇主認爲這樣會破壞職場上的節奏，員工也會有不被信任的感覺，更糟的想法是雇主認爲機密契約可能讓員工會拒絕這份工作。但根據事實顯示，如果少了這份機密契約，造成商業機密洩漏的可能性也會高出許多。

一個嚴密的政策需要具備事先防範的觀念，同時要了解員工的恐懼並設法平息。首先，雇主要強調機密契約的積極層面，像是商業機密有巨大的價值，競爭優勢就是因爲這些機密，員工了解後才會對公司產生信任。第二，雇主必須指出此機密契約是不具競爭性的，對員工未來在工作發展上不會有所限制，簽約目的只是要防止商業機密的外洩。同時雇主也要明確定義出哪些資料、哪些訊息是屬於商業機密，好讓員工能清楚明白機密契約所涵蓋的部分。

典型的PMS是由一組以電腦資訊爲基礎的完善系統所組成的，且此電腦系統是由公開的資料和飯店本身的機密資料所組成的，儘管RMS中有些資料可由企業文獻查詢(例如：用來預測住房的數據)，但大部分有關RMS的詳細資料是秘密的。維持RMS機密性的方法如下：

1.書面資料的保全（Physical Security）－機密的管理資料應該要避免客人或非工作人員看見；辦公室或檔案管理室應該保持上鎖的狀態。
2.使用限制的說明（Restrictive Legends）－有關機密資料的文件或電腦檔案，上面應該要有清楚的禁止說明標示。例如，商業機密文件、禁止翻閱、禁止複印或外流給其他公司等。
3.記載於員工手冊（Employee Handbooks）：上面應該要清楚的標示所有使用系統的資料是被列爲重要機密的，並且是受保護的且不能被公開的。
4.保密協定（Confidentiality Agreement）－在開始讓員工管理

PMS之前，必須讓他們先簽下保密協定的合約，藉此讓他們明白自己所被付予保護機密資料並且避免外流的責任。

5.員工訓練（Employee Training）－旅館應該要再三的告知員工他們所必須遵循的保密協定。

6.離職面談和提醒信件（Exit Interviews and Reminder Letters）－在員工離職前，經理應該要與該名員工面談，並且要求該名員工簽下離職後保密協定。

7.給予新公司管理者的忠告信（Advisory Letter to New Employer）－當該名離職員工到新的公司去就職時，舊公司的管理者可寄一封忠告信給新的管理者，告知新管理者該名離職員工已簽下離職保密協定，若該名員工違反此一協定，則需訴諸於法律責任。

顧客抵達飯店時有機會面對服務中心裡各種不同職位的員工，像是泊車人員、門衛、前檯人員、行李員等等，這些人員皆在顧客抵達時扮演很重要的角色，他們所創造的正面或負面的服務，都會讓顧客對旅館產生期望上的第一印象。所以在顧客到達後，辦理遷入的過程是尤其敏感的，因爲前檯人員與顧客的溝通是即時而無劇本的，所以聰明的前檯人員會評估並試著了解顧客們的需求。隨著科技資訊的發達，把這項技術應用在此作業管理系統上，不僅提高管理效益、同時處理大量之團體客人，也節省了顧客的等待時間。而飯店額外的資訊、登記卡上的簽字、信用卡問題、以及試圖推銷較高價位的客房等，都是必須在幾分鐘內完成的。太過快速的遷入手續會令人覺得急促而無禮；過慢則會令人感覺飯店沒有效率性。而員工所對顧客傳遞的服務流程是環環相扣的，每一環節必須謹慎管理才不會使顧客產生不滿和抱怨。如何能夠完善的傳遞服務的流程就需透過品質的管理了，而有良好的品質管理即是成功地提供顧客需求和做好員工的妥善管理，如充分的授權、充分的獎勵及充分的訓練等，如能做好這兩方面的管理，相信必能有好的服務品質。

問題討論

1.請說明櫃檯接待人員於前置作業中，可利用哪些輔助性的報表，準備其接待工作。

2.請說明一般客房狀態可分爲哪些。並說明其意義。

3.請說明核對旅館登記單上各項欄位資料所應注意的事項。

4.請說明超額訂房的處理原則。

5.請說明旅客各項付款方式中應注意的事項。

關鍵字

1.Arrival List

2.Blocked Room

3.Check in

4.Credit Card

5.Electronic Locking System

6.Express Check-in

7.Hotel Passport

8.Imprint

9.Occupied

10.On Change

11.Out-of-Order

12.Room Change

13.Room Sold Report

14.Travel Check

15.Upgrade

16.Vacant

Chapter 7 退房程序與帳務的處理

第一節　櫃檯帳務的處理

第二節　住客帳務稽核

第三節　旅客退房遷出程序與後續資訊處理

學習目標

當旅客辦理完畢住房程序之後，帳務系統隨之產生功能。旅館資訊系統允許旅館服務人員登錄各項帳務，同時產生帳務相關報表。

本章首先說明帳務產生與處理的方式，並說明各項付款方式應該注意的事項。

其次說明旅館服務人員如何應用資訊系統稽核帳務，與製作相關的報表。

最後說明旅客退房的程序，以及服務人員如何應用資訊系統為旅客處理退房程序。同時說明退房後續的資訊處理與報表製作。

本章旅館資訊作業畫面由靈知科技股份有限公司提供

明祥是旅行團的領隊，這次他帶領一團旅行團到曼谷，在爲旅行團辦完登記住房程序時，他請旅館將該旅行團的住房費用、餐費、及其它消費分成三份帳單，讓所有帳目相當清楚。

此旅行團將在5天後退房，他請櫃台先將帳單在退房的前一天送到房內，以便於瞭解整個旅行團所有花費的金額，縮短結帳時間。

Mr. Smith 臨時接到公司電話，需到香港二天，因此他請旅館將它的房帳保留至下次回來一起結算，並請旅館在他下次回來時，能安排同一樓層及同一型態的房間。

張小姐利用七天的年假到夏威夷旅遊，在度假村中不用帶著現金，不論吃喝玩樂，僅需憑著旅客住宿卡，將所有的消費全部列入房帳中。退房時，她請櫃台列印所有的帳目明細，以便記算這次旅行所有的費用。

小劉是旅館的夜間稽核，今晚查帳時，發現電腦紀錄中張小姐至西餐廳消費的金額與餐廳帳單金額不符，於是立即更正電腦中的資料，並留下交接紀錄，請值班經理隔日與西餐廳經理確認該筆消費的內容及金額。

很快地，張小姐結束了七天的旅遊行程；匆匆忙忙地用完早餐就到機場，還好前一天已經先瞭解帳單內容，減少了結帳的時間。Angela是旅館櫃台的接待主任，她發現今天離開旅館的張小姐有一筆早餐費用並未即時登錄進入房帳，於是聯絡張小姐取得她的同意後，直接由結帳的信用卡再補行收取早餐費用，並將帳單及統一發票寄到張小姐的公司。

旅館住客的消費並不一定馬上支付費用，而是以住客身份登錄其住房帳目內，在退房時才全部結清。本章將延續第三章旅客遷入作業，介紹房價的產生、項目帳務處理的要點，及查核作業等。

客人退房是旅館服務客人最後亦是最關鍵的時刻之一，櫃台服務人員本階段重要的任務即是整理客人應支付的帳務及運送行李的工作。有些客人因行程匆忙，或付款方式不同，常需有迅速的結帳方式；或是有些客人提出暫時不付款的要求。旅館服務人員應熟悉客人特性及各式帳務處理的程序，方能迅速替客人辦理退房，讓客人對旅館留下完美的印象。

第一節　櫃檯帳務的處理

一、帳務的處理

（一）早期旅館的帳務處理

早期旅館作業未使用電腦設備時，是將每位旅客逐一依照房號設立帳卡（Folio），旅行團或團體住房則設立團體帳卡（Master Folio），然後依照住客的消費項目逐一記錄在帳卡上，只要費用一發生，隨時填載，客人任何時間退房均可馬上結帳。

（二）現代的旅館帳務處理

現代化的旅館以電腦系統將客人在旅館內的消費逐一列出，對於會計作業或帳務稽核均十分迅速方便。

當客人辦理登記手續完成時，帳務隨之發生，旅館電腦系統會依登錄之房帳產生帳務。一般而言，旅館依實際銷售金額登載於電腦中個人帳戶之內。若房間型態有改變，例如更換房間、加床或延遲退房時間，飯店依既定之程序向客人另行收取房租，並登載於帳戶之明細中，使客人能明瞭房價轉變之內容。

對於外來客並未住房的客人，但是購買的服務是由前檯提供的時候，系統提供一項單獨處理的功能：進入系統畫面，在「接待出納」下拉表單，選擇「外來客消費入帳」功能（見**圖7-1**）。

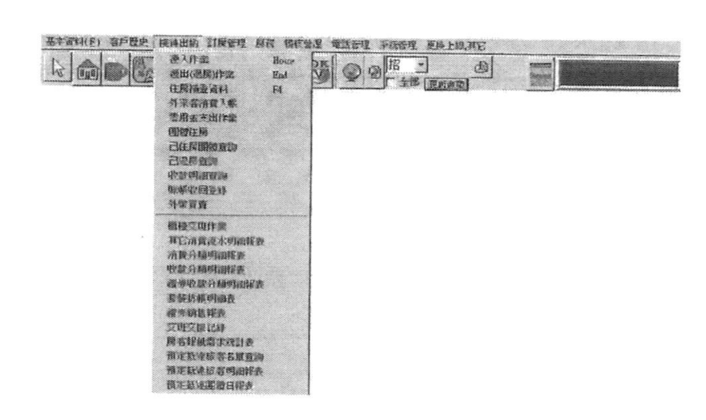

圖7-1接待出納下拉表單畫面

依外來客消費入帳畫面指示，輸入消費科目、金額與付款方式，即完成入帳程序，然後點選「帳單」及「發票」功能，列印帳單及發票，交給客人。

其它客人在館內各餐廳消費或購買物品，均可匯入其房帳內出列明細，對於旅館內未提供服務或消費內容之項目，亦可依現金代支之方式（Paid out）代爲支付此費用，並併入房帳，結帳時一併收取。

二、旅館的帳務項目

以下將介紹常見的帳務發生項目（見圖7-2）：

（一）房價（Room Rate）

旅客完成登記程序之後，最基本的房帳隨之產生，在旅館作業系統中所登錄的房價爲實際收取的價格，而非定價。

（二）服務費（Service Charge）

若旅館另收住房的服務費，則需另行列出或登錄至服務費的項目中，不可與上述房價合併加總計入，檢查房帳時才能清楚分辨。

（三）餐飲消費（Food And Beverage Charge）

房客到旅館各餐廳內消費可以簽帳轉入房帳之方式處理，房客

項目編號	項目名稱	選擇
4101.001	住宿(Room Rate)	✓
4101.002	休息(Room Rate)	
4101.003	服務費(Service Charge)	
4101.004	續住(Room Rate)	
4101.005	加休	
4101.006	加床費(Extra Bed)	
4101.007	房租差額(Room Rate Balance)	
4101.011	帳務轉入(Transfer Accounts In)	
4101.012	帳務轉出(Transfer Accounts Out)	
4201.001	電話費(Tel)	
4201.002	傳真費(Fax)	
4202.001	礦泉水	
4205.002	清潔服務費	
4205.003	影印卡	
4205.004	電話卡	

圖7-2常見帳務項目

僅須在餐廳帳單上簽下房號及姓名即可，此筆消費金額即可轉入房帳中。此類消費將以該用餐餐廳消費項目列出。此外，若該筆費用發生問題，應檢查原始簽帳紀錄並查詢該餐廳主管以瞭解帳務。資訊系統對於前檯作業的授權，並無法直接調整此筆消費項目金額。

（四）客房餐飲消費（Room Service Charge）

房客要求客房餐飲服務可比照到各餐廳內消費模式，簽帳轉入房帳之方式處理，房客僅須在餐廳帳單上簽下房號及姓名即可，此筆消費金額即可轉入房帳中。若該筆費用發生問題，應檢查原始簽帳紀錄並查詢客房餐飲服務單位主管瞭解帳務，前檯亦無法直接調整此筆消費項目金額。

（五）客房迷你冰箱（Mini Bar）消費

房客若取用迷你冰箱內物品，則由客房迷你冰箱項目直接入帳，本項目具庫存查核及跑帳比例計算的功能。可同時由房務系統及前檯系統進入調整消費項目金額。

（六）洗衣服務（Laundry）

客人衣物送洗可由洗衣消費項目中入帳。

（七）接送服務（Transportation Service）

若客人要求提供機場接送服務、市區接送服務，可將此項目計入其房帳。

（八）電話費用（Telephone Call）

房客使用房內電話，總機系統會直接產生帳務並轉入該房客帳中。

（九）傳眞費用（Fax Fee）

房客使用商務中心傳眞服務，均需請客人於單據上簽名，以示對傳眞費用內容明瞭並予承認，作爲結帳之參考憑據，結帳時一併收取。

（十）雜項消費（Miscellaneous Charge）

房客若購買旅館的紀念品或浴袍等客房內備品，可以此項目入帳，結帳時一併收取費用。

（十一）現金代支之方式（Cash paid out）

對於旅館之內未提供服務或消費內容之項目，如購買機票、戲院門票等，亦可代爲支付此費用。現金代支需於費用發生時，均請客人於現金代支單據上簽名，以示對消費內容明瞭並予承認，作爲結帳之參考憑據，結帳時一併收取。

（十二）銀行服務費（Bank Service）

房客使用現金代支卻以信用卡支付該項費用時，可加收銀行服務費用，一般旅館多以現金代支金額的3－5%收取。

（十三）折讓（Allowance）

對於客帳之處理若發生登錄錯誤或特別禮遇客人之費用，則可以折讓[1]項目加以處理以示禮遇。

註1有些書用（adjustment）說明調整帳務的觀念。

對於客帳之處理若有折扣（Discount）、服務費、稅（Tax）之收取應予明載，並向客人說明。若發生登錄錯誤或特別禮遇客人之費用，則可予以折讓以示禮遇。任何在館內消費或現金代支之費用憑證，於費用發生時均需請客人於單據上簽名，以示對消費內容明瞭並予承認，作爲結帳之參考憑據。

三、客人付款的方式

客人退房時有各種不同的付款方式，當客人辦理住房登記時，櫃台服務人員即應詢問客人付款之方式。

（一）現金（Cash）

現金是一種最傳統也最實用的交易方式。旅館在客人住宿登記時應要求支付房租，特別是無行李的住客，一般旅館對支付現金之客人，多會以客人住房總金額加收50～80%左右，以作爲預收房租，防止跑帳之準備。

前檯出納在收受時宜當場點清，並注意辨別眞僞，同時開立收據交予客人，並將此訂金金額直接輸入資訊系統中。退房時依實際消費收取沖帳結算，並開立帳單及發票給客人。

（二）外幣（Foreign Currency）

外籍旅客較有機會持有外幣，若客人將以外幣結帳，服務人員依櫃台出納處外幣告示牌所載明匯率，換算應收之金額。

接受外幣應辨其眞僞，以防假鈔的流通，同時也應備有辨識眞僞的器材，如紫外線辨識器或辨識筆等。同時接受外幣時的幣值名稱與單位應謹愼明辨，兌換外幣要塡寫三聯式水單，塡寫外幣種類

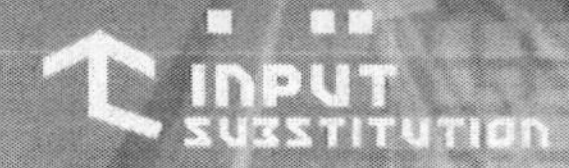

、金額、匯率和外匯折算，並將填好的外幣水單交客人簽名，寫上房號或地址。

本書舉例的系統提供外幣兌換管理的功能。服務人員進入系統畫面，在「接待出納」下拉表單，選擇「外幣買賣」功能，在此畫面中點選「匯率設定」功能，將匯率資料輸入存檔（見**圖7-3**）。

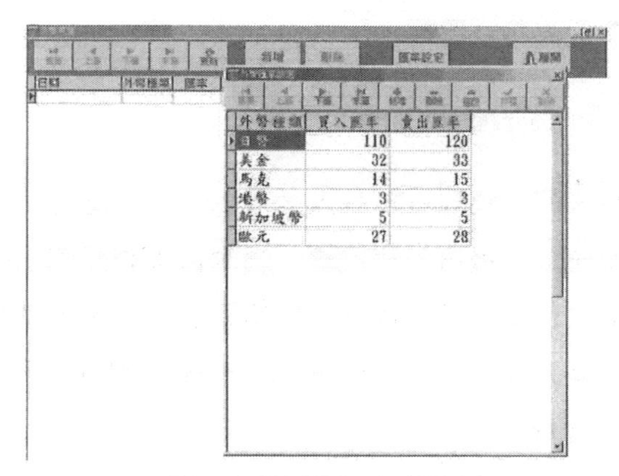

外幣種類	買入匯率	賣出匯率
日幣	110	120
美金	32	33
馬克	14	15
港幣	3	3
新加坡幣	5	5
歐元	27	28

圖7-3外幣買賣功能畫面

當提供旅客外幣兌換服務時，在「外幣買賣」功能畫面中依序填入所需貨幣資料，系統將儲存外幣兌換資訊[2]（見**圖7-4**）。

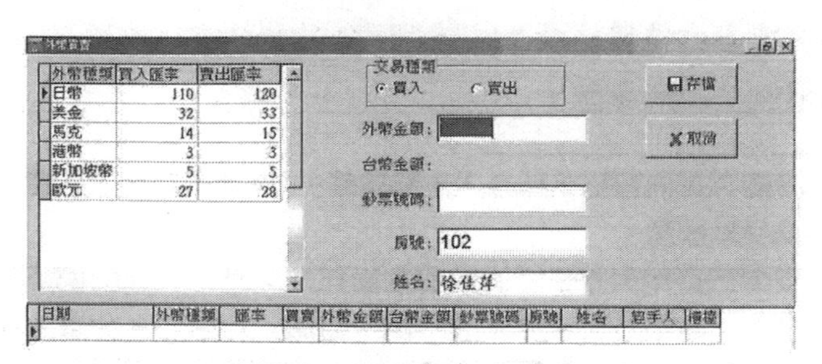

外幣種類	買入匯率	賣出匯率
日幣	110	120
美金	32	33
馬克	14	15
港幣	3	3
新加坡幣	5	5
歐元	27	28

圖7-4外幣買賣功能畫面

（三）旅行支票（Travel Check）

服務人員應該確認旅行支票是否被國內接受，並審查眞僞及掛失情況，瞭解該支票之兌換率和兌換數額，持有人必須在出納前於支票指定位置簽名，且需與另一原簽名的筆跡相符。經辦人員查看支票上的簽名與證件上的簽名是否一致，然後在兌換水單上抄其支票號碼、持票人的證件號碼。[3]

（四）信用卡（Credit Card）

接受信用卡時，確認旅館是否受理此卡，並確認有效期限，辨別眞僞，並預刷卡，取得授權號碼。如無法取得授權號碼，則要告知住客要求補足付款，若有需要亦應協助客人澄清其信用卡使用情況，同時核對客人簽名是否與信用卡上的簽名相符，並注意信用卡是否爲持有人所有。

（五）簽認轉帳（Credit Ledger Account, City Ledger）

簽認轉帳即是旅館與個人、公司機構簽訂合約，同意支付住宿者的費用及明訂支付範圍。住客簽房帳後，帳單轉至財務部，每月與簽約客戶結帳。但住客的消費超出協議支付的範圍時，超出的部分，住客須自行負責結清。以簽認轉帳時應注意，簽帳的住客是否確爲轉帳的公司所承認。

註2本系統雖然提供服務名稱為「外幣買賣」，但實際作業上，旅館並不提供外幣交易服務。

註3私人支票的使用與接受必須經由主管核准同意，一般旅館不輕易接受支票付款。收受支票時應注意日期、金額、抬頭人、出票人簽章等有無錯誤或遺漏，收受支票前應瞭解客人的背景及信用狀況，以做為是否接受之參考。

（六）暫時保留帳務（Hold Room Account）

旅客可能因公、私事而需短暫地離開飯店，會於數日之後再度回到旅館住宿。可以將此次所有房帳暫時轉入保留，留待下次回到旅館後統一處理。

第二節　住客帳務稽核

一般而言，旅館接待及出納工作爲輪班制，各輪班單位於交接班時會將該班的應收款項整理完畢，再交給次一班別的服務人員。在電腦帳務處理上，會設定不同班別的結帳功能，讓服務人員可以迅速地完成結帳的工作。各班次結帳工作可由簡單的幾項資料互相對應查核：1.該班次退房帳務總報表：此報表將顯示該班次時段中所有退房的紀錄及金額總計；2.信用卡結帳紀錄總結算；3.發票開立金額總結算；及4.現金金額總結算，將該班次帳目結算清楚。

此外，大夜班夜間稽核（Night Audit）通常會設定關帳清理帳務的時間，一般設定凌晨一點半或兩點爲關帳清理帳務時間（End of Day）做爲一營業日的結束，並統計該營業日的各項營業報告。同時，夜間稽核的主要工作爲製作各種統計報表及審核、更正客帳。同時兼夜間接待服務人員，爲客人辦理遷入、遷出的手續。

夜間稽核主要的工作

因爲旅館是二十四小時營業，關帳清理帳務後如有客人遷入住宿或其他營業項目發生，一概歸類爲翌日的營業收入。此時，夜間稽核主要的工作包括：

（一）確定與調整客人住宿房態

旅客住宿客房的狀況如果有錯誤，將引起櫃台作業上的困擾，亦將導致客房收入的損失或超收情況。客房狀況正確才能有效地售出客房，增加旅館收入。

（二）確認旅客住宿房價的登錄

稽核員必須確認每間住房的房租折扣原因，核對訂房單與登記卡是否為合約公司的折扣、促銷價的折扣或是團體價，這些特別房價是否適當且符合規定。如果是為免費招待的客房，是否經過主管核准。關帳時間後，稽核員列印出房租銷售統計表。

如果旅館對於長住型的客人（Long-Staying Guest）訂有優惠房價政策時，夜間稽核應檢查該房客的房帳是否已調整至可享有的房價，並同時檢查延長住房的客人帳務是否正確。

夜間稽核可以透過消費明細分類統計功能，核對旅客消費的紀錄是否正確。服務人員進入系統畫面，在「接待出納」下拉表單，選擇「消費明細分類明細表」或「消費明細分類明細表」功能，選擇所需要起訖時間，即可以完成查詢結果。

夜間稽核可以利用此功能查詢，逐一核對各項帳務。

（三）確認保證訂房但未到的客人

夜間稽核必須整理列印保證訂房但未到的旅客名單，並對保證訂房的客人依訂房資料收取房租並記錄至電腦中。

（四）完成所有客帳的登錄

夜間稽核的主要工作之一爲確認登錄帳目並結算其金額，確認將來自客房、餐廳、服務中心等各項費用，在清理帳務完成前鉅細靡遺地登錄在電腦個人帳戶中。並將住客每筆消費的憑據，逐一地加總並與電腦資料中的住客入帳統計核對，將錯誤的金額予以更正。

由於住客每筆消費均有明細帳，明細帳便是一種消費的憑據，其總額須和該廳的住客帳目統計相同，否則就須更正。其次，夜間稽核必須將每日客帳的借方、貸方做結算，以便得出該日的結額（應收帳款）。

系統提供每日每間客房收款明細查詢供稽核之用。進入系統畫面，在「接待出納」下拉表單，選擇「收款明細查詢」功能，依畫面指示輸入查詢日期（見**圖7-5**）。畫面會出現各房間中所有收款的合計內容，提供稽核人員核對。

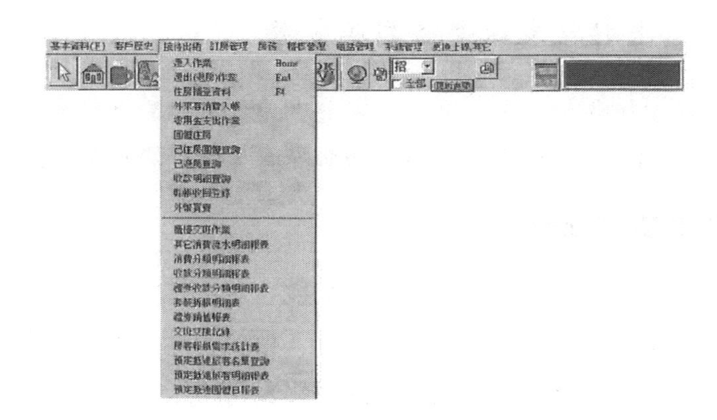

圖7-5接待出納下拉表單畫面

如果發現某筆金額收款方式登錄錯誤，可以選擇「修改收款方式」更正收款方式與補登發票資料（見**圖7-6**）。

查詢日期 2003/12/27 修改收款方式 發票金額計算 首筆 上筆 下筆 末筆

帳號	消費日期	房號	項目名稱	合計	經手人	信用卡號
4710	2003/12/23 11:13:37	103	招待(交際)	19440	吳成碩	
4950	2003/12/23 11:35:53	209	現金收款(Cash)	1400	吳成碩	
4967	2003/12/24 08:21:10	205	現金收款(Cash)	850	高茵茵	
4966	2003/12/24 09:12:23	208	現金收款(Cash)	1400	高茵茵	
4948	2003/12/24 12:37:36	賒回	現金收款(Cash)-賒帳收回	4600	高茵茵	
4978	2003/12/25 06:51:44	202	現金收款(Cash)	1300	黃永善	
4979	2003/12/25 09:36:49	201	現金收款(Cash)	1800	陳碧紋	
4973	2003/12/25 10:34:20	208	現金收款(Cash)	1400	陳碧紋	
4974	2003/12/25 11:06:01	103	現金收款(Cash)	800	陳碧紋	
4957	2003/12/25 22:05:11	106	招待(交際)	100	林旭齡	
4958	2003/12/25 22:05:47	107	招待(交際)	100	林旭齡	
4959	2003/12/25 22:37:28	108	招待(交際)	100	林旭齡	
4981	2003/12/26 07:32:53	203	現金收款(Cash)	1800	高茵茵	
4983	2003/12/26 08:20:10	201	現金收款(Cash)	1800	高茵茵	
4984	2003/12/26 08:46:48	205	現金收款(Cash)	1800	高茵茵	
4985	2003/12/26 08:48:02	206	現金收款(Cash)	1400	高茵茵	
4986	2003/12/26 08:49:18	207	現金收款(Cash)	1400	高茵茵	
4980	2003/12/26 10:10:49	103	現金收款(Cash)	1800	高茵茵	
4277	2003/12/26 12:58:36	211	現金收款(Cash)	568	高茵茵	
4992	2003/12/27 08:29:00	203	現金收款(Cash)	2000	林若詩	
4991	2003/12/27 09:09:08	202	現金收款(Cash)	1800	林若詩	
4993	2003/12/27 10:34:03	207	現金收款(Cash)	1600	林若詩	
4989	2003/12/27 11:24:24	103	現金收款(Cash)	2000	林若詩	
4988	2003/12/27 12:10:24	206	現金收款(Cash)	1602	林若詩	

圖7-6收款明細查詢畫面

（五）製作各種報表以便核閱與參考

在關帳清理帳務之後，稽核人員逐一查核客人的房租與服務費，並製作各種報表以便決策人員核閱與參考，報表通常區分成：

1.每日營運功能性報表

旅館資訊系統提供各項報表製作功能，以作爲服務人員稽核與其他業務分析之用。進入系統畫面，在「稽核營運」下拉表單，選擇「營業報表」功能，就可以選擇各項報表列印作業（見**圖7-7**）。

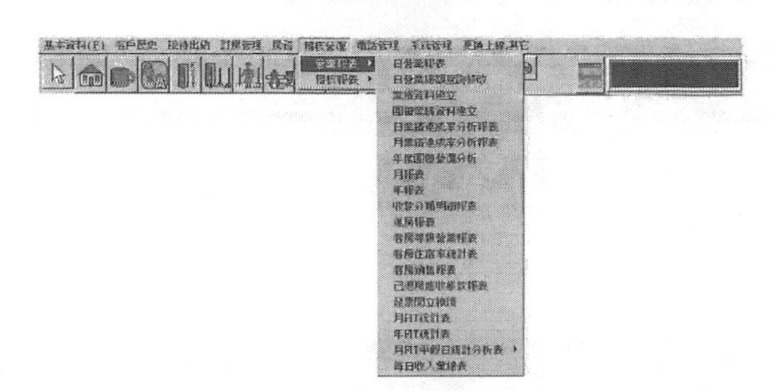

圖7-7稽核營運下拉表單畫面

這類型報表須顯示每日營業績效、每日業績、收款分類明細等，此類報表可提供每日住客和營收結構（見**圖7-8**）。

[illegible]

圖7-8日營業報表

2.營業分析統計報告

這類報表需要提供基本營運績效分析，包括(1)統計住房率（occupancy）[4]，亦可針對各項客房使用計算其單人房、雙人房、套房住房率。(2)客房平均收入（Average Daily Rate）：瞭解當日旅館的平均房價。[5]及(3)客房營業收入（Room Revenue）：即客房整體營業收入。例如：月報表、年報表、業績分析報表、住速率統計表等（見圖7-9）。

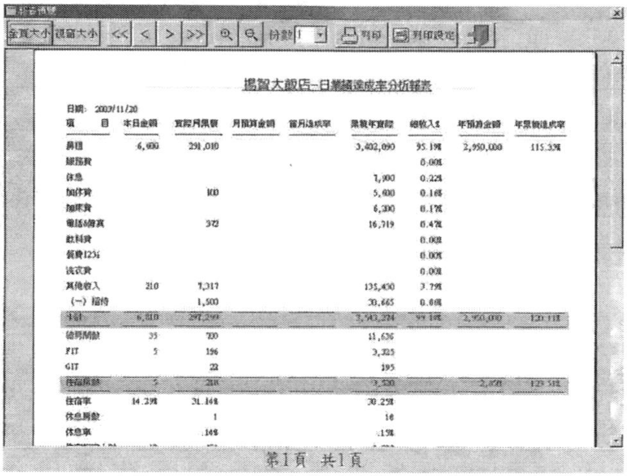

全頁大小 視窗大小 << < > >> 份數 1 列印 列印設定

揚智大飯店-日業績達成率分析報表

日期：2007/11/20

項目	本日金額	實際月累積	月預算金額	當月達成率	累積年實際	總收入%	年預算金額	年累積達成率
房租	6,600	291,010			3,402,090	95.19%	2,950,000	115.33%
服務費						0.00%		
休息					7,900	0.22%		
加休費		100			5,600	0.16%		
加床費					6,300	0.17%		
電話&傳真		372			16,719	0.47%		
飲料費						0.00%		
餐費1234						0.00%		
洗衣費						0.00%		
其他收入	210	7,317			135,430	3.79%		
（一）招待		1,500			30,665	0.86%		
小計	6,810	297,299			3,543,224	99.14%	2,950,000	120.11%
總房間數	35	720			11,636			
FIT	5	196			3,325			
GIT		22			195			
住宿房數	5	218			3,520		2,850	123.51%
住宿率	14.29%	31.14%			30.25%			
休息房數		1			16			
休息率		.14%			.15%			

第1頁 共1頁

圖7-9報表預覽畫面

3.應催收房租的住客報表

此爲針對積欠房租與其他費用已超過旅館規定限額的住客，旅館方面應積極而謹愼地催收，並暫時停止其他項目之消費，直至付款爲止。例如本書所舉例的「已退房應收帳款報表」。

註4住房率＝（當日客房使用總數/總客房數）×100%；客房使用總數應包括住宿過夜者、短時住宿（Part Day Use）及免費住宿支客房數目，但不包括故障房間及館內人員使用之房間。

註5客房平均收入＝（當日客房總收入／出售客房總數）。

客帳作業需謹愼仔細，除了維持旅館正常營收之外，同時亦可提升隔日客人退房時的速度，因此相關作業人員因不厭其煩地查核及製作相關帳目與報表，使得旅館運作保持順暢。

第三節　旅客退房遷出程序與後續資訊處理

退房遷出的程序分爲個人、團體及快速退房等三種方式，各有不同的作業方式，分述如下：

一、退房帳務處理

夜間稽核主要的工作之一，即是檢查每位房客的帳務是否清楚，遇有即將退房的客人更應確認房帳是否正確，以減少退房遷出等待的時間。

櫃台人員服務客人退房時，首先應確認客人住宿房號與電腦系統資料是否相符，檢查是否尚有未登錄之帳，例如客人迷你吧飲料、新增早餐、因現金代支而產生的銀行服務費、服務中心或商務中心新增的傳眞或影印費用等，是否已登入電腦系統帳目之中。

進入系統畫面，在「接待出納」下拉表單，選擇「遷出退房作業」功能（見**圖7-10**），依畫面指示選擇要退房的房號，畫面會出現住房中所有的消費內容（見**圖7-11**），服務人員選擇收款方式，及「帳單查詢」列印帳單，供旅客過目。

當確認完畢未登錄的帳務之後，櫃台服務人員先將電腦系統中

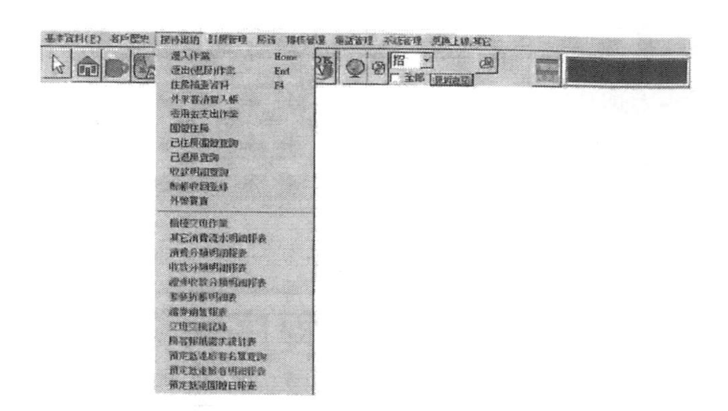

圖7-10接待出納下拉表單畫面

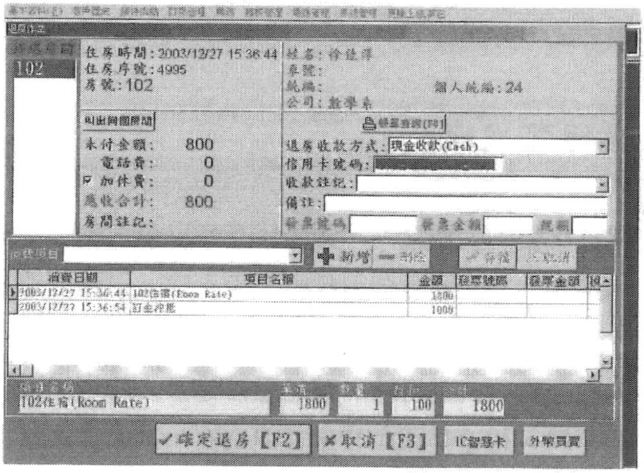

圖7-11退房作業畫面

該客房的帳務改爲關帳（Closed）狀態[6]，此時旅館內其他部門的服務人員將無法進入此房號之帳務系統入帳。服務人員應瞭解此房客正在辦理退房的程序，若有相關帳務未即時登錄者，應即時通知

註6本書採用的系統功能中，並沒有設定此項功能。

櫃台服務人員。

當前檯服務人員確認帳務完畢之後，將帳單（見圖**7-12**）列印交給客人確認，並於帳單上簽名確認。若客人有疑問，應親切地說明清楚，帳單若有錯誤，應予調整。

若客人對帳單之內容不予承認時，例如客人的電話費有誤，或不承認飲用客房冰箱飲料，服務人員除了應尋找原始簽認單據之外，並應請求值班主管確認帳單處理方式。如果因爲旅館作業的疏失，而登錄錯誤的帳務，前檯服務人員沒有被授權進入原先登錄帳務的系統更正，必須自前檯出納系統更正時，此時前檯服務人員可以用折讓（Allowance）的會計科目予以調整帳目[7]。

當客人於帳單上簽名確認完畢之後即向客人收取房租，並依第六章第三節客人付款方式中應注意事項辦理結帳收款。如爲現金結

揚智大飯店

帳單明細表 Account Statement

列印日期：2003/11/21 14:27:34　　　　頁次(Page)：1

遷入日期 Check In Date	遷出日期 Check Out Date	房客姓名 Guest Name	房號 Room	帳單號碼 Bill No.
2003/11/16 07:21:11	2003/11/16 11:41:37	王天石	003	4655

公司名稱 Company	生物學系	合約代碼 Contract No.		統一編號 Invoice No.		個人編號 Pri. Invoice No.	23

消費日期 Date	消費明細 Description	單價 Price	數量 Qty.	小計 Amount	收款 Pay	累計餘額 Balance	備註 Remarks
2003/11/16 07:21	003住宿(Room Rate)	900	1	900		900	
2003/11/16 07:21	現金收款(Cash)				900	0	
		合計(Total)		900	900	0	

房客簽名(GUEST SIGNATURE)＿＿＿＿＿＿　出納(CASHIER)＿＿＿＿＿＿

圖7-12 帳單明細表

註7旅館資訊系統的設計，讓不同權責的人再進入系統時，有不同的權限，所以前檯服務人員並不是都可以進入系統中更正帳目。此外，登錄帳務錯誤的原因很多，當前檯人員用折讓的方式調整帳目之後，此筆資料到財務後之後，財務部會依照真實的原因將帳務調整，以便於各部門正確的計算成本。

帳，應謹慎核對錢幣的眞假，並請客人於現場點清款項；如爲信用卡付款，服務人員可將預刷帳單之授權編號，直接轉入正確消費金額，再度辨識信用卡卡號、信用卡有效期限，請客人於信用卡簽帳單上簽名後，核對信用卡上與簽帳單上的簽名字跡，完成結帳工作。

結帳完畢，服務人員應將帳單、信用卡簽帳單（以信用卡付款者）、發票（本國法律應開立發票）等，以帳袋包裝好交由客人點收，完成結帳程序。同時向客人索回房間鑰匙（若爲電子式門鎖則可送給客人紀念），並查看客人是否還留有郵件、訪客留言等，並向客人致謝，連絡行李員協助客人搬運行李。

開立發票可以進入退房作業點選「開立發票」功能鍵列印發票（見**圖7-13**）。進入畫面後輸入統一編號，完成發票列印的工作（見**圖7-14**）。

當客人辦理結帳時，櫃台接待人員可詢問客人是否需要爲下次再來時預訂房間，或是客人的去處，以便安排車輛或代訂其它飯店。當完成結帳程序之後，必須將電腦系統辦理退房狀態，此時客房

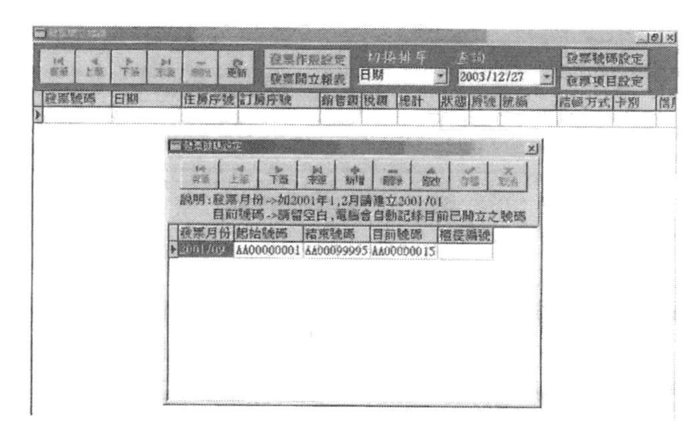

圖7-13發票開立維護畫面

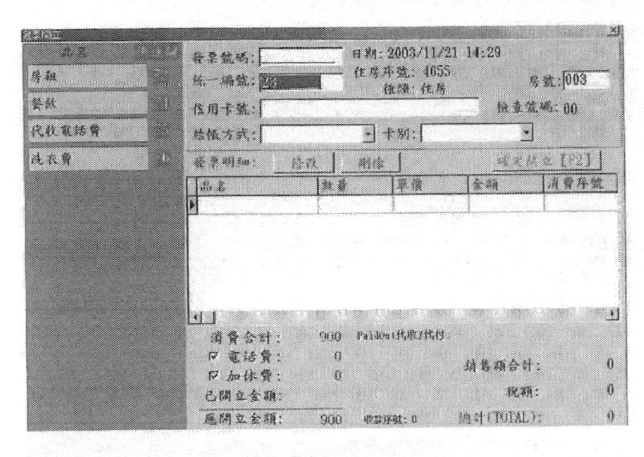

圖7-14發票開立畫面

狀況即改變爲「空房待整」，以便房務員整理。這是一道重要的程序，以便相關部門能掌握房態及客人動態。

如果完成客人退房程序之後，發現該住客個人資料沒有完整登入在系統中，可以選擇進入系統畫面，在「接待出納」下拉表單，選擇「住房補登資料」功能（見**圖7-15**），依畫面指示選擇補登資料房號，依序輸入所需補登的資料即可（見**圖7-16**）。

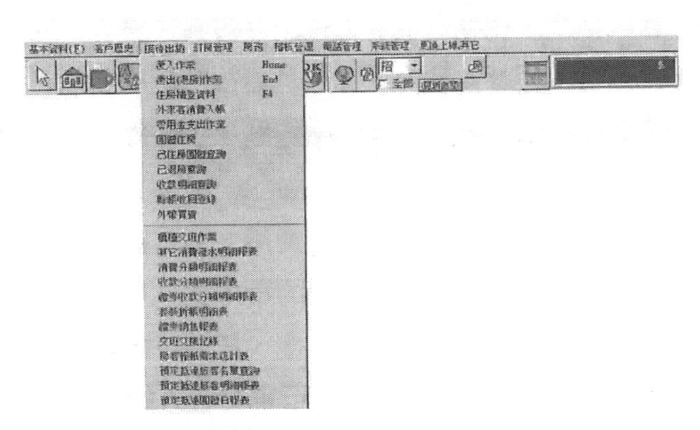

圖7-15接待出納畫面

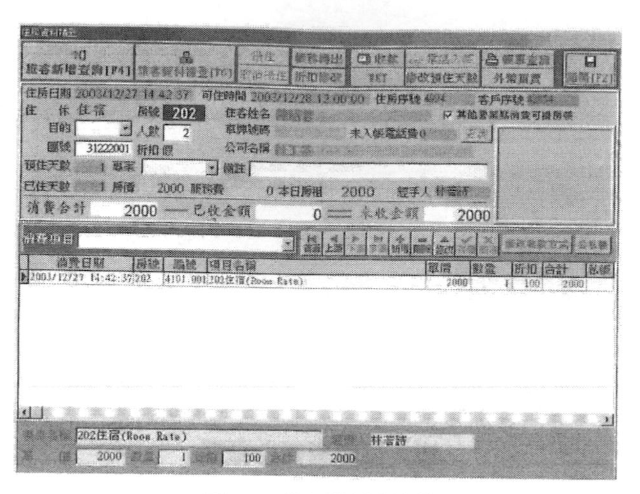

圖7-16住房資料補登

二、快速退房服務

快速退房（Express Check-out）爲避免客人集中於退房的尖峰排隊等候之苦，而發展出的退房程序。

在客人退房的前一天，櫃台人員準備客人房帳的消費明細及同意授權取款的信用卡授權交給客人確認及簽名，讓客人初步瞭解應付金額，並請客人授權給櫃台人員塡具最後結帳的金額數目之用。客人退房離店時只需至櫃台交還房間鑰匙，不需經過出納即可逕自離開。

房客可能在簽收此帳單後再發生費用，通常都是電話費、客房冰箱物品、早餐等，若客人產生最後的費用與退房前查閱的帳單產生差額時，櫃台人員則將費用登錄之後，把最終的帳單明細按地址寄給客人，以便客人能夠核對發卡銀行寄給客人的每月對帳單。

在快速退房的設計中，旅館可以事先徵詢旅客的意願，由預刷

的信用卡中直接付款，系統將可以直接處理旅客的帳單，而客人僅需在帳單中簽名就可。

三、團體退房遷出程序

面對團體結帳的客人，服務人員應於退房前一日提前將團體的帳單查核一遍，確認是否正確無誤。特別是該團體若在旅館內開會、用餐、購物等消費時，應逐一確認各項消費明細，同時在結帳前應先與服務人員確認區分各項消費爲公帳或私帳，帳單與發票是否需要分開開立等，以減少結帳的時間。

團體客人一般由負責結帳之人員結算住宿費用，一般常見之團體如旅行社，是由領隊或導遊負責，公司機構由負責活動之人員辦理結帳。團體結帳工作比照一般退房程序，將所屬團帳帳單列印完成後，交由負責結帳的人員確認無誤後，於帳單上簽認，付款同時須檢查全部房間鑰匙是否悉數收回。若該團體有成員提早或延後退房者，應將帳務特別註記，避免產生錯誤。

團體退房除了在帳務尚需格外謹慎之外，對於行李運送亦應謹慎，避免誤送或短少的情況。

有些客人在辦理付款完畢的程序之後，但仍可能使用客房，因此保留客房的鎖匙，前檯服務人員則須將該客房的狀態停留在「關帳」之中，但不要將該客房作退房的狀態[8]，這會讓其他部門的服務人員瞭解該客房的使用狀況。

前檯人員進入系統畫面中，在「房務」下拉表單，選擇「全部住宿→住宿待掃」功能，選擇確定後即完成客房狀態轉換，以便於

註8Check out 的過程為將客房狀態由「Occupy」改為「Check Out／Dirty」，以便於房務部人員整理客房。

服務人員知道有哪些房間可以開始清理（見圖**7-17**）。

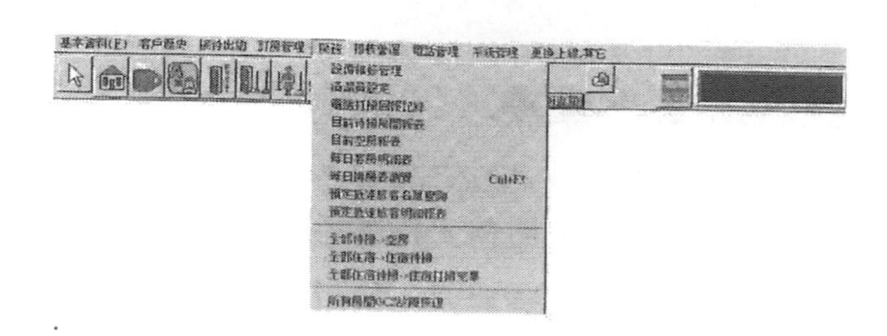

圖7-17房務下拉表單畫面

退房之後，旅館會將住房客人住宿的各項資料記錄並保存起來，稱爲客人歷史資料（Guest History Data）。當客人退房後，電腦系統會自動記錄並累計客人住宿的日數、住房型態、住房期間及消費金額等。

旅館服務人員應補充登記旅客在住房期間特別的需求，例如偏愛高樓層、指定住宿的房間、喜愛的水果、對於客房內備品的需求、習慣被稱呼的稱謂等習性偏好，以做好客人習性的瞭解。

從客人歷史資料能夠瞭解客人住宿的次數，旅館可針對個案給予升等優惠，或贈送免費的咖啡券或早餐券，甚至給予一夜住宿招待。

由客人歷史資料可統計分析出旅館客人住宿的潛在喜好。旅館的行銷可以透過會員優惠、「激勵方案」（Referred guest program）或升等住房等禮遇，以鼓勵客人對旅館的忠誠，例如贈送禮品、旅館禮券、餐券、住宿券等。

在「客戶歷史功能表」下拉表單，選擇「個人旅客管理」，即進入旅客管理畫面（見圖**7-18**）。如果想要列印個人或公司的通訊或交易資料，進入「客戶歷史功能表」下拉表單，選擇「個人／

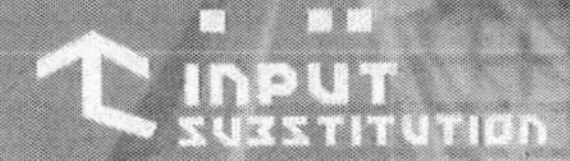

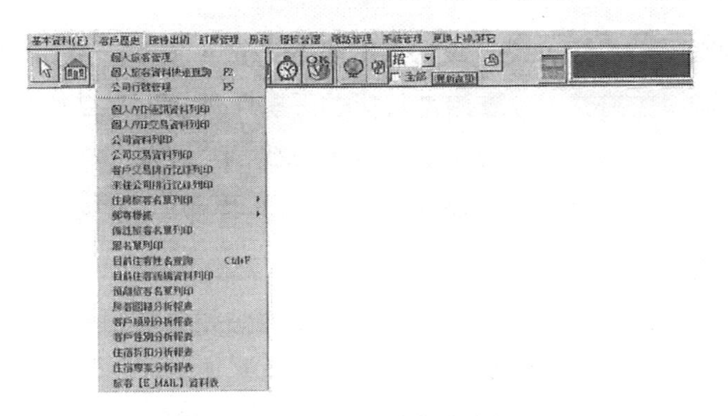

圖7-18客戶歷史下拉表單畫面

VIP通訊資料列印」、「個人／VIP交易資料列印」、「公司資料列印」等功能鍵，並輸入篩選條件，則可以完成列印報表的工作（見**圖7-19**）。

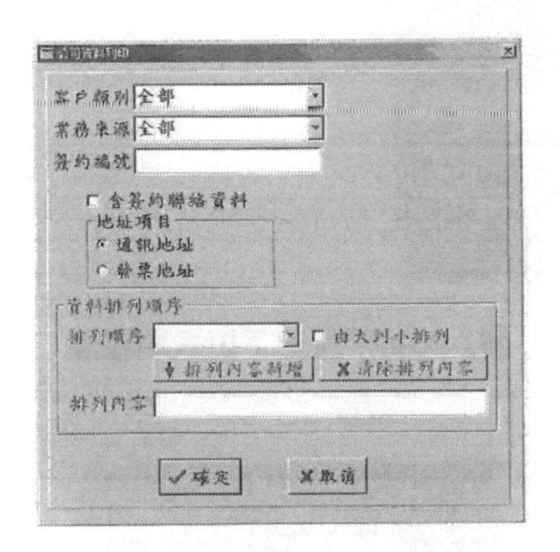

圖7-19公司資料列印功能畫面

此外，商務型態的旅館會針對專責處理訂房的秘書，發展獎勵秘書的方案。例如藉由秘書週或秘書之夜，廣邀秘書人員，設宴感謝其對旅館的支持；或者以回饋獎勵的方式，依照訂房的客房數回饋現金或等值禮券，以酬謝其訂房的辛勞，並掌握住房客源。

相同的，旅館資訊系統也可以管理簽約公司的資料。在「客戶歷史功能表」下拉表單，選擇「公司行號管理」，即進入公司管理畫面（**圖7-20**）。

在此功能畫面中，也可以選擇「變更公司旅客折扣」功能鍵，輸入資料，即可完成變更程序。

如果需要列印此公司住房紀錄，在此功能畫面中，選擇「公司交易資料列印」功能鍵，並輸入計算起始與結束日期，即可以列印出報表（**圖7-21**）。

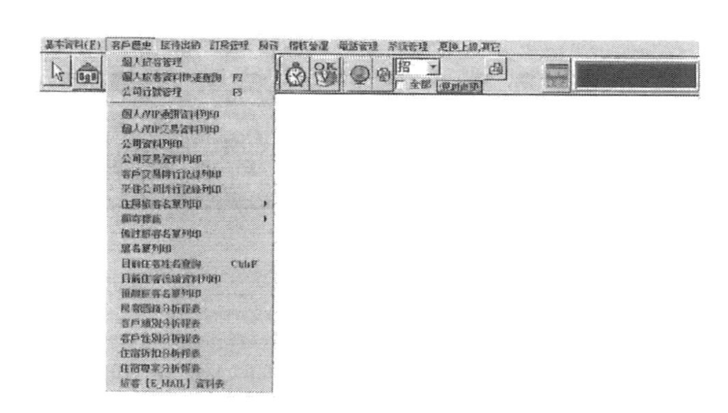

圖7-20客戶歷史下拉表單畫面

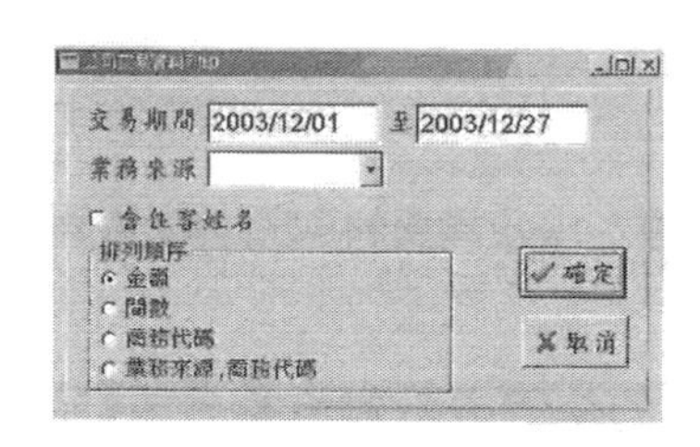

圖7-21公司交易資料列印

四、後續帳務處理

若客人帳務並未隨退房時同時結算完畢，後續的帳務處理涉及轉帳的處理，或客人代付客帳之處理，分以下數種方式處理：

（一）暫時未結帳

有些客人退房暫不結帳，可能於一兩天或數天內，將再度住進飯店。這類客人的房帳會待下次退房遷出時，連同未付的帳一併結清。此類客人通常爲飯店的常住熟客，或與旅館有簽約公司的客人，此類帳款一般稱之爲南下帳或北上帳。

暫離一兩天的客人會把行李寄存於旅館，回館後再行取出，這時旅館服務人員將該筆客人的房帳轉存於虛擬房號內，更改客房狀態爲「Closed」，其帳款金額不變，並將原房間辦理退房，等客人回來時再轉進新的房帳之內。

（二）客人之間代付帳款

客人（簡稱甲）離店結帳時提出他的帳款由某房客（簡稱乙）支付時，應先要請客人確認另一客人的房號、姓名，並徵得雙方認可後，查出電腦資料後予以記錄，就可以把甲帳全部轉到乙帳上。在處理過程中要特別謹慎處理，以免結算錯誤。

（三）對簽訂合約之公司或旅行社的簽帳

旅館的客人如果帳務是透過簽約公司或旅行社付款，前檯負責出納的服務人員，應將該筆帳轉入財務部應收帳款部分，由財務部統一收款。

對於簽帳收回後，可以在「接待出納」下拉表單中，選擇「賒帳收回登錄」[9]功能，依畫面指示選擇要沖帳的日期及房號（**圖7-22**）。畫面會出現該客房未付帳款，服務人員依照實際收取金額與選擇收款方式，登錄資料後就完成沖帳工作（見**圖7-23**）。

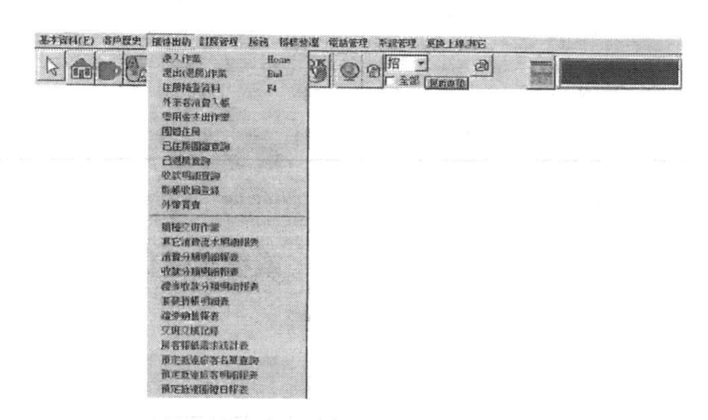

圖7-22接待出納下拉表單畫面

序號	住房序號	訂房序號	賒帳日期	住房日期	房號	客戶序號	客戶姓名
404	4710		2003/12/23 11:13	2003/11/24 02:10:13	103	66835	吳大誠
405	4954		2003/12/23 11:26	2003/12/23 04:18:24	111	42418	柳子駿
406	4955		2003/12/23 11:27	2003/12/23 04:18:24	112	42418	柳子駿
407	4956		2003/12/24 09:28	2003/12/23 15:04:53	207	66881	Barry Arnold
408	4948		2003/12/24 12:12	2003/12/21 21:10:56	202	66803	關永才
409	4964		2003/12/24 12:18	2003/12/23 16:56:41	209	66149	PAULINE
410	4972		2003/12/25 09:58	2003/12/24 15:21:37	212	66935	王巍如
411	4982		2003/12/26 07:14	2003/12/25 15:42:28	102	66976	韓世芳
412	4977		2003/12/26 07:20	2003/12/24 20:21:17	215	53397	周美惠
413	4987		2003/12/26 11:34	2003/12/26 00:18:46	105	66593	涂正明

住房序號 4987　訂房序號
客戶序號 66593
客戶姓名 涂正明
公司名稱
應付金額 450
已付金額
應收金額 450

圖7-23賒帳收回登錄畫面

註9本書所舉例系統畫面用詞為「賒帳收回登錄」，英文中為「City Ledger」；為避免中文上誤認為賒帳為負面意義，特此說明。

旅館每月底將帳單整理之後寄回旅行社或簽約公司，通常要求在合約規範日期內收到匯款，以結清本期應收帳款。對應收而未收到匯來的款項，應積極用電話連絡該公司或旅行社付款，必要時應以正式公文書行文或存證信函促其付款。

五、延遲登帳

遲延入帳的發生是在旅客退房離店後櫃台才收到營業單位的明細單，無法於退房同時結算帳款。因客人已退房離店，客務或財務部應主動聯繫客人確認後，取得客人信用卡授權以完成補行入帳。

六、有爭議性的帳

當旅館和客人之間對帳目發生爭議，包括因帳目而讓客人存有疑慮，因而拒絕支付全部或部分款項，或客人做保證訂房，因事後「No Show」，不願支付房租之情況，旅館財務部或相關單位應向客人解釋說明之後處理。另一方面，旅館對簽約公司催款無效或跑帳房客，旅館除可利用保留的信用卡資料作收款的處理之外，亦應採取法律行動以追索欠款，以免形成呆帳。

問題討論

1.請說明旅客退房之後可能引起的帳務類型有哪些？旅館資訊系統如何協助服務人員處理帳務?

2.請說明一般客帳的付款方式有哪些？

3.請說明現金代支及折讓的意義？

關鍵字

1.Allowance

2.Average Daily Rate

3.Cash Paid Out

4.Closed

5.End of Day

6.Express Check-out

7.Foreign Currency

8.Guest History Data

9.Late Charge

10.Long-Staying Guest

11.Night Audit

12.Occupancy

13.Room Revenue

Chapter 8 餐飲資訊系統

在我國，由於各地方菜色風味各具特色，餐飲服務業販售商品包羅萬象，餐飲服務事業的發展與經濟成長密切相關，餐廳經營的方式也隨國際化的程度而有長足的進步。

在本章中，首先介紹餐廳的形式與產品特性，藉以瞭解不同型態餐廳在應用資訊科技時所需思考的層面。

其次，本章說明餐飲資訊系統的架構，及此架構下所考慮的因素。最後說明餐飲資訊系統的延伸擴展方向。

林老闆計畫投資經營具備花東地區傳統文化特色的溫泉旅館中，謹慎地評估及規劃旅館餐飲走向。

林老闆充分瞭解可以善用資訊科技所帶來的益處，除了在客房訂房發揮功能之外，在餐飲服務上也不敢掉以輕心，務必針對旅客的需求，提供個人化的服務，提升餐飲產品與服務的價值創新。

在他參訪旅館的過程中，他發現旅客用餐訂位的比例遠低於住房的比例，另一方面，他發現餐飲在供給餐點時所需的速度也要相當的迅速，而用餐的客人這麼多，廚房出菜正確無誤是一項相當重要的過程。

同時他也發現：供餐所用的食物材料種類多，成本控制顯得格外重要，如果成本控制得當，將不至於增加餐飲直接成本。這一連串的問題，他將與管理顧問公司好好研究，想想資訊科技如何協助他經營餐飲服務工作。

餐飲服務業主要提供各種不同類型的餐點與飲料，滿足消費大眾不同程度的需求，藉以獲得經營利潤。餐飲業確實與其它行業有別，需要更多相關單位或行業相互配合，才可以理想運作。餐飲業屬於服務業，其所提供的產品，大部分是無形而隨即消逝的，與其他產業有明顯差異之處。

第一節 餐飲服務業的特性與發展趨勢

一、餐飲服務業的形式

餐飲服務業的經營型態根據其經營的目的可爲兩種型態：「營利」和「非營利」餐飲組織。營利餐飲組織包括以「賺取利潤爲目的」的各式餐廳，如：各種高級餐廳、咖啡廳、速食店、酒吧、飯店、賭場、俱樂部或民宿等附設的餐廳、牛排館、自助餐廳等，都算是營利性質的餐飲服務業。

非營利的餐飲機構，傾向於「不以賺取利潤爲目的」，而是以提供適當餐飲來服務客人爲主，營業只要達到損益平衡即可。這類的組織如：學校自營的學生餐廳（提供如營養午餐等餐飲），工廠、公司或政府單位自營的員工餐廳，醫院或醫療機構中自營由營養師調配提供給病患的餐飲服務，監獄、軍隊中的餐廳，或是宗教團體提供的餐飲服務等，均屬此類。

二、餐飲服務業之經營特性

不論任何形式的餐飲服務業，其經營特性分述如下：

（一）注重服務的勞力性密集的產業

餐飲服務業是注重服務的，餐飲服務人員更是餐飲服務過程中的靈魂，尤其講求精緻服務的高級餐廳更是如此。餐飲服務業對於基層的工作人員需求量很高。爲要使整個餐飲作業程序順暢，服務人員提供服務的技能非常重要，以呈現高品質專業的服務水準。

（二）餐飲產品呈現異質性

餐飲服務業是與客人高密度接觸的行業，不同顧客所需求的與期待的服務也因個人特質而會有所不同。同樣的服務員在不同時間與場合所提供給客人的服務不盡相同，不同服務員所表現出來的服務品質可能也不一樣。如何克服此特性，達到餐廳服務標準化與一致性，是餐飲服務業需要面對的挑戰。

（三）生產與消費同時出現與進行

與一般零售店的商品展示銷售有所不同，餐飲產品無法預先製作展售。餐廳所提供的服務，始於客人進入餐廳後、點菜、廚房依其所點的菜餚製成成品。同時也有別於大量生產商品的製造業，餐飲服務業較不容易做好銷售量的預估以達到控制生產量的結果，因爲兩者幾乎是同時進行的。

（四）餐飲商品訂製無法事先預知

顧客用餐的行爲中，對於預先訂位的習慣不同於旅館住宿，一般顧客在餐廳所接受的服務品質，很難在消費之前獲知或察覺，不像購買其他商品，先行感受品質要求標準後再行購買。所以餐飲服務業更需要提升服務品質，並建立商品預訂的機制，引導顧客在消費前能產生消費前預訂的行爲，這對成本控制有相當大的幫助。

（五）產品需求的波動性

客人用在餐飲消費的支出受到經濟因素的影響，同時飲食習慣所牽涉的因素也很廣，對於客人的數量，以及所消費的餐食，一般很難預估。在某些區域的餐飲服務業，如果客人用餐受到交通、天候、情緒等的影響，淡旺季將非常明顯，在人力支援方面也會增加成本，在菜餚的準備與生產上，同樣不容易控制。

（六）產品無法儲存

餐飲商品包括餐點及用餐的空間，餐點成品是很難事先製備儲存的；餐廳的用餐空間，如果當天沒有顧客使用，不可能保留到隔天增額售出。所以如何控制或引導顧客在不同的時間區段，達到最高的翻桌率與最大的銷售額，乃是經營者最主要的行銷策略。

（七）產品難兼具標準化及客製化

餐飲業所提供的產品服務，必須兼顧標準化與客製化的特性，產品標準化有助於成本控制，而客製化的過程有助於提升服務品質。然而，餐飲服務流程部分，不同於製造業可以大量而標準化生產，服務人員外在表現與內在個性都會影響顧客對服務品質的認定。

此外，餐飲服務業的經營管理，在環保意識的抬頭，員工流動率偏高，與忠誠顧客的關係不易建立等潛在因素影響下，都會導致其經營管理的困難與複雜性提高。管理與業者必須重視，並尋求解決之道。

三、餐飲業的發展趨勢

餐飲業的演變發展中，可歸納下列幾個趨勢：

（一）餐飲連鎖化的經營

不管是中式或西式的速食業，所強調的是簡單、經濟、快速的餐飲服務，服務人員不需要受過太多專業的廚藝訓練，在服務態度上加強即可。室內的設備與裝潢明亮、清潔乾淨，就可以滿足顧客要求。以上這些速食業的特性，非常合適都市化較強且忙碌人口的飲食需求。

速食餐飲業的連鎖經營觀念起源於1984年，美國速食業龍頭老大一麥當勞餐廳的引進，國人才漸漸的感覺到連鎖經營帶來的龐大壓力，更造成餐飲市場相當大的震撼。採連鎖經營有很多好處，例如因大量進貨，採購籌碼加大，可降低食物進貨成本；廣告統一促銷，費用減少；各處分店可利用總部發出來的成果以及資訊；使用現有的品牌（顧客已經有完整的認知）以及整套經營管理的Know-How轉移等。相對地，或許有缺失的地方，不過利多於弊，再者餐飲業的連鎖經營體制漸漸成熟，同時，加入餐飲業的經濟阻礙較低。一般而言，加入連鎖店經營所需的成本低，對於想自己開店的工作族群，是不錯的考慮。

（二）餐飲設施的雙極化

對於講求精緻服務的餐廳及營業坪數較大的平價家庭式餐廳在未來將有更多發展空間。一般較大型的低價位餐廳，如自助火鍋店、中西式自助餐，發展潛力尚有極大的空間，業者為求整體效率提升，採薄利多銷，以強化競爭力並滿足日益增加且精明的外食人口。對消費者來說，如果用餐環境寬敞，輔以停車方便，在忙碌的今日，自然而然受大家喜愛。

其次，起於飲食習慣的差異，老中青三代人口的飲食習慣與風格截然不同：現代的青少年飲食習慣傾向家庭式或大眾化的餐廳，老一輩的人口則選擇傳統式或家常口味。同時，消費者不善餐桌禮儀，較高級的法式西餐日漸式微，可是其他消費稍低且服務不錯、有品味的主題餐廳，漸漸流行。如義大利餐廳、墨西哥餐廳等，這類型的餐廳，大部分講求裝潢華麗典雅，或強調特殊異國風情的佈置，使客人有如身歷其境的感受，以滿足多層次客人的需求。

(三) 開放式廚房的自助式餐廳蔚爲風潮

此類型的自助餐廳，主要提供用餐場所氣派、座位舒服、服務講究、菜色質佳而且富變化。再者，與高級西餐廳或套餐的價格相較，卻較便宜，且可享受到一樣的美食。受到飲食習慣的改變，許多開放式廚房的供餐型態興起，這類型的開放式廚房餐廳，提供多種口感的選擇，一次滿足不同消費者的需求，所以消費者樂此不疲。至於飯店業者則順著消費者的需求，以及人手不足的因素，在經營管理策略上須做此改變，以應付外面競爭非常激烈的餐飲市場。此外，藉著吸引大量的人潮與評價不俗的口碑，期能同時對飯店內其他部門的餐飲單位帶動一些生意。

(四) 策略聯盟創造競爭力

不管是國內或國外，跟同行或其他產業的結合，是一種策略聯盟的運作方式，已是一股風潮，銳不可當，可發揮相乘的效果。如果結合同行或不同營業性質的產業，共同努力開發更大的消費市場與市場占有率，其競爭能力自然也相對提升。例如與協力廠商的配合，聯合舉辦促銷活動，或與休閒業的合作發展等。未來餐飲業的發展，彼此結合在一起，互相配合，資源共享，共同爲創造美好的餐飲市場努力。

（五）環保意識盛行

美國速食業早已開始把有環保之害的塑膠餐盒或塑膠袋，改用紙餐盒或紙袋來代替。隨著消費者意識抬頭，民眾漸漸地注意到自己周遭所面臨影響生活品質的種種問題，如環境污染、噪音等。餐飲業者應該開始改進不符合環保的措施，如污水處理、廚房的油煙處理、噪音的防治等。餐飲業所用的設備應事先考慮到是否會對環境產生污染，如利用瓷盤代替紙盤或塑膠盤，玻璃杯代替紙杯或塑膠杯等。環保產品的餐飲業者才會受到消費者信賴。

（六）經營企業化與國際化的餐飲市場

餐飲業的競爭日益嚴重，傳統家族式的經營方式已漸漸式微，無法克服與突破現狀，在經營的體質上，並不能做有效的改進，唯有採用企業化的經營方式，才能使一些家族式的小公司繼續成長茁壯，塑造更好的企業形象，並吸收更優秀的餐飲人才，無形之中，服務品質提升，顧客滿意度也會相對提高。除此之外，與一些國際知名品牌技術合作，引進一些較先進的經營管理Know-How，帶動國內餐飲業新觀念與新面貌是值得鼓勵的。

（七）冷凍或半成品的食品大行其道

由於科技的進步與設備更新，對食物產品的保存更加完整，冷凍食品的口感與品質並不亞於新鮮的食品。再者，廚房的基層人力日益短缺，廚師們或餐飲業者漸漸改採快速且方便的冷凍或半成品的食品，其中尤以歐式自助餐廳較盛行，中式或綜合性的自助餐也漸普及。造成此趨勢，中央廚房的相繼出現，也是功不可沒，大量集中且有效率生產食品，是其主要特色。

第二節　餐飲資訊系統的架構

餐飲資訊系統承襲POS（Point of Sale）的精神，將點菜服務視為及時銷售的架構。傳統上，餐飲服務員為客人點菜完畢之後，開立三聯式點菜單（Captain Order），其中一聯點菜單送到廚房，提供廚師出菜的資訊；另一聯送到櫃檯出納，方便客人結帳確認帳單。

由於傳統的點菜方式純屬人工操作，所以人為的錯誤是嚴重影響其工作效率的主要原因，其中存在的缺點包括：人工傳遞浪費時間，效率低下，直接影響了翻桌率；經營大規模點菜服務時由於單據多、資訊量大，而分單、傳菜等環節經過的人越多越容易出問題，因而直接影響了服務品質；財務無法保證有效的監督管理機制。

餐飲服務資訊化的過程中，就是將餐飲服務、出菜與結帳的功能合而為一，節省人工作業的成本，加速出菜與結帳的效率。這種基本的架構對於許多獨立式的餐廳、飲料服務業者已經提供相當方便的功能。

餐飲資訊系統產品規劃的模組

隨著資訊科技的發達，餐飲資訊系統在功能上與設備上逐漸擴充，以因應餐飲服務的需求。在功能上，餐飲資訊系統發展了許多產品規劃的模組，這些模組，不同餐廳可以依照自己的特性加以設計：

（一）菜單資訊模組

菜單模組的規劃，方便餐飲服務人員輸入客人點菜的內容，菜單資訊包括菜單的名稱、價格、套餐的組合等，服務人員只需輸入餐單的編號，即可以顯示相關的資訊。一般菜單資訊的輸入包括菜單編碼輸入、條碼式感應輸入、觸控式螢幕輸入等方式。

（二）食譜資訊模組

藉由標準食譜的建立可以協助管理者分析標準食物成本，同時對於餐飲直接成本建立損益表及採購與驗收等相關業務分析。在一般大型的旅館、具備中央廚房功能的餐飲組織、醫院、學校等，均需藉由此模組功能協助分析菜單。食譜資訊模組同時也可以提供營養成分的分析與建議，對於需要餐飲營養評估功能的醫院或學校，提供相當大的助益。

（三）庫存模組

對於餐廳所採購的食材與相關物品，記錄庫存資料，以作爲成本分析的資訊。庫存模組分成預定入庫資料處理：排程、人力資源、機具設備資源等分配時之參考。相關資料必須記錄廠商名稱、商品數量、儲位等存入電腦。利用電腦處理大量資料並結合掃瞄器、無線終端機、條碼機…，相關設備精確及快速控制貨物處理程序，大幅降低非必要性之文書作業。

（四）宴會訂席模組

宴會訂席在餐飲服務特性上，需要考慮場地日期的預定、座位的安排布置、菜單的預先規劃、訂金收受與財務功能、宴會設備的安排等，因此這個模組對宴會場地的控制提供管理者極大的協助。目前許多旅館已經將旅館內宴會廳提供的場地功能、收費、器材設備等透過網路介紹，提供使用者查詢。

（五）成本分析模組

管理者可以透過餐飲產品的提供與營業收入，有效地分析與控制各項餐飲成本。如果藉由消費資訊對於產品資訊的分析，管理者還可以瞭解菜單受歡迎的程度，在更新菜單及發展顧客關係上均有幫助。

（六）結帳出納模組

出納模組提供發票開立與結帳功能，並提供相關結帳的報表分析，讓管理者可以及時瞭解餐廳營運的狀況。

（七）會員管理模組

餐廳可以透過會員管理，提供會員產品最新的資訊、促銷說明、會員禮遇累計、會員生日服務等，以提升顧客服務管理的功能。

第三節　餐飲資訊系統架構的延伸擴展

在硬體技術上，在無線網路日益盛行的今天，餐飲服務業龐大的服務場地空間、繁瑣而重複的點餐流程需要創新。無線網路技術在餐飲業資訊服務系統中的應用，可以由手持點菜終端機或一般常見的PDA[1]，配合後檯伺服器、後檯顯示器、無線網路等主要硬體模組組成，其中「掌上電腦 + CF無線網卡 + 無線AP + 後檯資料庫」成爲資訊系統規劃的重點。

在餐飲服務工作上，餐飲服務人員僅攜帶一台加裝了無線網卡的PDA，便可以通過設置在餐廳內的AP無線網卡與資料庫結合。爲了在不同的AP間實現無線終端的漫遊，用網線將各AP與Hub集線器相連接，再通過網線連接到後檯伺服器、資料庫、點菜系統和列印設備，提供廚房工作及帳務處理等工作之需。

在點菜終端機服務功能上，餐飲服務人員隨身攜帶的掌上型電腦，可自行定義界面，並根據不同級別、不同許可權分別登錄無線網路以及後檯伺服器，選取所需的供能模組。功能模組也可以根據餐廳實際情況自行規劃。

而後檯伺服器可以作爲網路核心的後檯伺服器，例如結合使用Windows NT平台和MS Access資料庫系統，個性化界面的點菜軟體可以使後檯適時統計並監控各餐桌的營業情況和各服務人員的工作情況。無線點餐系統不僅實現了以機代人、化繁爲簡的全新工作方式，同時對於餐飲管理、財務規劃和個性化服務也提供服務的延伸

註1PDA為Personal Digital Assistant的縮寫。

性。

無線餐飲資訊服務系統透過無線區域網路技術的全新實用型系統，在以特色服務吸引客戶的同時，它也能有效提高餐飲機構的服務品質和工作效率。在基本的管理模組中，可以延伸原來的模組而提供以下的優點：

一、增強觸控功能管理

可以使遠程結帳和點菜廚房時時看到功能表，並完成從配菜、炒菜到傳菜的全部管理過程。完成點菜功能表電腦管理、觸控功能表前端收銀台與各廚房的同步列印，實現無紙化操作功能，避免手寫登錄的人爲性錯誤。

二、便於員工管理及提升桌位績效管理

可以使餐廳經理時時掌握各桌上菜服務的情況、餐廳服務空閒情況以及各桌的點菜清單、點菜金額等，易於適時做出迅速而準確的服務決策。

餐廳經理可以藉由系統掌握服勤員工的名單、接待客戶的數量、作業流程等狀態等；同時，它也有助於員工時時瞭解自己的工作業績，提高工作積極性。

三、遠端財務管理

可以使現金的計算和管理更安全，使每桌點菜金額、週期經營額、員工經營額以及財務報表更便於管理與支配。管理者可以動態

地瞭解財務狀況，即便在外出差，也能遠程監控公司業務，並做出適時決策。同時，財務報表的自動生成也減少了登錄時間，提高了工作效率。

四、整合採購與庫存的供應鏈管理

此外，POS可以與其他餐飲管理功能相結合。首先可以考慮將庫存資訊延伸至採購及物流配送功能，由於餐廳採購項目繁複，供應商眾多，如果能藉由供應鏈的整合，將可以提升採購的效率。在考慮餐飲資訊採購系統時，應考慮與供應商資訊系統的整合，這對於許多小型規模的餐飲服務業而言，仍然相當難以克服。

餐飲資訊系統規劃上，必須突破客人訂製的問題。由於顧客在用餐習慣上，不太願意以預約的方式用餐，對於餐廳採購庫存食材上造成相當的困擾。許多新興的連鎖餐廳、大型量販店或便利超商等，在提供餐飲服務時，同時結合物流配送的服務，例如7-11統一超商的網路服務，結合宅配服務，克服餐飲產品訂製與銷售上的限制，提供客人新鮮的餐點。

與餐飲服務相關的低溫宅配市場，宅配服務將是協助餐飲發展一項相當重要的發展，例如統一速達鎖定台灣各地農特產、名產、年菜為目標，進行低溫宅配。目前宅配項目涵蓋屏東黑鮪魚、台中甜柿、彰化葡萄、花東的山蘇、鳳梨釋迦、澎湖的海產等。

在工研院釋出冷藏技術之後，統一速達已面臨台灣宅配通、大榮貨運等企業的挑戰。例如，大榮投資了十餘億元，在全省廣設低溫物流中心、增設冷藏貨櫃車，推出「低溫一日配」行銷策略，以各地農特產品、名產、生機飲食等為目標，搶攻低溫宅配B2C領域。

爲了搶攻低溫宅配市場，許多企業（例如台灣宅配通）除了投資上千萬元，在全省各據點設置冷藏設施，近期並取得工研院合作技術，切入冷凍冷藏宅配領域，購置冷藏車，並採用冷藏棒續冷技術作業模式，以節省低溫配送空間、降低冷藏冷凍成本，增加和統一速達的競爭實力。低溫宅配潛力無限，但市場切入所面臨的生產技術、包裝、保鮮技術門檻高，宅配物流業以「輔導交流、共榮共生」和供應商進行品質的精進來爭取客戶的認同。

餐飲服務業可以透過宅配的服務創造餐飲銷售的優勢，而資訊科技對於餐飲服務業而言，也可以延伸到追蹤食物配送流程的應用中。

問題討論

1.餐飲商品的特性爲何?請舉例說明。

2.請說明餐飲資訊系統的基本架構，及基本運用的模組。

3.請說明餐飲資訊系統的架構的重要功能。

關鍵字

1.Point of Sale

2.Captain Order

3.PDA

Chapter 9 餐旅行政支援系統

第一節　人力資源系統
第二節　業務與顧客關係系統
第三節　採購作業系統

一般旅館業通常各自開發或購買套裝軟體，與旅館資訊系統或餐飲資訊系統分開購買，因此分開獨立介紹。

首先介紹人力資源系統的功能，學習者可以藉由瞭解不同型態旅館及人力資源網站的資訊，藉以瞭解人力資源系統的應用。

其次介紹業務資訊系統，說明旅館思考行銷策略或會員管理上所考慮的資訊科技應用的方式。最後說明採購的職責與資訊系統的功能。

小名剛自學校畢業，由於學的是觀光系，對於旅館工作相當有興趣，於是他翻開報紙人事廣告，想看一看有沒有適當的工作；他的同學至剛建議他可以到人力網站上搜尋是否有適當的工作。

小名看到某旅館正在應徵採購人員，於是抱著試試看的心情前往應徵，因爲小名的態度很謙虛，願意學習有關採購的工作，獲得旅館的聘用。

剛到旅館完成報到手續之後，採購部林副理先讓小名跟著李師傅瞭解廚房工作流程，以及熟悉一些食材的特性，同時也讓小名到市場中瞭解食材的行情，讓小明有機會學習採購的一些基本知識。

此外，林副理安排資訊室王主任教小名採購系統的操作，讓小名可以很快使用採購系統。

小名對於旅館工作相當滿意，閒暇之餘，會利用網路瞭解其他旅館的一些產品，同時也嘗試登錄成爲其他旅館的會員，看看旅館會寄送什麼樣的訊息給他。

第一節　人力資源系統

旅館組織因應營業需求，編制不同部門與職位，各有其職掌，對於任何職務人選之任用，事前均應考量甄選工作之性質、職責、內務，再依此訂出職務候選人的條件，進行招募、甄選及任用人員。

人力資源管理（Human Resource Management），負責全館各部門主管、幹部及基層員工的僱用。各旅館人事部門的名稱甚多，如人力資源部、人事訓練部、人事部（室、組）等，均視旅館規模大小、經營特性來決定部門編制。

人事管理強調的不僅是人力資源的利用，更強調人力資源的開發，甚至包括人與人及人與組織間關係之維繫，與組織生產力均息息相關。人力資源應規劃一套合適且必要的職務分類，經由分析各職務性質，訂出適合的人選條件，依此職務條件，尋覓合適的人才，以求人盡其才，達到人與事的相互配合，進而達成組織目標。同時，國際觀光旅館人力資源管理實務與服務行爲確實有顯著的正向關係，服務行爲與服務品質有顯著的正向關係（林怡君，2001）。

由於人力資源包含範圍甚廣，無法逐一詳述，本章僅就旅館之人力規劃召募、薪酬及福利規劃、訓練規劃及概念，說明如後。

一、人力召募與規劃

（一）召募標準

人力資源部門依據人力編置總表發展職務說明書（Job Description）及任職條件表（Job Specification）等，以作爲召募員工之輔助評估標準，在召募新人時依任職條件訂定聘用人力之依循，同時對新進人員說明職務之規範範圍。

召募員工時應瞭解旅館所需員工或職務的特性，及聘任最適當的人力。任職條件包括了聘用性別、學歷、經歷、年齡、專業訓練等可衡量性的條件在內。但旅館業注重服務的態度，選擇員工時，樂於服務客人、常保微笑的人將是旅館業最受歡迎的員工。

（二）召募管道

人力資源部將依各召募員工之特性，選擇適當的召募管道進行人員召募之工作，一般而言，旅館常運用之召募管道包括：(1)報紙徵才廣告。(2)《就業情報》等相關雜誌。(3)校園徵才。(4)建教合作（國內、外相關科系學生）。(5)殘障協會、青輔會、職訓局、救總等專業訓練機構。(6)員工推薦。(7)主動前往結束營業之公司徵才等不同方式。

電子商務時代來臨，旅館業也透過網際網路進行招募的工作。一般最常見的是委託人力招募的網站，將招募的人力的任職條件公布在網站中，吸引對旅館業有興趣的人員。**圖9-1**爲104人力銀行網站招募人力的例子。

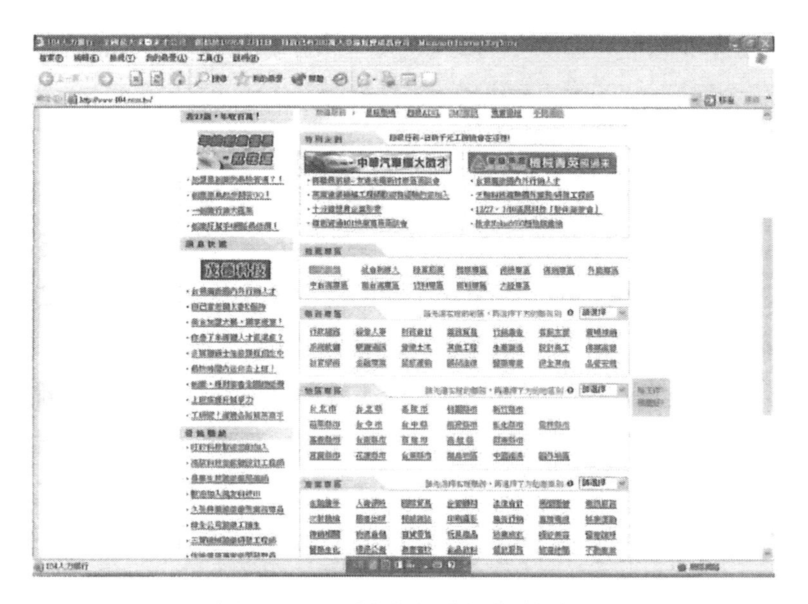

圖9-1 人力銀行招募人力畫面

資料來源：104人力銀行

應徵者透過人力網站選擇餐旅運輸類別；進入該類別中，可以自不同的分類中找到想要尋找的工作職務分類，如**圖9-2**。

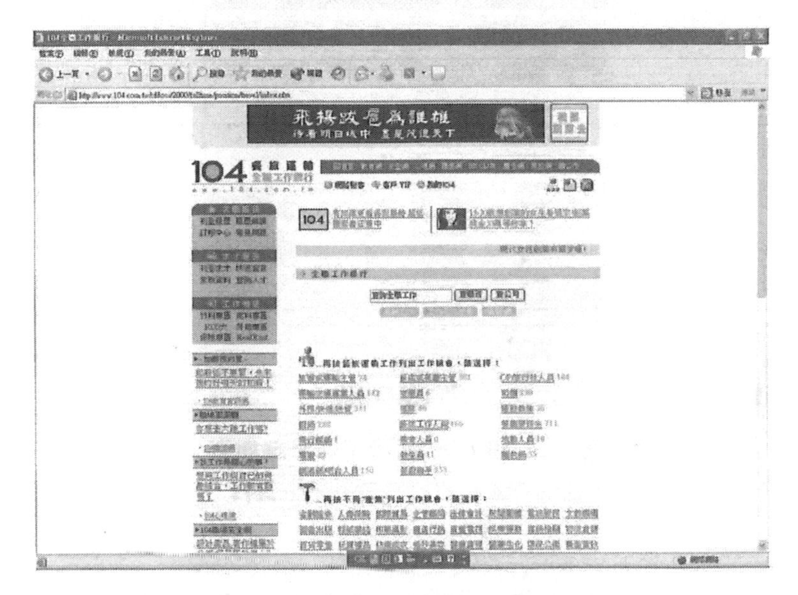

圖9-2 人力銀行工作職務分類畫面

資料來源：104人力銀行

本書以選擇飯店工作人員的分類之後，進入想要找尋的工作，即可以看到目前有關的職缺，如**圖9-3**。應徵者可以經由自己的喜好，將履歷表寄出。

（三）人力規劃

旅館是以「人」服務「人」的行業，適當的人力規劃將使企業運作正常而有朝氣。同時，將員工視爲旅館事業發展中共同打拼的伙伴，讓員工與事業共同成長，是人力資源首重的課題。人力資源

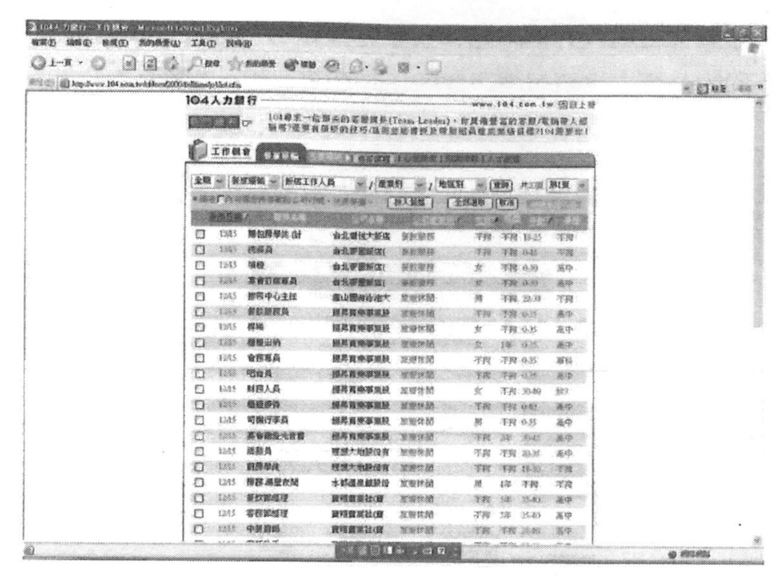

圖9-3　104人力銀行工作職缺畫面

資料來源：104人力銀行網站資料

規劃包括人力規劃與召募、薪酬及福利規劃、訓練工作等。

適當的人力規劃及瞭解旅館的營運目標、人力成本結構、法規之規範，並參考同業競爭因素等，審愼制定人力編制。此外對於正職及兼職員工也須因工作職務之特性妥善規劃。一般而言，旅館人力資源部門會編訂人力配置總表（Manning Guide）詳述各部門、各職務聘用之職稱、級職、人數、薪資範圍、限制條件等，以作爲晉用人力之依據。現今某些旅館除了委託人力網站徵才之外，也會在旅館自行建置的網站中進行人力招募的工作；**圖9-4**爲台北遠東國際大飯店網站的例子：應徵者可以在該旅館的人力資源專區獲得相關的資訊（見**圖9-5**）。

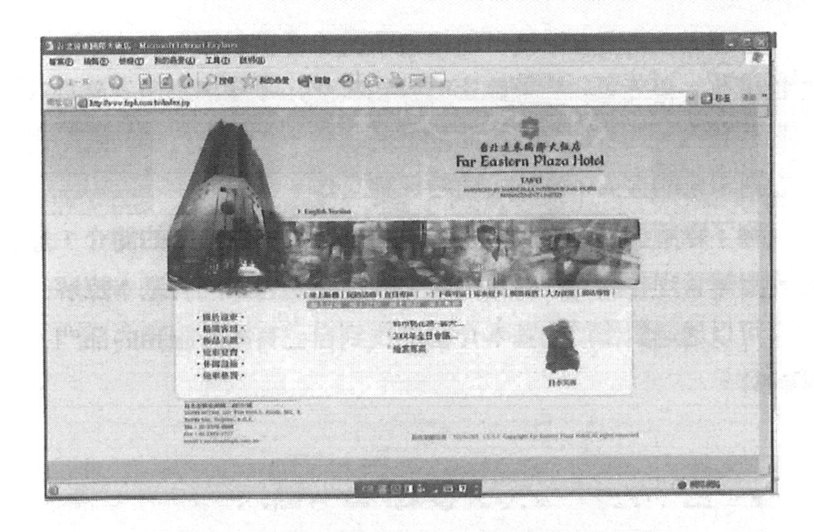

圖9-4　台北遠東國際大飯店網站首頁畫面

資料來源：台北遠東國際大飯店

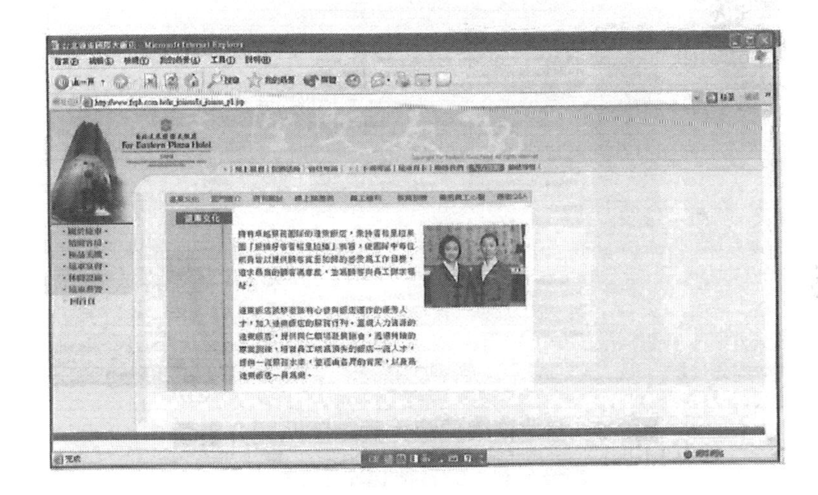

圖9-5　台北遠東國際大飯店人力資源畫面

資料來源：台北遠東國際大飯店

當進入人力資源區後，可以發現此區提供應徵者對於該飯店的整體瞭解。首先可以瞭解飯店的公司文化，不僅讓應徵者能夠在最短的時間內，初步地瞭解旅館經營的特色，由內部行銷的觀點而言，也對未來的客人，進行成功的行銷工作。

除了瞭解公司的文化之外，網站上規劃了各部門的簡介，也提供非旅館管理相關科系的應徵者，對旅館內各部門有基本瞭解，應徵者可以透過對部門的基本介紹中找到自己有興趣服務的部門（如**圖9-6**）。

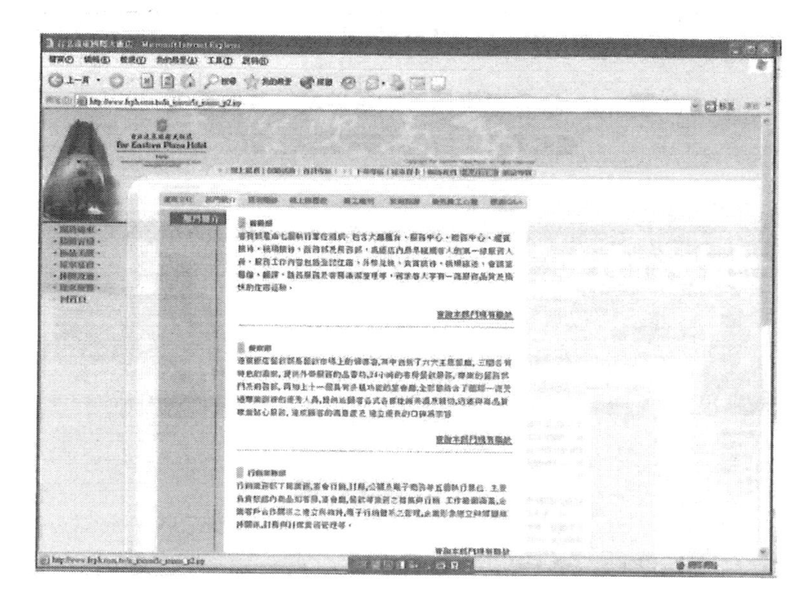

圖9-6　台北遠東國際大飯店部門簡介畫面

資料來源：台北遠東國際大飯店

應徵者可以在瞭解部門工作之後，查詢職務空缺，看看旅館內部目前可以應徵的工作內容，如**圖9-7**。

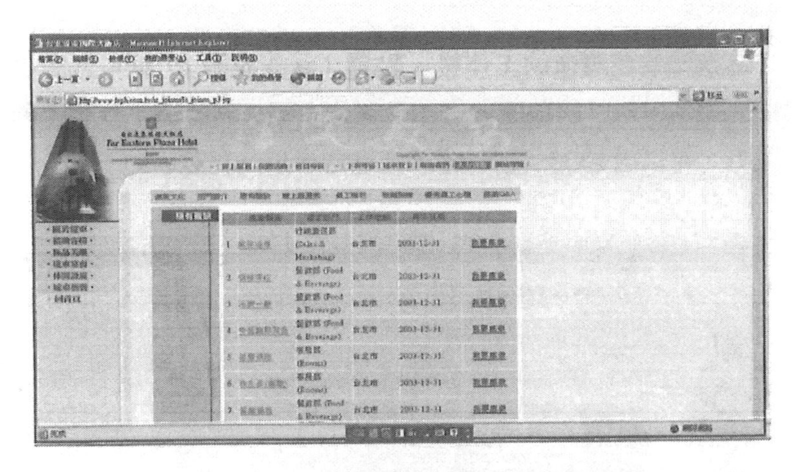

圖9-7　台北遠東國際大飯店現有職缺畫面

資料來源：台北遠東國際大飯店

應徵者如果不瞭解某職務的任職條件，可以點選該職務的職稱，則可以看到該職務的任職條件，如**圖9-8**。

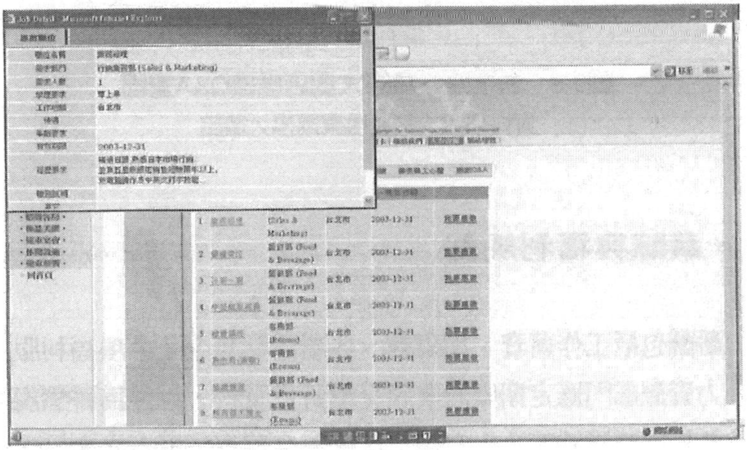

圖9-8　台北遠東國際大飯店任職條件畫面

資料來源：台北遠東國際大飯店

當選擇想要應徵的工作後，點選「我要應徵」，就可以開始登錄個人基本資料，將履歷表寄出。應徵者如果對應徵工作有不明瞭的地方，可以透過Q&A瞭解應該注意的事項（見圖9-9）。

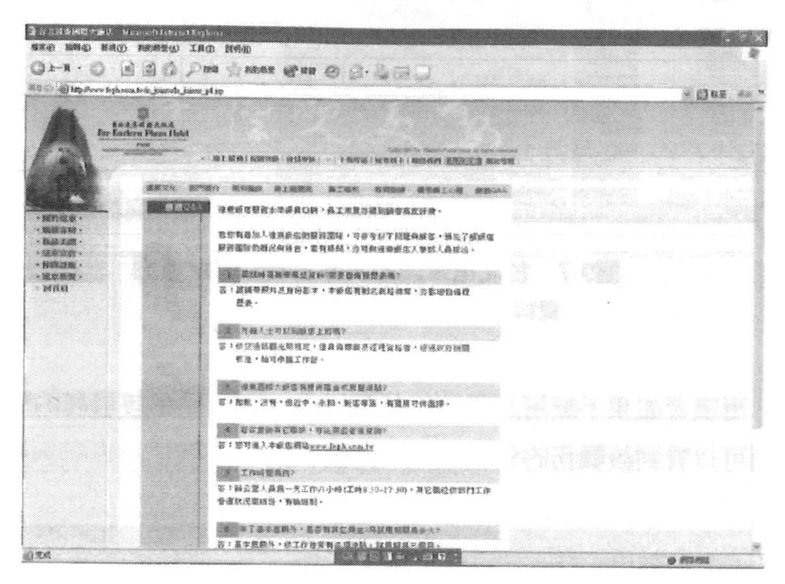

圖9-9　台北遠東國際大飯店應徵Q&A畫面

資料來源：台北遠東國際大飯店

二、薪酬與福利規劃

薪酬包括工作薪資、加班費、各項津貼獎金及各項福利服務等，人力資源部門應定期與同業間交換薪資資料，以作為薪酬規劃參考，各飯店營運狀況及人力編制互異，在薪資結構上亦會呈現不同的規劃方向。

（一）注意法令

人力資源部門在規劃薪資結構亦應注意相關法令（勞動基準法及其施行細則），做爲對各項薪資規劃之參考，例如最低工資標準、三節獎金、退休金提撥，同時各福利服務之支出亦爲不同形式之報酬，例如免費用餐、免費停車位、生日假、宿舍優待等，對員工而言亦是另一種薪資收入。管理者也應注意實行勞基法之後所產生的影響：退休相關費用和加班費增加對勞動成本的影響最大；資本額較小的廠商較資本額較大的廠商更認爲退休費用會因勞基法而提高（藍科正，1997）。旅館可以將員工福利公布在網站上，吸引應徵者投入工作（如**圖9-10**）。

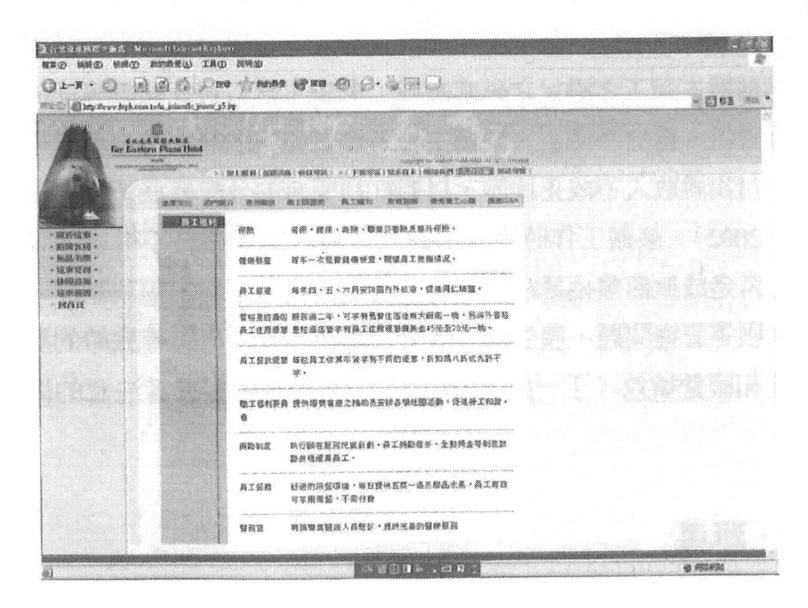

圖9-10　台北遠東國際大飯店員工福利畫面

資料來源：台北遠東國際大飯店

（二）人事規章

人事規章亦會影響整體薪酬設計的結果，例如全勤獎金的給予獎勵及處分條款的設立，遲到扣薪之比例等，亦會影響員工的收入，同時也會影響人事成本的比率。

（三）保險問題

目前對勞工而言，均會擁有全民健康保險及勞工保險，已大致涵蓋工作人員之工作保險。對於特別工作的人，或者福利健全的旅館企業，亦會爲全體員工辦理團體保險，以彌補保險制度不足之處。團保所需之費用，也成爲人事成本之一。

完善的薪酬設計可使旅館員工獲得適當的報酬及保障，員工樂於爲企業努力工作，離職率可降低並穩定。一項對於國內國際觀光旅館餐廳主管工作滿足之研究發現，餐廳主管對薪資報酬構面的滿意度最低，偏向不滿意，餐廳主管不滿薪資報酬無法使生活過得舒適、付出與收入不成正比等，以對紅利獎金的分配最爲不滿（潘亮如，2002）。旅館工作時間長、薪資普遍較低和假日不得排休等因素，常造成旅館業招募時的障礙。且工作負荷不均，福利制度、升遷有限等管理問題，產生員工高離職率的現象，而影響旅館的服務品質和經營績效（丁一倫，2001），是值得旅館經營者注意的問題。

三、甄選

甄選經由各召募管道而來的應徵者，是另一項重要的召募工作。負責甄選工作之人力資源部門及各需求部門之主管均應詳閱應徵者信函。若有需要，與推薦人查對應徵者之資料，以瞭解應徵者是否具有工作相關之技能、個人特質以及經驗或知識，而後安排進行面談。

進行面談時確認：1.應徵者具備必備的經驗或訓練，是否與所述相同。2.公司是否可提供應徵機會。3.應徵者過去之經歷對現職之幫助。4.應徵者之興趣及未來生涯規劃等。5.對應徵者說明希望待遇。6.申請之職位的工作性質。7.該職位的發展。8.薪資福利制度等，協助應徵者瞭解未來工作之特性等。面談結束後，將上述面談內容作適當的記錄並評估，以決定是否錄取。

四、教育訓練

飯店應注重同仁教育訓練，對各級員工提供不同的訓練管道，通常一般飯店對員工會安排以下訓練：

（一）始業訓練

對於每位新進同仁，均施以始業訓練，目的在讓每位同仁瞭解飯店的企業文化、服務理念及人事行政規定。

（二）語文訓練

飯店針對業務需要，施以英、日文分級訓練，以培養同仁語文能力。

（三）專業訓練

依據各部門職掌及業務內容，施以專業服務訓練，包括服務技能、操作流程、產品內容等。

（四）外派訓練

對於業務上有特殊需求，將選派同仁至飯店以外的訓練機構參加訓練課程。

（五）交換訓練

對有工作需要或培養人才時，可利用正常工作之時間，施予跨部門之交換訓練。

（六）管理課程

對於管理幹部實施相關管理課程，以充實並提昇管理能力。

（七）訓練員訓練

訓練員爲飯店實施訓練種子，本課程之目的即在培養這些種子如何實施訓練。

（八）管理儲備人員訓練

一些旅館會於特定時間召募管理儲備人才施予跨部門之訓練，其意義在於一段時間內，讓儲備管理人才瞭解各部門運作狀況與流程後，派遣至某一部門擔任基層管理工作。

教育訓練制度與人事規章應互相配合，例如進修經費之補助、公假之訂定等均應考慮在內。良好的教育訓練不僅培養員工的專業技能、服務態度，同時亦讓員工在工作中學習成長，對員工之工作生涯做好準備，對員工及公司均會獲利。

人力資源是一個循環，召募適當的員工給予必要之訓練，必能努力完成服務客人的工作，同時在生活上亦不虞短少。因爲良好的工作表現後，必有晉升的機會，同時再度提供應有之訓練，並且能調整適當的薪資收入，員工必定樂於在工作崗位上努力。負責人力資源工作的人員應體會發展人力資源之樂趣，善於反應、規劃並提供每位在職員工適切的工作環境，以達成爲公司培養人才、保留人才之重任。

五、考核

目前觀光旅館員工考核制度大多由人事主管擬定，每年以考核兩次居多，考核等第分四等，考核表有分主管與一般員工兩類，但沒有部門別的區分（談心怡，2000）。

考核項目的方面，受測者認爲「工作態度」最重要，其次才是「工作績效」。在考核目的方面以「薪資調整」爲最主要，其次是「職務調整」。

員工對於考核項目以「服務態度列入考核項目」的同意程度最高，對於將「年資列入考核項目」最低。對於考核執行過程以「考核者瞭解我的工作職責」的同意程度最高，以「我有參與考核制度之設計」最低。對考核結果方面以「考核結果有受訓機會」同意程度最高。

研究結果發現台灣觀光旅館業員工考核制度目前存在的現象有：以單一格式考核表或只區分主管與一般員工兩類來進行考核，考核者常受主觀意識與人情壓力影響考核結果，考核作業則傾向黑箱作業。考核常未符合員工期望，員工認爲有不公平的現象。此外，觀光旅館對考核結果到人事單位即予歸檔，未利用電腦化加以統計分析相當可惜。

第二節　業務與顧客關係系統

一、資訊系統與顧客關係

觀光旅遊業因應資訊科技的衝擊，而重新界定目標及業務範圍，在資訊科技發展的協助下，各企業體重新思考合作關係。觀光旅遊業對資訊科技的倚賴加深，將旅遊服務系統視爲瞭解市場資訊的利器，經由資訊科技的協助，不僅可以幫助觀光旅遊企業瞭解旅遊市場的變化，同時隨著訂位系統的發展，旅客可以直接由訂位系統或旅遊服務系統中，瞭解或預訂所需的旅遊商品或服務。

除了訂位系統之外，旅館在發展顧客關係上，可以透過電子商務直接面對顧客；例如：旅館可以透過網站直接吸引會員的加入，如**圖9-11**。

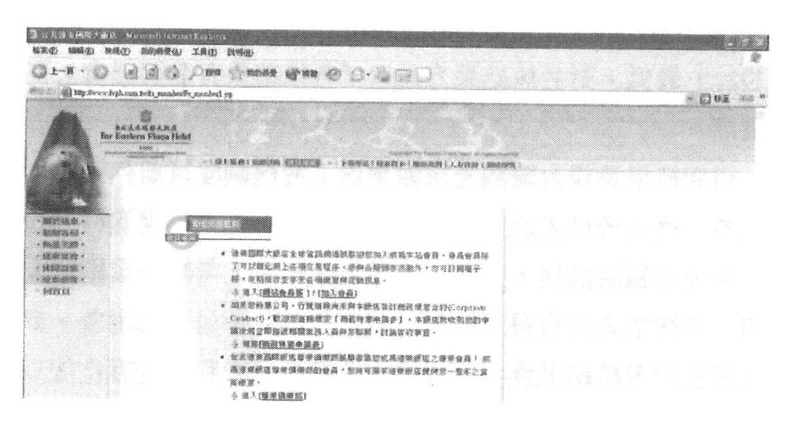

圖9-11　台北遠東國際觀光大飯店會員專區畫面

資料來源：台北遠東國際觀光大飯店

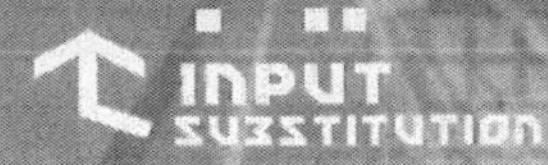

旅客僅需填寫相關的個人資訊即可以加入不同的會員（**圖9-12**）。

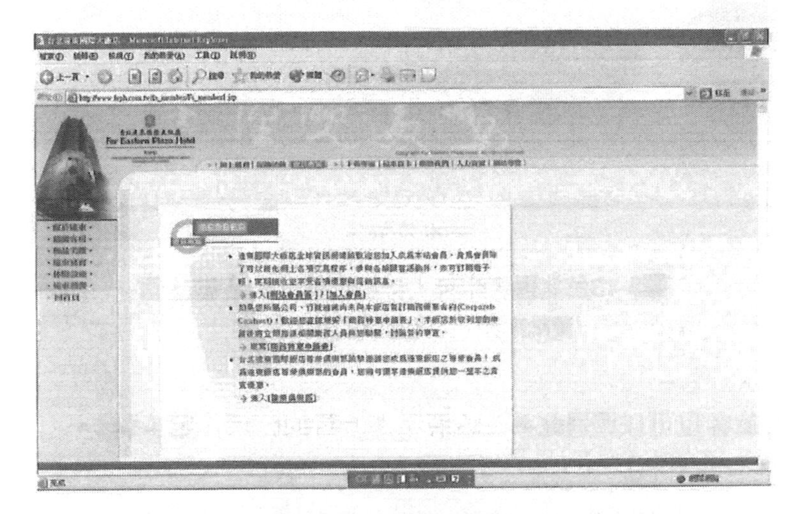

圖9-12　北遠東國際大飯店網路會員申請表畫面

資料來源：台北遠東國際大飯店

當旅客加入會員之後可以瞭解會員所享有的優惠，及接受旅館的促銷訊息（**圖9-13**），旅館可以透過電子郵件或網頁告知會員相關的訊息。

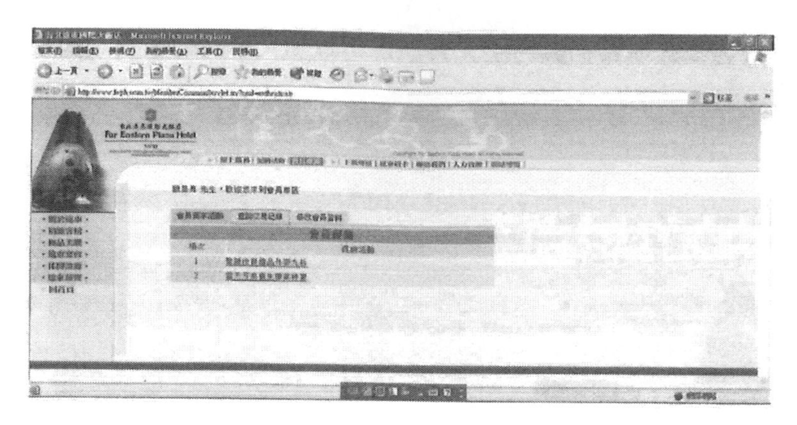

圖9-13台北遠東國際大飯店會員促銷活動畫面

資料來源：台北遠東國際大飯店

旅客也可以透過此系統瞭解過去消費的紀錄（**圖9-14**）。

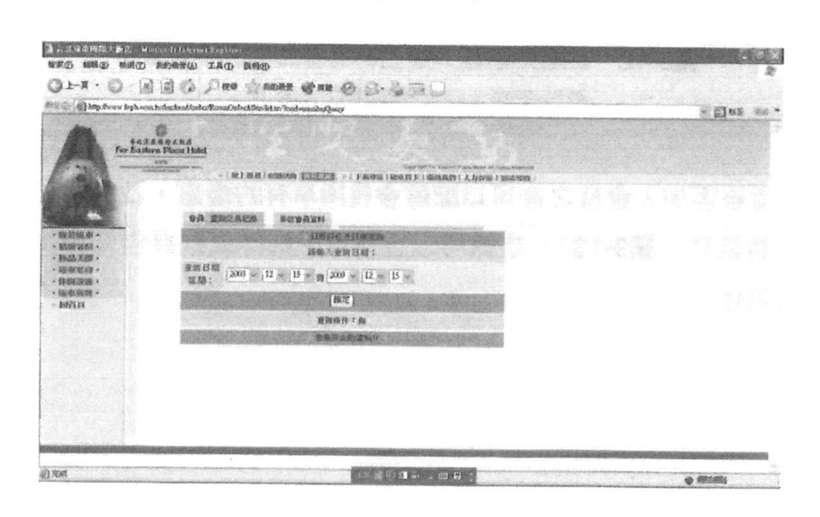

圖9-14　台北遠東國際大飯店會員查詢過去交易畫面

資料來源：台北遠東國際大飯店

二、行銷資訊系統的整合

旅館開發行銷資訊系統，應重視水平整合資訊共享，避免重複輸入。一般而言，資訊進入行銷資訊系統後，經由四個次系統：(1)偵測系統：提供企業內與產業環境中正在發生的資訊，作爲管理者決策形成的參考。(2)統計系統：結合統計及決策模式，利用電腦科技幫助決策者或其他使用者，將環境資訊予以計量統計，以進行決策分析。(3)智慧系統：針對特定問題或機會，如觀光旅遊業消費者消費行爲調查、廣告效度等進行研究，以協助修正行銷策略。(4)預算系統：藉由預算系統對市場獲利情況作全面瞭解，同時對預算扮演回饋監督功能，使不同的使用者得到所需的資訊。

然而，以觀光旅遊單一企業而言，資訊系統之規劃，通常針對不同業務機能單位，分別設計不同次功能系統，以提供各機能單位經營管理之用。若在各事業單位資訊無法溝通的情況下，容易造成資訊無法共享，而必須重複輸入資訊，徒然浪費企業內部資源。因此，在思考企業資訊策略時，即應考量企業內各部門資訊之水平、垂直整合及作業之區域整合。

企業內水平整合的意義爲，整合企業之作業、控制與規劃三個階層。同一階層中如財務、業務、人力資源等不同的資訊需求，整合自同一資訊源。而垂直整合的意義是：整合不同管理階層中的單一職能，將基層作業、中階管理、高層決策等各階層，依財務、業務、人力資源之單一職能資訊予以整合。

(一) 基層作業

一般而言，基層作業之管理者所需的資訊量較大，亦較瑣碎，

例如國際觀光旅館中餐飲營業單位所需的周轉率、平均消費額統計，客務部門所需旅客住宿登記、平均房價、住宿率等資訊。

（二）中層管理

中階管理者所需的資訊具有彙整性，例如各國際觀光旅館的住房比較分析、平均房價、促銷動態分析彙整報表等。

旅館資訊系統提供業務人員進行顧客關係管理工作，在進入系統後，業務人員可以藉由「顧客歷史資料」下拉選單點選「個人旅客管理」分析旅客消費行爲的功能（**圖9-15**）

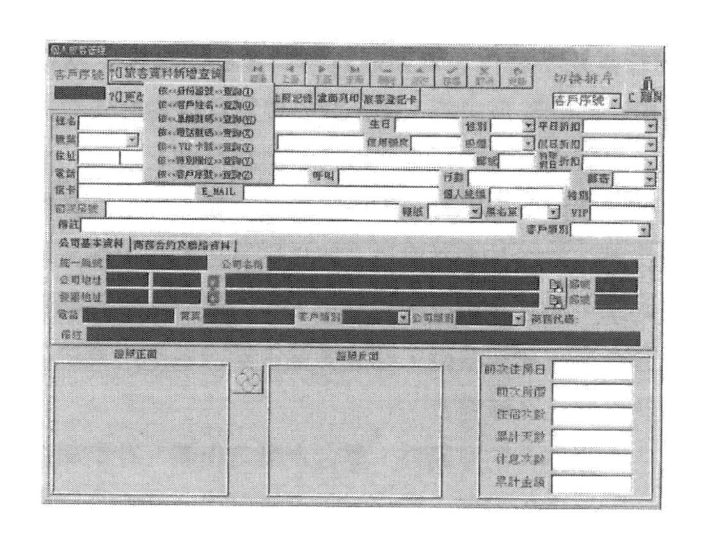

圖9-15　個人旅客管理畫面

資料來源：靈知科技（股）公司

輸入要查詢客人的名字即可以看到該位旅客過去的住房記錄與消費情況（**圖9-16**）。

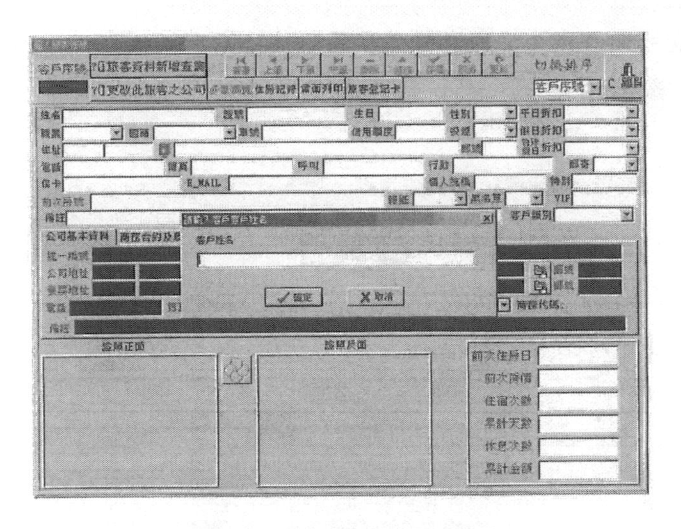

圖9-16 個人旅客管理畫面

資料來源：靈知科技（股）公司

相同地，行銷人員也可以藉由系統對企業進行顧客關係管理。藉由「顧客歷史資料」下拉選單中「公司行號管理」分析旅客消費行爲（**圖9-17**）。

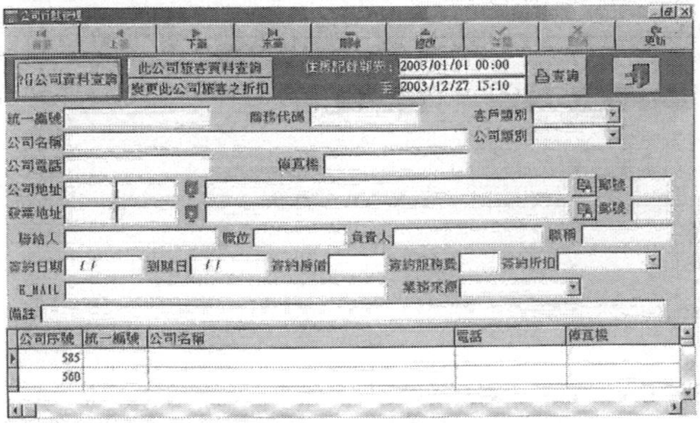

圖9-17 公司行號管理畫面

資料來源：靈知科技（股）公司

輸入要查詢企業的名稱可以看到該位旅客過去住房記錄與消費情況（**圖9-18**）。

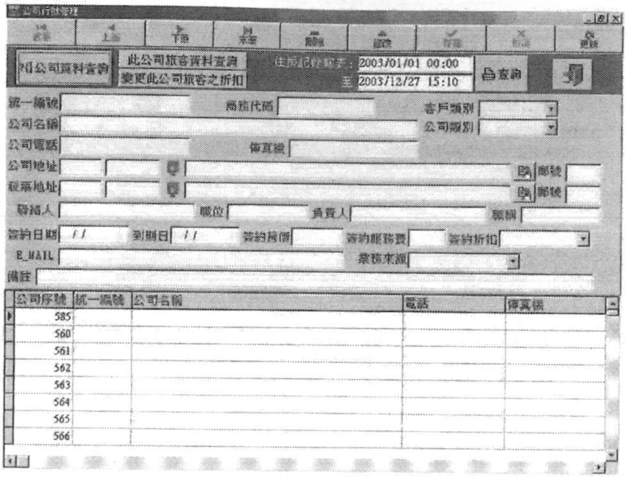

圖9-18 公司行號管理畫面

資料來源：靈知科技（股）公司

如果要寄送旅館內相關的活動資訊時，可以透過E-mail或郵遞的方式，將訊息傳送給企業瞭解。藉由系統「顧客歷史資料」下拉選單中「郵寄標籤功能」[1]（**圖9-19**）

註1雖然系統提供住房旅客名單列印，但是習慣上，旅館並不會主動寄資料給曾經住房的客人；但是如果旅館實施會員制度，則可以利用此功能將旅館的活動訊息寄送給客人。

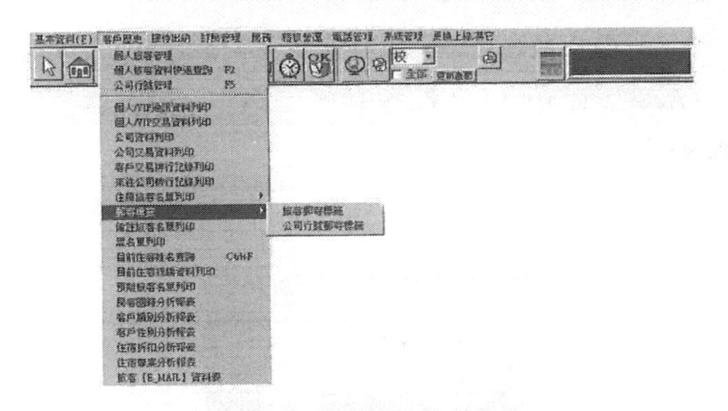

圖9-19 郵寄標籤功能畫面

資料來源：靈知科技（股）公司

輸入要寄送資料的企業條件，就可以列印出符合條件的企業（**圖9-20**）。

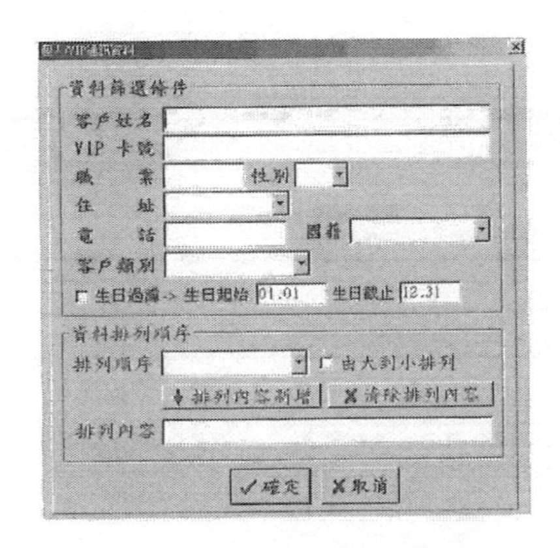

圖9-20 個人／VIP通訊料畫面

資料來源：靈知科技（股）公司

此外，行銷人員也可以分析往來企業對於旅館的貢獻程度。藉由系統「顧客歷史資料」下拉選單中「來往公司排行記錄列印」功能（**圖9-21**）。

圖9-21 來往公司排行記錄畫面

資料來源：靈知科技（股）公司

輸入查詢期間及客戶類別後，就可以得到交易排名結果（**圖9-22**）。

揚智大飯店-公司交易資料報表

列印期間：2003/12/01 ～ 2003/12/27 列印時間：2003/12/27 15:44:17 頁次1

公司名稱	統一編號	商務代碼	業務來源	交易間數	交易金額
IBM				58	87,100
HP				31	53,200
ACER				10	16,700
XEROX				27	13,500
ABC				6	10,900
LEMEL				7	10,600
KFC				6	9,200
Mac				4	6,400
AVON				4	6,000
AMWAY				3	5,300
DELL				3	4,800
LV				3	4,300
GUCCI				3	4,200
UM				2	4,000
P&G				4	3,950
JJ				2	3,800
YC				2	3,600
OKWAP				2	3,400
SCOTCH				2	3,400

第1頁 共1頁

圖9-22 交易排名結果畫面

資料來源：靈知科技（股）公司

（三）高階管理

高階管理者所需的資訊是由中階管理者彙整分析結果的決策資訊，例如由產業環境變化對觀光旅遊業行銷策略之影響，或是年度行銷績效之衡量等。資訊蒐集垂直整合提高企業績效水平整合之目的，在避免各次系統資訊的重複輸入及處理，並保障不同次系統所產生的報表資訊或結果無差異，充分達到資訊共享的益處。

垂直整合的優點在於提高企業績效，對於觀光旅遊業所需的資訊僅須蒐集一次，即可讓不同階層管理者使用，並且保障其結果之一致性。因此，由規劃的觀點，資訊系統的水平整合，可透過資料庫的設計以達成整合目的。而規劃作業階層的資料庫應力求完整，才能符合更高管理階層彙整資訊、分析資訊、線上查詢及產生不同功能報表等需求。

高階主管或行銷人員也可以分析旅館住客國籍類別的分析，藉以擬定不同的行銷策略；例如藉由系統「顧客歷史資料」下拉選單中「房客國籍分析報表」功能，瞭解旅客來源（**圖9-23**）。

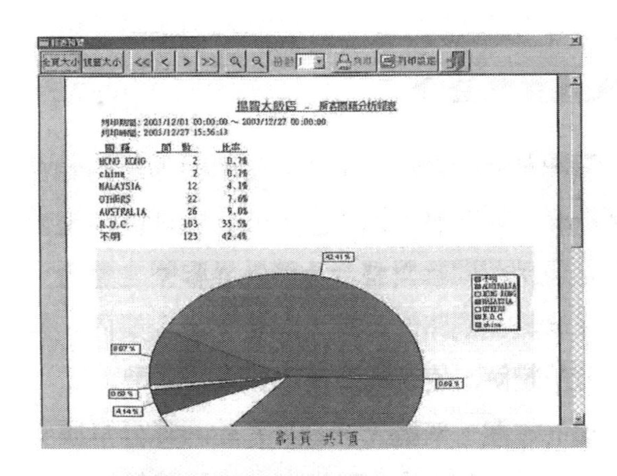

圖9-23 房客國籍分析報表畫面

資料來源：靈知科技（股）公司

藉由不同的報表管理，可以瞭解旅館目前及長期的營運趨勢，同時行銷人員與高階主管可以根據這些趨勢調整經營方針（**圖9-24**）。

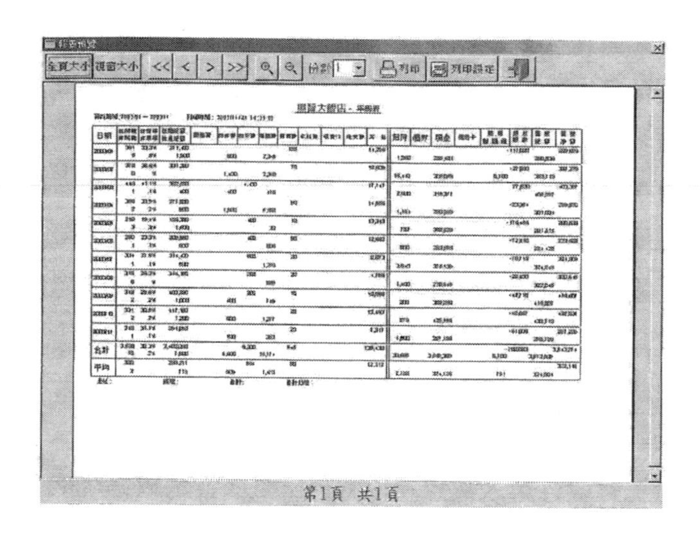

圖9-24　年報表畫面

資料來源：靈知科技（股）公司

（四）區域性資訊整合

區域性資訊整合的觀念，是透過電腦與通訊的結合，將不同區域的資料或系統，能夠整合性的發展。其包括辦公室自動化系統、觀光旅遊企業各部門間聯繫整合及與外界聯繫之整合。亦即讓觀光旅遊業資訊系統經由網路的形態，能夠整合企業內、外部資訊，增加對競爭環境的瞭解，使企業體獲取更大的優勢。

透過網路的規劃，使觀光旅遊業者能同時分享旅客的資訊，對資訊的取得及應用均有莫大的幫助。在供應鏈策略功能的協助下，更可增加觀光旅遊業資訊系統的附加價值。例如國際觀光旅館業與相關產業間在彼此協定的資料傳送形式下；旅客向旅行社、航空公司或國際觀光旅館業訂房的資料檔案均爲一致，則相關產業間即可經過網路彼此傳送旅客資料檔案。接收資訊的一方不必重新登錄旅客資料，可省下人力資源的費用，降低成本，並確保資訊的正確性。

有效預測行銷趨勢無論在水平、垂直或區域整合上，均須考量時間因素在作業上之重要性，使觀光旅遊業資訊系統在行銷決策、規劃、控制上，提供有效的預測行銷趨勢。而資訊序列之分析即須藉由歷史資訊的儲存，將資訊再處理。

第三節　採購作業系統

對於任何製造業而言，「採購」是生產過程中非常重要的一環。試想，一個製造商如果沒有購買生產原料和生產設備，要如何製造出可供銷售的產品呢？餐飲業雖然不屬於傳統的製造業，但它是一種介於製造業與服務業之間的行業，所要銷售的是餐點、飲料，以及連帶的各項相關服務。餐飲業者想要生產合乎市場要求的產品並提供適當的服務，就必須先具備合適的生產原料、各項用具、用品，以及機器、設備等。若想要獲得這些賴以生財的各式原料和用品，唯有透過採購過程來取得。因此，採購過程對於餐飲業是否能生產出吸引顧客的產品、是否能提供讓人滿意的服務，具有決定性的影響，甚至攸關一個餐廳的經營成敗。

一、採購的意義

對餐飲業而言，就像對其他許多服務業或製造業一樣，採購的意義絕非只是單純的以金錢購買一項物品而已。廣義而言，它其實涵蓋了多重意義。採購是一連串選擇（Selection）的過程（Stefanelli，1997）。包括挑選合適的供應商、從不同品牌中選擇品質合用且價位合理的物品，甚至可以是選擇要購買新鮮材料自己製作成品，或是直接購買成品或半成品來供應給客人。它代表了「選擇」與「決策」，而這樣的決策影響的不只是否能製造出讓客人滿意的飲食和服務而已，更直接影響了餐飲業的食物成本，並間接影響營業單位的利潤多寡。

另外，採購代表了一種有系統的交換過程：如何從供應商手中，將所需要的物品交到餐飲營業單位手中。這中間包括：向誰訂購、如何訂購、訂購多少量、運送的方式與時效性、購買的物品究竟是否符合使用者所需，以及後續的付款方式和保存等各種考量，這些都屬於採購的責任範圍之內。

二、採購權責與方式

無論是何種營業型態的餐飲組織，採購都占了舉足輕重的地位，關係到是否能夠節省成本。採購所需負責的業務依照不同經營規模的旅館或餐飲服務業而異，以下就不同規模的企業分別說明採購的職責：

（一）小型獨立經營企業

小型的獨立經營餐飲組織，一般來說，老闆會兼辦採購的工作。採購的數量與種類均較少，採購的速率也較快，資訊系統僅要滿足普通的庫存管理即可。

（二）中、大型獨立餐飲組織

中型的獨立企業，採購由老闆信任的人負責，自己從旁協助並監督；而負責採購者多半不只擔任採購工作，也同時管理其他事務，如：主廚、外場經理或財務主管等。

大型的獨立經營組織，則通常設有獨立的採購部門。內部有專人負責採購工作，甚至在一些大型飯店的採購部門中，食品、酒類、非食品類（如用品、文具等）都各有專職採購人員負責。

資訊系統的功能將擴展至供應商管理，同時為了簡化採購流程，在系統應用上擴展至主廚或是採購人員可以線上採購的功能。

（三）連鎖與加盟的企業

連鎖或加盟經營之企業，其採購權責與模式則有不同。一般在總公司有高級主管專門負責監督採購事務，有專職採購人員負責選購所需物品，與全國性供應商簽訂採購合約。

大多數業者設有一個或多個中央倉庫或中央廚房等，負責供應統一的材料和用品給各連鎖店或加盟店，而各分店經理可依據需求向中央倉庫下訂單，整個採購過程由總公司監督。

有的經營體系還容許各店在許可範圍內，自行向當地供應商訂購或是調度一些特殊物品，如：要求高鮮度的海鮮、當地特產或一般清潔用品等。有的機構則容許各分店全部在當地或所在國訂購所需物品，只要達到規定的品質標準即可，如：世界性的連鎖或加盟飯店等。

三、資訊系統對採購人員的助益

一般而言，旅館或餐廳內部人員如果要採購物品，應先填具採購需求單（Purchasing Request）向採購部提出申請，採購部在訪價完成之後，經由主管批示核准後，開立採購單（Purchasing Order）向供應商提出採購，而供應商將貨品送至倉庫完成驗收工作，採購的任務即已經完成。

在企業中採購系統的功能，通常與庫存系統合而爲一。對餐旅業而言，除了一般物品採購外，想把餐廳經營得有特色，廚房的主廚更是整個廚務工作中的靈魂人物，除了與餐廳外場經理或相關部門主管聯繫、溝通與協調有關一些促銷活動事宜之外，利用資訊系統與採購部聯繫顯得格外重要。例如菜單的定價與成本的控制爲餐廳經營的首要工作。主廚必須與採購部合作，滿足不同客人的要求，並藉由採購人員的專業知識來加以達成。主廚與採購同時應具備幾項功能：(1)隨時掌握市場價格與廠商所提供的品質，如肉類或海鮮的新鮮度。(2)考量物品價格及交貨日期的準時性，以便供應與使用。(3)控制物料的進貨成本，並選定對自己最有利的價格與品質。(4)控制各類食品的庫存量，以免造成額外的浪費。

本章所介紹的行政支援系統部分，一般旅館業通常各自開發或購買套裝軟體，與旅館資訊系統或餐飲資訊系統分開購買，在系統功能聯繫上自然受到限制，未來餐旅業可積極整合這些系統以方便旅館作業與服務。

觀光旅遊業爲資訊密集（Information Intensive）的產業，資訊必須涵蓋經濟環境、產業競爭、相關產業市場，及企業內活動的密集性等資訊，且對於經濟環境、競爭者動態資訊的掌握格外重要。整合性資訊系統將避免完全依賴觀光旅遊企業內資訊，產生「產品導向」的決策錯誤，而發展出「消費者導向」的管理決策。

在整合式資訊系統的規劃概念下，不僅對觀光旅遊業內部的團隊工作，以更短的時間及成本完成工作；同時可由區域網路取得產業環境資訊以利決策，亦將使觀光產業中各企業體，成為網路上資源共享、企業合作競爭的夥伴，共同擴展觀光旅遊市場。

問題討論

1.請說明旅館人力資源系統的應用。

2.請說明旅館業務系統的應用。

3.請說明旅館採購作業系統的應用。

關鍵字

1.Information Intensive

2.Job Description

3.Job Specification

4.Purchasing Order

5.Purchasing Request

Chapter 10

餐旅資訊系統的策略與組織的影響

第一節　資訊系統與組織角色的改變
第二節　旅館業資訊需求對行銷策略優勢
第三節　資訊系統對旅館業組織的影響

學習目標

在此複雜的環境中，掌握行銷資訊為每一位餐旅業經營者所共同關切的焦點，要確定經營所需的行銷資訊有其基本的困難。本章首先說明資訊科技對旅館業組織影響，使學習者能夠跳脫傳統組織的觀念，面對旅館業及整體旅遊產業的結構化改變。其次，介紹旅館業資訊需求對行銷策略優勢，使學習者可以擴展對旅館資訊系統的應用。

李經理負責旅館內行銷策略的規劃，他發現觀光旅遊業爲資訊密集（Information Intensive）的產業。當他在思考競爭策略時，所需要分析的資訊必須涵蓋經濟環境、產業競爭、相關產業市場及企業內活動的密集性等資訊，且對於經濟環境、競爭者動態資訊的掌握格外重要。他迫切需要整合性資訊系統，以避免完全依賴企業內資訊，產生「產品導向」的決策錯誤。李經理深信「消費者導向」的行銷策略，他思考著如何透過旅館內部資訊系統及團隊工作上，以更短的時間及成本完成策略規劃的工作；同時他思考著，如何藉由整合式資訊系統的規劃下，不僅對企業內部，同時可由區域網路取得產業環境資訊以利決策，亦將使旅館產業中各企業體，成爲網路上資源共享、企業合作競爭的夥伴，共同擴展觀光旅遊市場。

根據李經理的分析：餐旅業因應資訊科技的衝擊，而重新界定其目標及業務範圍，在資訊科技發展的協助下，各企業體重新思考其合作關係。

由此趨勢，觀光旅遊業在規劃發展資訊系統時，藉由對合作方式重新架構，協助企業目標市場的釐清，選擇適合之合作企業，將使旅館本身可以開發不同的目標市場，同時可以自產業競爭中脫穎而出。

由觀光旅遊產業投資的觀點，無論是航空業、國際觀光旅館業、遊憩區經營或旅行業，均屬資本密集、固定成本高之產業，其經營係以長期獲利回收方式爲主，資訊必須能反應產業長期「投資」功能。

INPUT SUBSTITUTION

第一節　資訊系統與組織角色的改變

回顧在旅館產業中，資訊科技協助旅館經營者建立預約管理的體系，透過資訊科技，探究未來預約管理的潛在關鍵。旅館的管理者必須了解科技轉變的遊戲規則，選擇具有競爭優勢的策略，策略的實行分爲服務導向策略和資訊科技導向策略。旅館業者總是努力達到房間客滿，以及利益最大化，爲了達到此目的，旅館計劃並管理預約的程序，也就是說，旅館盡可能把潛在的需求轉變成眞正的需求，如果旅館做得很好，相對地，就得到它的競爭優勢。

在資訊科技的發展與使用的過程中，共分爲若干的階段（Buhalis and Licata，2002），包括：

一、資訊科技資料處理階段（Data Process Era）

1970年代，利用資訊科技快速正確地處理和分析大量複雜的資料，變得十分經濟，這使公司開始重視自動化，在此Era的企業環境內，得到相對的穩定性，而功能趨向的企業中，利用資訊科技增加速率，用機器取代人力。

在旅館業中，資訊科技被利用成爲自動預約程序的工具，以及建立中央訂房系統，而其競爭優勢就是在預約的花費較低。

二、個人電腦階段（PC-centric Era）

在1990年代，電腦的周邊設備與個人電腦的軟體，變得像是日用品一般，結果造成科技快速且廣闊地擴散到旅館的操作上，其中包括：新軟體（例如：程式表、文書處理）、POS終端機、溝通網際系統和工作站。

在此階段中，管理者必須對作決策、決定價格策略、旅館的市場定位和市場區隔負責；管理者也必須監視產值管理實行、控制利益最大化、和校正報酬計劃負責。

三、網路階段（Network Era）

此階段結合全球化溝通的基礎，和廣泛使用電腦的目的，網際網路的來臨，明確地增加了旅館的分配頻道可行性。旅館現在可以直接從網路上促銷，以及利用財產目錄銷售房間，比起利用訂房中心、GDS（全球定位系統）和GRS（全球訂房系統）便宜得多。

四、內容服務階段（Content Era）

此階段主要轉變的關鍵點在於從電子商務到虛擬生意；從有線消費到個人化服務；從溝通頻寬到軟體資訊與服務等。Content Era的虛擬商務和個人化服務，是依賴先前時期所傳遞下來，便宜且到處存在的頻寬基礎建設。在此，爲了提升給顧客的價值，競爭優勢不再單純只是憑藉著「地點」或「商標」，而將是憑靠知識的創新。當顧客更富有知識時，會要求個人化的產品，因此飯店將會更加倚靠顧客的資訊紀錄。有些連鎖飯店在和顧客互動時，已藉由改變顧客資訊蒐集、分析和使用的方式，履行顧客關係管理與一對一的策略。例如：私人網站設置、銷售供應者和資訊都經由網際網路或是其他有關網路的方法分配出去，如：袖珍型電腦或電話。資訊系統的演化階段，可能不只簡單管理一個策略目標（如利益最大化），而是好幾個目標同時存在著。所以我們在Content Era看到這些目標包括：達到增加價值、交叉銷售、顧客滿意度及忠誠度，以及顧客回流率。而科技不只是關於預約，同時也是市場、銷售點還有其他系統的整合。

現階段旅館資訊系統的整合是個決定性的關鍵，因爲多數飯店在既有的系統（Legacy Systems）上，必須操作兩個以上的電腦獨立系統，使決策能運作，同時Legacy Systems也繼承了先前蒐集的顧客資訊。整合資訊系統也被要求使員工能夠交換及分享知識。在此區域，因資訊科技在供給者、發展者與飯店管理者之間，有所利益的衝突，因此需被好好管理。當我們從工業時期到知識時代，從大量製造到大量電腦化時，飯店業者須重新設計他們的程序與策略。因爲資訊科技已從決策支援的工具，轉變成一個決定性的關鍵點。

網際網路也能夠精準的、有效的確認目標顧客，這或許是顧客對於大量客製化的產品需求增加的原因。由於網際網路超越地理上的限制，所以允許組織滲透至外國的市場抓住廣大的消費者，延伸市場的佔有率。過去旅客認爲多媒體的使用在網際網路上並不重要，這是因爲他們覺得受到現有頻寬的限制，無法使潛在的多媒體普及於產業中，然而，研究卻證實一些潛在的多媒體可傳遞圖檔資料和生動的旅遊產品，包含錄影影像、地圖、互動的呈現等等；因此，受訪者認爲只要技術性的問題被解決，觀光組織就能透過多媒體創造極大的機會優勢。寬頻和ADSL科技將支援網際網路使用者在家中透過高速頻寬傳輸數位資料。

這樣的轉變促使整體產業發生了一些結構的改變；例如廣泛地使用網際網路就像是傳遞更新內容，它能夠創造廣泛範圍旅遊電子媒介（New Tourism eMediaries）。當多數的競爭者希望能生產大量的利潤，在旅遊電子媒介維持一段期間後，允許使用者定位系統的溶入，以提供新機會的優勢和發展電子商務的應用，這個包括單一供給者的供給量，例如英國航空公司、Marriott Hotel、Avis。多數供給者的網頁顯現出能支援運送物品目的地發展管理系統，並分配較小的所有權；除此之外，網際網路的入口網站發展，通常藉著外部線上代理人和供給者的內容，媒體（Media）企業漸漸地匯集他們的區域位置上延伸電子商務的能力。最近線上的代理商有效地分配存貨清單，Price.com更換價錢的方法，並且允許乘客搜尋以服務他們的供給者。行銷管理者在全部分配信號通道，進行確認他們描述的產品，並且能了解困難度以及成本。

當無數以網際網路為主的經營者經由不同的平台提供服務時，我們可清楚的知道行動商務（mCommerce）將會跟隨著網際網路的電子平台出現。旅遊供應者已開始使用WAP及SMS發布訊息，且允許顧客確認班機的抵達和離開時間，目前使用此方式的有：航空公司、電子旅行社、旅館等，受訪者覺得旅遊組織在技術能夠支持行動裝置時，將會擴展他們的網際網路供給。而如何讓資訊透過不同的平台散佈出去對業者來說是個挑戰，此行動裝置對於經常旅行的商務客或習慣購買相似產品的人來說是十分有幫助的，但對初次接觸的人來說，卻必須在購買前找出最合適的產品。他們同時也發現mCommerce對於Last Minute Sales為一大機會，如同顧客可在接近抵達或離開時間的時候對訂位做改變。

此外，旅客預期電信公司會和電子旅行社及其他供應者成為線上旅遊服務的合作夥伴，而當消費者願意付出金錢在WAP的連結上時，商業模式或許需要些改變，因此旅遊組織可能會對電信公司收取費用，進而分享連結時的收入。

受訪者認爲mCommerce將會是個重大變革，它能夠讓顧客在同一時間購買產品，也能夠確認當地可供出售的產品及服務，同時mCommerce亦能使組織在鄰近地區選定顧客，進而提供特別的促銷及服務。

值得思考的是：當我們從工業化時代移動到知識時代，從大量生產到個人化服務的時代（O'Connor and Frew，2002；Luck and Lancaster，2003）。不同科技型態（如New eMediaries、on-line Travel Agents、Portals）適時地提供相關及豐富的資訊，爲網路市場區隔的因素。數位電視、手機科技能深入商業間和家庭市場，優勢在於它能適用在多重平台，在不同時間、不同情況下，服務不同的顧客。而傳統的系統，如GDS 功能逐漸式微，除非這些系統結合現代化更新及採用新的模式進行，否則將面臨市場流失了。對旅館業者而言，必須考慮到新的概念和新的訓練，包括有知識的管理、對今後機制的評價、規則和管理技術。

第二節　旅館業資訊需求與行銷策略優勢

一、行銷資訊的重心

觀光旅遊業營運受旅遊季節而呈現波動差異，行銷資訊須能反映出「促銷」旅遊商品之消長趨勢；同時，旅遊商品不具儲存特性，商品在短期供給不具彈性，於特定期間內亦無法因應超量客源的需求，行銷資訊必須能即時呈現調節「供給」的功能。

掌握行銷資訊爲每一位觀光旅遊業經營者所共同關切的焦點，

然而，在此複雜的環境中，要確定經營所需的行銷資訊有其基本的困難，其原因包括：(1)資訊的多樣化及複雜性。(2)行銷人員爲資訊處理與問題解決者，本身即有某種程度的限制。(3)不同使用者或經營者對資訊需求之差距。(4)資訊使用者無法確定資訊的需求等。什麼資訊才能滿足行銷作業、管理、決策等不同階層的需求？多少的資訊才能滿足企業所需？行銷人員應如何取捨眼前的資訊？這些難題是每一位從業人員所需面對與克服的問題。

行銷資訊必須滿足觀光旅遊業「服務」的基本功能。由觀光旅遊產業特性來看，其外在經濟環境，如全球經濟、外貿活動、航運便捷程度、全球觀光資源開發等影響，直接造成觀光旅遊的需求波動，行銷資訊須足以區辨「環境」轉變的功能。

二、策略方格

由行銷策略（Marketing Strategy）的觀點[1]，行銷資訊之蒐集必須同時涵蓋產業競爭者、企業本身及消費者等，以作爲觀光旅遊業者制定行銷決策的參考。因此，如果以策略方格的觀念：由「服務」、「環境」、「投資」、「促銷」、「供給」爲縱軸，「競爭者」、「企業」、「消費者」爲橫軸所形成的資訊需求構面，將能對觀光旅遊業在拓展商機的資訊需求上，提供一個思考的方向。

（一）競爭者服務資訊

此構面所須的資訊含有競爭者提供顧客服務之組織結構、人力資源結構及服務向度等資訊。例如對航空公司而言，競爭者間提供

註1本章延伸M. Porter競爭優勢的觀念。對於行銷策略有興趣的讀者，可以參考Porter相關著作。

顧客服務的組織階層、人力支援程度、客艙服務、訂位服務、餐飲服務人員比例及服務內容等，以辨識人力資源是否較具優勢。

（二）企業服務資訊

此構面所需的資訊爲企業本身提供顧客服務之組織結構、人力資源結構等資訊。例如航空企業提供顧客服務的部門、各部門人力分配情形、組織在緊急支援時能調整方式等。由近年來常發生一些旅遊災難事件來看，無論是航空業者、旅遊業者或政府部門所能提供的人力服務支援的資訊，均應包括在此資訊需求構面之中。

（三）消費者服務資訊

包括消費者期待旅遊服務及商品的資訊。例如搭乘豪華艙的顧客需要航空業者提供如何的服務？業者如何滿足旅客消費；另如餐飲業者應如何提供消費者應獲得的餐飲資訊？國際觀光旅館業者亦可由此構面中對顧客提供特別的商品服務。

（四）競爭者環境資訊

包括競爭環境中相關因子，如國際經濟動態、國內經濟環境動態、餐旅業營業變化、來華旅客旅遊人數、潛在競爭者的瞭解等，讓業者藉由瞭解競爭環境變化而採取不同的因應策略。

（五）企業環境資訊

包括觀光旅遊產業結構分析、企業成功關鍵因子、進入或退出產業的障礙因子，以幫助企業辨識在競爭環境中的優劣勢。例如，國際觀光旅館業者應衡量同一地區內國際觀光旅館的籌設情況，而規劃商品內容。

（六）消費者環境資訊

包括來華旅客遊客消費水準、國人消費程度等資訊。例如，國人在觀光旅遊過程中願意花費在住宿方面的金額占整體旅遊消費支出的百分比、消費者選擇中式餐飲與西式餐飲之比率等，以區辨觀光旅遊企業之消長。

（七）競爭者投資資訊

包括觀光旅遊商品生命周期、競爭者在發展商品廣度、開發新商品等資訊。例如，不同旅行業者在規劃遊程時所考慮的商品組合，航空同業間願意在亞洲航線投注成本的範圍，觀光旅館業者更新樓層的投資程度等。

（八）企業投資資訊

業者本身商品生命周期、擬再投資或更新商品等投入資金之水準等，藉以發展具競爭力的商品價值。例如，餐飲業者願意投資在器皿上的支出程度，遊樂園區投資開發旅遊資源的程度。

（九）消費者投資資訊

消費者購買旅遊商品消長之資訊。當經濟成長後；消費者對觀光旅遊商品支出成長的比率；或不同目標市場，顧客願意支付購買觀光旅遊商品占消費總額的程度。例如，日籍旅客願意花費在高爾夫球消費的比率可能高於其他客源；國民所得提升後，國人在餐飲消費支出程度。

（十）競爭者促銷資訊

包括觀光旅遊競爭者中促銷的方式、內容等，又中介者對觀光旅遊產業影響的動態，影響觀光旅遊各企業市場占有率之程度？並且瞭解競爭者對區隔市場促銷的轉變分析。例如，信用卡對旅遊消費的功能，業者藉此促銷旅遊商品之形式。

（十一）企業促銷資訊

包括企業因應旅遊波動所採取對不同目標市場顧客之促銷活動，及全年促銷方案之執行。例如，航空業者與信用卡合作的積點累計旅遊促銷資訊，與旅行社合作旅程規劃。

（十二）消費者促銷資訊

包括消費者對觀光旅遊業者促銷活動的態度、促銷活動對消費者的影響、消費者接受促銷程度。例如，消費者在不同節慶活動、美食周等不同餐飲促銷訴求的接受程度。

（十三）競爭者供給資訊

包括觀光旅遊產業各競爭者商品供給的資訊、不同旅遊季節對競爭者商品供給影響等。例如，不同旅行社在旅遊旺季出團的數量、各航空業者在旅遊旺季所能提供最大運輸量、國際觀光旅館客房數、住房率等比較資訊。

（十四）企業供給資訊

包括企業本身商品供給的程度、不同旅遊季節對競爭者商品供給的影響。例如，航空業者在不同航線上載客能力、轉運的便利程度、旅行社提供旅程路線等。

（十五）消費者供給資訊

包括消費者在觀光旅遊活動中的消長、消費者在商品供給消長產生購買商品行爲轉變的資訊。對觀光旅遊業者而言，利用區分目標市場顧客的資訊，設計滿足顧客的商品，藉此掌握旅遊波動中旅客的消長程度，以讓觀光旅遊業者調節商品的供給。

三、有效的行銷

觀光旅遊業者因應市場競爭環境情勢快速的變化，掌握有效的行銷資訊，洞察環境的脈動，方能協助業者更有效地發展目標市場策略，進而爲企業創造行銷機會及競爭優勢。

由觀光旅遊業行銷資訊策略性功能而言，不單僅是靠旅館管理資訊系統、旅行社、航空業航空訂位網路或企業內部的資訊即可完全滿足。而應同時考量資訊科技衝擊及資訊策略性功能，整合觀光旅遊業資訊，使企業所需資訊來源較過去更豐富且迅速。如此，觀光旅遊業競爭者間必將轉換爲合作關係，企業內資訊也須轉變成與企業間共享的資訊，各企業體自行處理資訊，將轉變成共同處理資訊的利益。

差異化的競爭優勢建立於有效掌握觀光旅遊市場趨勢的變化，而反映市場變化的市場資訊，成爲被重視的基本焦點，觀光旅遊不同的企業體在資訊科技壓縮時空的情形下，企業內及企業間的資訊整合更將加強，亦即資訊網路已劃過不同企業體間的界線，創造了新的「組織」。

企業體面對這些因工作本質改變對企業造成的衝擊時，必須重新思考自己的企業目標，使組織在變革時有方向可循。企業面對新競爭者威脅及愈益複雜的競爭環境下，能藉由資訊與通訊科技加速蒐集、處理、分析、整合，以協助企業擬定目標市場策略，觀光旅遊業將能不斷地創造行銷機會與競爭優勢。

由觀光旅遊業行銷資訊策略性功能而言，不單僅是靠旅館管理資訊系統、旅行社、航空業航空訂位網路或企業內部的資訊即可完全滿足，而應同時考量資訊科技衝擊及資訊策略性功能，整合觀光旅遊業資訊，使企業所需資訊來源較過去更豐富且迅速；如此，觀光旅遊業競爭者間必將轉換爲合作關係，企業內資訊也須轉變成與企業間共享的資訊，各企業體自行處理資訊，將轉變成共同處理資訊的利益。

第三節　資訊系統對旅館業組織的影響

一、由組織變革的觀點探討

透過對台灣國際觀光旅館引進資訊科技相關部門主管爲研究樣本的問卷調查。研究結果顯示，「主管幕僚關切決策權」、「組織配合及資源（Resource）充裕度」對台灣國際觀光旅館業組織內部整體引進資訊科技的支援程度有顯著的關係。而「資訊主管對引進資訊科技的影響程度」、「鼓勵員工學習資訊科技的程度」對台灣國際觀光旅館業組織內部整體接受創新程度有顯著的影響（廖怡華，1998）。

由組織變革的觀點而言，觀光旅遊業面對資訊科技造成的衝擊，將使企業歷經自動化、資訊化及企業體質改變等三個階段的組織變革（顧景昇，1993）。

企業自動化的階段過程中，一些事務性的工作，將完全被電腦所取代。從事觀光事業生產作業中的任何工作，均會受到運用資訊技術轉變的衝擊；例如，客房部門訂房作業因資訊技術的革新，從前旅館業訂房人員只須學習如何填寫訂房卡，現今則必須花較多時間學習熟悉資訊科技的操作，以減少訂房作業的時間；旅遊業、航空業之訂位人員更要學習如何由訂位系統中迅速地爲旅客完成訂位的服務，會計部門也要學習由資訊系統中完成結帳、轉帳等業務。

此過程最大的利益是在降低企業成本，尤其是人力資源成本。無論是旅行社、航空公司、國際觀光旅館等均已歷經此階段的組織變革。運用新資訊開拓商機自動化之後，緊接著是資訊化的過程。觀光旅遊業之從業人員除了使用新的資訊科技之外，仍必須發展出新工作技巧，這些新工作技巧包括從業人員對工作內容思維方式的轉變。因爲這些資訊科技所處理的事務，將產生對觀光旅遊企業體更有利的新資訊，例如業務人員分析全年度旅遊產品銷售記錄時，同時可以分析出旅客對旅遊商品的偏好與購買特性。接受訂房作業人員可能發現，當季節改變時，客房商品的銷售量會跟著變化。

這些經由資訊科技產生的新資訊，即需要觀光旅遊從業人員用不同於傳統的思考角度來思考其涵意。因此，資訊化階段的生產作業人員不同於自動化階段的工作，不僅只監測螢幕，而必須瞭解服務之整體作業流程，利用新資訊來開拓新的商業機會。

可預期的未來，資訊科技對專業知識性工作：如餐館菜單設計、旅行社遊程設計、各企業之人力資源、業務推廣、規劃行銷策略、銀行授信等方面，觀光旅遊企業體在運用新科技來協助提升決策品質及效率方面，將遠超過作業性功能的衝擊。

當觀光旅遊業歷經企業自動化及資訊化的階段後，其組織的基本特性必然發生改變。此時，企業必須強化組織領導的方式，以拓展其視野及增加其競爭的能力，此即是所謂的質變階段。

質變階段中所須強化或改變的企業問題均是最基礎的，但對觀光旅遊業而言，也同時是最困難的。對決策及管理階層工作的衝擊，主要源自於網路對企業體所造成的影響，將使得不同產業間，如旅行業、航空公司，由以往處於銷售通路的競爭角色中，轉變成爲相互倚賴的合作關係。

此資訊技術劃過不同企業體界線的最大的衝擊，是使企業體間同時存在競爭與合作的關係，此種相互影響關係的競爭情況，使觀光旅遊不同企業與其競爭對手間，會隨傳統的經濟力或資訊技術的改變而改變競爭關係。例如，國際觀光旅館將與旅行業、航空事業或其它相關的觀光旅遊業彼此共享資訊。共同開發、銷售旅遊商品，更能掌握旅遊市場的變動。

資訊技術使企業內部的成本降低、對市場的反應更快、經濟規模也同時產生變化。此外，企業內的資訊流通及決策的速度也變得愈來愈快。在這一連串企業內部功能、控制及權力的重新分配之後傳統的觀光旅遊業型態將被資訊科技所改變。

一旦企業結構發生改變，管理功能及程序也相繼的發生改變，企業內的工作將因需要而調整。此時觀光旅遊業面臨最大的問題，是如何透過新的管理系統及程序來思考經營方式。資訊科技重組管理結構面對此一連串的衝擊與變革，觀光旅遊業應重新衡量經營目標，善用資訊科技的優點，以新的經營思維重新探究資訊的本質與功能，方能確保企業能得利所需要的資訊支援，及有效地分配資訊資源。對注重個人服務的觀光旅遊業提供消費者更佳的「資訊服務革命」，形成觀光旅遊產業競爭的「通路革命」。

二、由消費者的觀點探討

就消費者而言，傳統上旅客可透過旅行社或中介者等二段式以上的配銷通路，以優惠的價格向航空公司預訂機位及預訂觀光旅館住宿等在旅程上的旅遊服務，但消費者同時必須承擔旅行社或中介者未依約定訂位或訂房的風險。

因此，透過資訊科技的運用，使消費者可以直接由終端機之一方瞭解航空公司的訂位情形、瞭解旅館住宿的服務等級與價格、某旅行社提供的遊程安排、旅遊目的地的交通運輸情形、同時獲得一份遊覽區的風俗簡介等。如此不僅降低消費者與供給者間的通路層級，減少企業及旅客損失旅遊的風險，同時提供消費者品質保障的資訊服務。

三、由觀光旅遊觀點探討

就觀光旅遊業而言，傳統旅行社爲旅客提供「綜合服務」的功能勢將減弱，取而代之的是與相關的企業，如航空公司、觀光旅館等聯合銷售資訊。傳統觀光旅遊業間銷售通路，也因資訊服務而產生變化，企業僅透過任何資訊傳遞的介面，與消費者間的距離更爲接近。

整合資訊並掌握優勢行銷對企業而言，與消費者間距離的縮短將使企業更能掌握消費者，辨識商業機會。由旅客預訂機位、預訂住宿的基本資料中可以瞭解來華旅客旅遊人數、旅客消費、餐旅業營業等與觀光旅遊具關聯性的資訊。

同時經由資訊的處理，業者對產業競爭資訊，如航空業競爭分析、旅行社旅遊行程規劃、國際觀光旅館業競爭的範圍、觀光旅遊產業結構分析、旅遊商品生命週期、主要的競爭者的成功關鍵因子、潛在競爭者的瞭解、進入或退出產業的障礙因子等，有助於辨識企業在產業競爭中消長情況的資訊，使企業在面對產業競爭，如競爭者區隔市場、目標市場的轉變、顧客需求、購買動機及各競爭者促銷活動的動態分析、產業競爭等資訊的掌握，以作爲決策的參考。

除了由企業外部資訊支援外，業者同時必須結合企業內資源資訊的分析，才能將企業資源對行銷戰略作適當分配。因此，對過去經營績效、組織結構、人力資源結構及財務結構等資訊的掌握，將可讓業者在衡量行銷策略上，擁有重要的決策資訊來源。

由觀光旅遊業行銷資訊策略性功能而言，不單僅是靠旅館管理資訊系統、旅行社、航空業航空訂位網路或企業內部的資訊即可完全滿足，而應同時考量資訊科技衝擊及資訊策略性功能，整合觀光旅遊業資訊，使企業所需資訊來源較過去更豐富且迅速。如此，觀光旅遊業競爭者間必將轉換爲合作關係，企業內資訊也須轉變成與企業間共享的資訊，各企業體自行處理資訊，將轉變成共同處理資訊的利益。

差異化的競爭優勢建立於有效掌握觀光旅遊市場趨勢的變化，而反映市場變化的市場資訊，成爲被重視的基本焦點。觀光旅遊不同的企業體在資訊科技壓縮時空的情形下，企業內及企業間的資訊整合更將加強，亦即資訊網路已劃過不同企業體間的界線，創造了新的「組織」。

企業體面對這些因工作本質改變對企業造成的衝擊時，必須重新思考自己的企業目標，使組織在變革時有方向可循。同時企業在面對新競爭者威脅及愈益複雜的競爭環境下，能藉由資訊與通訊科技加速蒐集、處理、分析、整合，以協助企業擬定目標市場策略，觀光旅遊業將能不斷地創造行銷機會與競爭優勢。

問題討論

1.請說明三項旅館業可以透過資訊整合創造行銷策略優勢。

2.請說明資訊科技對旅館業組織影響的階段變化。

關鍵字

1.Marketing Strategy

2.Resource

參考文獻

中文部分

方怡堯（2002）。《溫泉遊客遊憩涉入與遊憩體驗關係之研究－以北投溫泉爲例》。國立台灣師範大學運動休閒與管理研究所，未出版之碩士論文。

左如芝（2001）。《商務旅館服務與住客消費行爲之研究－以台中永豐棧麗緻酒店爲例》。朝陽科技大學休閒事業管理系，未出版之碩士論文。

甘唐沖（1992）。《觀光旅館業人力資源管理制度與型態之研究》。中國文化大學觀光事業研究所，未出版之碩士論文。

交通部觀光局（2001）。《中華民國九十年台灣地區國際觀光旅館營運分析報告》。

吳勉勤（1998）。《旅館管理：理論與實務》。台北：揚智文化。

李欽明（1998）。《旅館客房管理實務》。台北：揚智文化。

阮仲仁（1991）。《觀光飯店計劃》。台北：旺文出版社。

周宣光譯（2000）。《管理資訊系統：網路化企業中的組織與科技（第六版）》。台北：東華書局。

林中文（2001）。《溫泉遊憩區市場區隔之研究－以礁溪溫泉區爲例》。國立東華大學企業管理學系，未出版之碩士論文。

林玥秀、劉聰仁（2000）。《台灣地區中小型旅館資訊系統之研究》。國科會專題研究計畫成果報告。NSC-89-2416-H-328-008。

姚德雄（1997）。《旅館產業的開發與規劃》。台北：揚智文化。

殷樹勛（1992）。《管理資訊系統的分析與設計》。台北：儒林圖書有限公司。
曹勝雄、曾國雄（2000）。《我國觀光旅館業營收管理成功運作之影響因素研究》。行政院國家科學委員會專題研究報告。NSC89-2416-E-034-007。
許惠美（2000）。《旅行業者對大型國際觀光旅館企業形象評估之研究－以台北市爲例》。世新大學觀光學系，未出版之碩士論文。
郭更生、顧景昇、張玉欣（1999）。〈運用資訊策略創造競爭優勢－以餐飲服務業爲例〉。《第四屆餐飲管理學術研討會論文集》。高雄。
陳彥銘（2002）。《台北都會溫泉遊憩區遊客區位選擇模式之建立》。國立台灣大學建築與城鄉研究所，未出版之碩士論文。
陳桓敦（2002）。《台灣地區休閒旅館遊客消費行爲之研究》。世新大學觀光學系，未出版之碩士論文。
陳鴻宜（1999）。《台灣地區休閒渡假旅館經營效率之研究》。朝陽科技大學休閒事業管理系，未出版之碩士論文。
勞動基準法及其施行細則，行政院勞工委員會全球資訊網。http://www.cla.gov.tw/。
黃英忠等（1998）。《人力資源管理》。台北：華泰書局。
黃惠伯（2000）。《旅館安全管理》。台北：揚智文化。
楊長輝（1996）。《旅館經營管理實務》。台北：揚智文化。
劉聰仁、李一民（2002）。《旅館網內網路管理資訊系統之研究－雛型網站之實現》。行政院國家科學委員會專題研究報告。NSC90-2213-E-328-001。
劉聰仁、林玥秀（2000）。《旅館內網路管理資訊系統之研究》。國科會專題研究計畫成果報告。NSC-89-2626-E-328-001。

樓邦儒（2001）。《台灣觀光旅館時空變遷之研究》。中國文化大學地學研究所，未出版之博士論文。

賴珮如（2000）。《谷關溫泉區觀光發展認知之研究》。朝陽科技大學休閒事業管理系，未出版之碩士論文。

鮑敦瑗（1999）。《溫泉旅館遊客市場區隔分析之研究－以知本溫泉為例》。朝陽科技大學休閒事業管理系，未出版之碩士論文。

顧景昇（1993）。《台灣地區國際觀光旅館業行銷資訊系統規劃之研究》。中國文化大學觀光事業研究所，未出版之碩士論文

顧景昇（1995）。〈掌握行銷資訊拓展觀光旅遊商機〉。《經濟日報》，28版，5月2日。

顧景昇（1995）。〈資訊科技改寫觀光旅遊業行銷史〉。《經濟日報》，28版，4月19日。

顧景昇（1995）。〈整合資訊策略拓展觀光旅遊市場〉。《經濟日報》，28版，1月11日。

英文部分

Baker, T.; Murthy, N. N. and Jayaraman, V. (2002). Service Package Switching in Hotel Revenue Management Systems. *Cornell Hotel and Restaurant Administration Quarterly*, 43(1), 109-112.

Bonnie, K. J. (1988). Frequent Travelers: Making Them Happy And Bringing Them Back. *Cornell Hotel and Restaurant Administration Quarterly, 29(1)*, 83-88.

Brown J. B. and Atkinson, H. (2001). Budgeting in the Information Age: A Fresh Approach. *International Journal of Contemporary*

Hospitality Management, 13(3), 136-143.

Buhalis, D. and Licata, M. C. (2002). The Future eTourism Intermediaries. *Tourism Management*, 23, 207-220.

Canina, L., Walsh, K. and Enz, C. A. (2000). The Effects of Gasoline-price Changes on Room Demand: A Study of branded Hotels from 1988 through 2000. *Cornell Hotel and Restaurant Administration Quarterly*, 44(4), 29-37.

Carroll, B. and Siguaw, J.(2003). The Evolution of Electronic Distribution: Effects on Hotels and Intermediaries. *Cornell Hotel and Restaurant Administration Quarterly*, 44(4), 38-50.

Casado, M.A. (2000) . *Housekeeping Management*. John Wiley &Sons, Inc.

Chan,A. Frank M Go, Pine, R. (1998). Service Innovation in Hong Kong: Attitudes and Practice. *The Service Industries Journal, 18(2)*, 112-124.

Choi, S. and Kimes, S. E. (2002). Electronic Distribution Channel's Effect on Hotel Revenue Management. *Cornell Hotel and Restaurant Administration Quarterly*, 43(3), 23-31.

Connolly, D. J. and Olsen, M. D. (2001). An Environmental Assessment of How Technology is Reshaping the Hospitality Industry. *Tourism and Hospitality Research, 3(1)*, 73-93.

Desiraju, R. and Shugan, S. M. (1999). Strategic Service Pricing and Yield Management. *Journal of Marketing, January, 63*, 44-56.

Dube, L. and Renaghan, L. M. (2000). Marketing Your Hotel to and Through intermediaries. *Cornell Hotel and Restaurant Administration Quarterly, 41(1)*, 73-83.

Dube, L. and Renaghan, L. M. (2000). Creating Visible Customer Value. *Cornell Hotel and Restaurant Administration Quarterly, 41(1)*, 62-72.

Enz, C. A.; Canina, L. &and Walsh, K. (2001). Hotel-industry averages: An Inaccurate Tool for Measuring Performance. *Cornell Hotel and Restaurant Administration Quarterly, 42(6)*, 22-32.

Frey, Susanne., Schegg, R. and Murphy. J. (2003). E-mail Customer Service in the Swiss Hotel Industry. *Tourism and Hospitality Research, 4(3)* ,197-202.

Hadjinicola, G. C. and Panayi, C. (1997). The Overbooking Problem in Hotels with Multiple Tour-operators. *International Journal of Operations & Production Management, 17(9)*, 874.

Hanks, R. D.; Cross, R. G. and Noland, R. P. (2002). Discounting in the Hotel Industry: A New Approach. *Cornell Hotel and Restaurant Administration Quarterly, 43(4)*, 94-103.

Hassanien, A. and Baum, T. (2002). Hotel Repositioning through Property Renovation. *Tourism and Hospitality Research*. 4(2), 144-157.

Higley, J. (1998). Building binge in full swing. *Hotel and Motel Management, 213(19)*, 99-108.

Ismail, J. A., Dalbor, M. C., and Mills, J. E. (2002). Using RevPAR to analyze lodging-segment variability. *Cornell Hotel and Restaurant Administration Quarterly, 43(6)*, 73-80.

Jan A deRoos (1999). Natural Occupancy Rates and Development Gaps: A Look at the U.S. Lodging Industry. *Cornell Hotel and Restaurant Administration Quarterly, 40(2)*, 14-22.

Jesitus, J. (1998). City's Lodging Market Mile high. *Hotel and Motel Management, 213(19)*, 114-128.

Jones, P. (1999). Yield Management in UK Hotels: A Systems Analysis. *The Journal of the Operational Research Society, 50(11)*, 1111-1119.

Jones. P. (1999). Multi-unit Management in the Hospitality Industry: a Late Twentieth Century Phenomenon. *International Journal of Contemporary Hospitality Management, 11(4)*, 155-164.

Kandampully, J. & Suhartanto, D. (2000). Customer Loyalty in the Hotel Industry: the Role of Customer Satisfaction and Image. *International Journal of Contemporary Hospitality Management, 12(6)*, 346-351.

Karamustafa, K. (2000). Marketing-channel Relationships: Turkey's Resort Purveyors' Interactions with International Tour Operators." *Cornell Hotel and Restaurant Administration Quarterly, 41(4)*, 21-31.

Kimes, S. E. (2002). A Retrospective Commentary on "Discounting in the Hotel Industry: A New Approach" *Cornell Hotel and Restaurant Administration Quarterly, 43(4)*, 92-93.

Kimes, S. E. (2002). Perceived Fairness of Yield Management. *Cornell Hotel and Restaurant Administration Quarterly, 43(1)*, 21-30.

Kimes, S. E.(1999). Group Forecasting Accuracy in hotels. *The Journal of the Operational Research Society, 50(11)*, 1104-1110.

Kimes, S., L. and Wagner, P. E. (2001). Preserving Your Revenue-Management System as a trade secret. *Cornell Hotel and Restaurant Administration Quarterly, 42(5)*, 8-15

Kwansa, F. and Schmidgall, S. (1999). The Uniform System of Accounts for the Lodging Industry. *Cornell Hotel and Restaurant Administration Quarterly, 40(6)*, 88-94.

Kyoo, Y. C. (2000), "Hotel room Rate Pricing Strategy for Market Share in Oligopolistic Competition：Eight-year Longitudinal Study of Super Deluxe Hotels in Seoul. *Tourism Management, 21(2)*, 135-145.

Luck, D. and Lancaster, G. (2003). E-CRM: Customer Relationship Marketing in the Hotel Industry. *Managerial Auditing Journal. 18(3)*, 213-231.

Monteson, P. & Singer, J. (1999). Restoring the Homestead's Jistoric Spa, Cornell *Hotel and Restaurant Administration Quarterly, 40(4)*, 70-77.

Murphy, J., Olaru, D., Schegg, R., and Frey. S. (2003). The Bandwagon Effect: Swiss Hotels' Web-site and E-mail Management. *Cornell Hotel and Restaurant Administration Quarterly, 44(1)*, 71-87.

O'Connor, P. (2000). *Using Computers in Hospitality*. NY: Cassell.

O'Connor, P. & Frew, A. J. (2002). The Future of Hotel Electronic Distribution: Expert and Industry Perspectives. *Cornell Hotel and Restaurant Administration Quarterly, 43(3)*. 33-45.

O'Connor. P. (2003). On-line pricing: An Analysis of Hotel-company Practices. *Cornell Hotel and Restaurant Administration Quarterly. 44(1)*, 88-96.

O'Neill, J. W. (2003). ADR Rule of Thumb: Validity and Suggestions for its Application. *Cornell Hotel and Restaurant Administration Quarterly, 44(4)*, 7-16

Pernsteiner, C. & Gart, A. (2000). Why Buyers Pay a Premium for hotels. *Cornell Hotel and Restaurant Administration Quarterly, 41(5)*, 72-77.

Peter, J. (1996). Managing Hospitality Innovation. *Cornell Hotel and Restaurant Administration Quarterly, 37(5)*, 86-95.

Petersen, G. and Singh, A.(2003). Performance of Hotel Investment in a Mulit-property Commercial Real Estate Portfolio: Analysis of Results from 1982 to 2001. *Journal of Retail & Leisure Property, 3(2)*, 158-175.

Piccoli, G., Spalding, B. R., & Ives, B. (2001). The Customer-service Life Cycle: A Framework for Improving Customer Service Through information technology. Cornell *Hotel and Restaurant Administration Quarterly, 42(3)*, 38-45.

Quan, D. C. (2002). The Price of a Reservation. *Cornell Hotel and Restaurant Administration Quarterly, 43(3)*, 77-86.

Renner, P.F. (1994). *Basic Hotel Front Office Procedures*. John Wiley &Sons, Inc.

Sigala, M., Lockwood, A. & Jones, P. (2001). Strategic Implementation and IT: Gaining Competitive Advantage from the Hotel Reservations Process. *International Journal of Contemporary Hospitality Management, 13(7)*, 364-371.

Smith, R. A. and Lesure, J. D. (2003). Barometer of Hotel Room Revenue. *Cornell Hotel and Restaurant Administration Quarterly, 44(4)*, 6.

Soriano, D. R. (1999). Total Quality Management. *Cornell Hotel and Restaurant Administration Quarterly, 40(1)*, 54-59.

Stutts, A.T. (2001). *Hotel and Lodging Management.* John Wiley &Sons, Inc.

Swidler, R. (1998). Hotels Leverage Purchasing Power for Regular Renovation. *Hotel and Motel Management*, 76-77.

Vallen, G. K. & Vallen, J. J. (1996). *Check-In Check-Out.* IRWIN Book Team.

Weatherford, L. R.; Kimes, S. E. & Scott, D. A. (2001). Forecasting for Hotel Revenue Management: Testing Aggregation Against disaggregation. *Cornell Hotel and Restaurant Administration Quarterly, 42(4)*, 53-64.

Withiam, G. (1991). The Homestead: Combining Tradition and Innovation." *Cornell Hotel and Restaurant Administration Quarterly, 32(2)*, pp. 60-64.

Withiam, G. (2000). Moderating Revenue, but Solid Growth. Cornell Hotel and *Restaurant Administration Quarterly, 41(3)*, 12-14.

Wong, K. and Kwan, C. (2001). An Analysis of the Competitive Strategies of Hotels and Travel agents in Hong Kong and Singapore. *International Journal of Contemporary Hospitality Management, 13(6)*, 293-303.

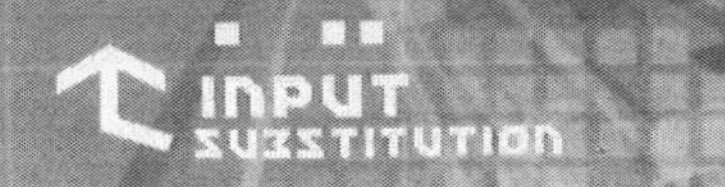
INPUT
SUBSTITUTION

餐旅資訊系統

著　　者✐ 顧景昇
出 版 者✐ 揚智文化事業股份有限公司
發 行 人✐ 葉忠賢
總 編 輯✐ 林新倫
執行編輯✐ 曾慧青
登 記 證✐ 局版北市業字第 1117 號
地　　址✐ 新北市深坑區北深路三段 260 號 8 樓
電　　話✐ (02) 8662-6826
傳　　真✐ (02) 2664-7633
印　　刷✐ 鼎易印刷事業股份有限公司
初版四刷✐ 2018 年 2 月
I S B N ✐ 957-818-719-X
定　　價✐ 新台幣 450 元
E-mail service@ycrc.com.tw
網　　址 http://www.ycrc.com.tw

國家圖書館出版品預行編目資料

餐旅資訊系統 / 顧景昇著. -- 初版. --臺北
市：揚智文化, 2005[民 94]
面； 公分
參考書目:面
ISBN 957-818-719-X(平裝附光碟片)

1. 旅館業 - 管理 - 自動化 2. 餐飲業 -
管理 - 自動化

489.2029 94002667